체계적 PLC 기술 습득을 위한

PLC 제어기술 이론과 실습

동 연 자 동 화 정 보 센 터
김원회·공인배·이시호 지음

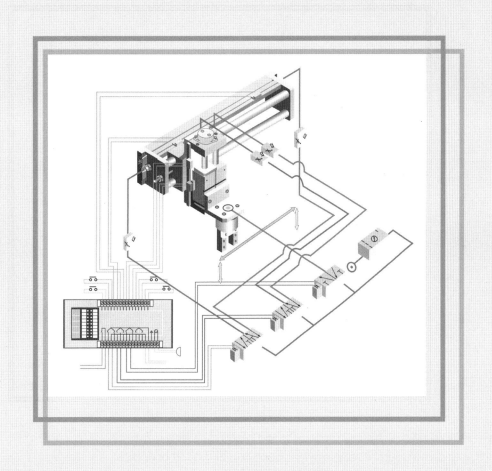

BM (주)도서출판 성안당

■ 도서 A/S 안내

머리말

    1969년 GM사의 새로운 제어장치 요구에 의해 탄생한 PLC는 이제 산업용 제어장치는 물론 엘리베이터 컨트롤, 교통신호기 제어, 빌딩 관리 등 우리 일상생활에서 이용하는 일까지 상식처럼 되었다. 즉, PLC는 30년의 탄생 역사 속에 비약적으로 발전되어 간단한 시퀀스 제어는 물론, 생산 로봇 등 복잡하고 대규모적인 FA 시스템까지 중핵기기로서 사용되고 있으므로 제어 기술자, PLC 운용자, 유지 보수 관련 기술자 등 PLC 관련 기술 분야도 제법 넓어지고 있어 그 수요도 점점 확대되어 가고 있는 현실이다.

    이에 과거에는 주로 생산 자동화 관련학과에서만 PLC를 교육하였으나 이제는 계측제어, 공조냉동, 메커트로닉스, 기계설계학과 등에서도 PLC를 교육하고 있는 현실이다. 따라서 PLC에 관한 서적들도 많이 출간되고 있으며, 다양한 범위의 관련 서적이 시판되고 있으나 PLC의 하드웨어에서부터 프로그램 설계까지 체계적으로 정리 서술한 것은 드문 형편이다.

    이 책은 그동안 저자가 집필한 여러 권의 시퀀스 제어 및 PLC 기술 서적을 일목요연하게 요약하여 PLC에 관해 체계적으로 정리 서술하고 있어 PLC용 교재로서 가장 적합할 것이다. 특히 이론과 실습을 분리하여 실습편에서는 요구사항, 실습목표, 구성기기, 관련 이론, 실습회로, 회로설계 원리 및 동작 설명 등으로 전개하여 능률적인 실습이 가능하도록 배려하였다. 더욱이 모든 실험 실습이 어느 장소에서나 신속히 이루어질 수 있도록 PLC 교육용 전문 실험 실습 장치인 DYES-2101 콤팩트형 PLC-공압 트레이너로 요소모델 번호를 병기하였으며, 메커트로닉스, 생산자동화의 산업기사는 물론 기능사 국가기술자격시험에 대비할 수 있도록 관련 문제를 집중적으로 수록하였다.

    따라서 이 책이 PLC 제어기술을 습득하려는 학생과 엔지니어는 물론 국가기술자격 취득을 준비하는 이들에게 좋은 참고서가 되길 바라며, 내용 중 다소의 오류라도 발견되면 독자 여러분의 애정 어린 충고와 지도 편달을 부탁드리면서 이 책의 출판을 위해 애써주신 성안당 황철규 전무님과 이종춘 회장님께 감사를 드리는 바이다.

저자 씀

Contents

:: PLC의 구성과 원리

:: PLC 프로그래밍

:: 시퀀스 제어회로의 설계

:: 설치 및 보수

::   실습편

이론편

PLC 기초

1.1 PLC의 개요

❶ 제어장치의 변천과 PLC의 출현배경

자동화 라인을 구성하고 있는 자동기계의 구성요소는 그림 1-1에 보인 것과 같이 기계구조를 위주로 해서 액추에이터, 검출기, 제어장치(프로세서)로 대별할 수 있다. 자동기의 3요소라 불리는 이 세 가지 요소 중에서 생산수단이 기계화를 거쳐 자동화로 옮겨가는 시점에서 무엇보다도 중요한 것은 제어장치이다.

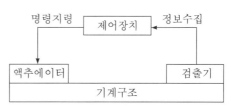

[그림 1-1] 자동기의 개념적 구조

자동화 설비는 크게 기계구조물인 하드웨어와 이 하드웨어를 적절히 통제하는 역할의 제어장치인 소프트웨어로 나눌 수 있다. 즉, 자동화된 기계는 동력을 발생시키고 전달하는 기구적인 하드웨어와 그 기구를 목적하는 바대로 움직여서 기계나 설비가 유용한 일을 할 수 있도록 제어하는 소프트웨어가 필요하며, 자동화는 이 제어의 뒷받침 없이는 진전될 수 없는 중요한 요소인 것이다.

제어장치의 역사도 매우 길며 산업의 발달과 더불어 그 기능면이나 신뢰면에서 점차 발달되어 왔다. 산업용 제어장치를 발달순서에 따라 그 특징을 요약하면 다음과 같다.

1) 기계적 제어방식

가장 먼저 등장한 제어장치로 기계구조물인 링크, 레버, 캠축 등의 연속적인 물림운동에 의한 자동장치로 주로 공작기계의 자동선반이나 방적기, 인쇄기 등에 많이 사용되었고 현재까지도 우리 주변에서 볼 수 있다.

이러한 기계적 제어는 동작제어가 매우 확실하고 눈에 보이는 물상적 장치라는 장점이 있으나 마모에 따른 불확실성, 제조원가의 과다, 사양변경에 따른 동작 프로그램 변경이 곤란하다는 이유 등으로 차츰 사라져 가고 있다.

2) 유체적 제어방식

기계적 제어방식 다음으로 등장한 것으로 공기압과 유압을 이용한 유체적 제어방식이다. 이것은 유체의 압력 에너지를 직선적인 기계적 운동이나 회전 운동으로 변환하는 공유압기기가 개발되어 생산현장에서의 자동화를 비약적으로 촉진시키게 되었고, 유체적 제어방식은 공유압 액추에이터와 사용하는 에너지가 같다는 점과 신뢰성이 높다는 이유 등으로 한때 각광받았었지만, 스위칭이 느리고 제어소자의 크기 때문에 복잡한 대규모의 제어에는 한계가 있어 현재는 특정 분야에 한정되어 사용되고 있다.

3) 전기적 제어방식

전기 에너지를 이용한 제어방식에는 크게 유접점 시퀀스 방식과 무접점 시퀀스 방식이 있다. 제어회로에 반도체 스위칭 소자를 사용하는 무접점 방식은 동작속도가 가장 빠르고 수명이 길며, 특히 제어장치가 소형이고 소비전력이 작다는 장점이 있어 전용기 제어장치에 많이 사용된다.

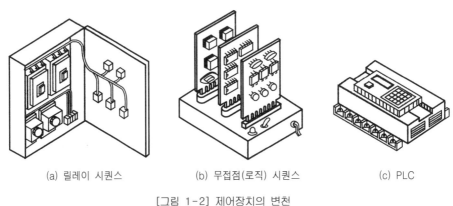

(a) 릴레이 시퀀스   (b) 무접점(로직) 시퀀스   (c) PLC

[그림 1-2] 제어장치의 변천

제어소자로서 릴레이, 타이머, 카운터 등을 사용하는 유접점 시퀀스 방식은 기계적 가동접점이 전자석에 의해 동작되어 통전(ON) 또는 단전(OFF)시키는 것으로 비교적 단순하고 저렴하다는 장점 때문에 양적으로 가장 많이 사용되어 왔던 방식으로 수명의 한계점과 사양변경에 따른 프로그램 변경이 곤란하다는 이유 등으로 그 사용이 점점 축소되어 가고 있다.

이상의 제어방식은 모두 시퀀스를 실현하기 위해서는 납땜작업이나 결선 또는 배관작업 없이는 제어장치화될 수 없는 하드 와이어드(Hard Wired) 방식이다. 즉, 시퀀스의 로직을 완성하는 방법은 하드 와이어드 로직 방식과 소프트 와이어드(Soft Wired) 방식으로 분류되는데, 하드 로직은 그림 1-3의 (a)에서 보인 바와 같이 배선작업을 변경해야만 로직 변경이 가능하나 소프트 로직은 프로그램 변경만으로 로직 변경이 가능하다는 특징이 있다.

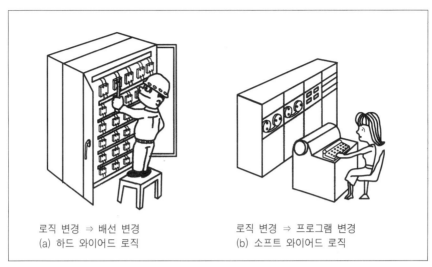

로직 변경 ⇒ 배선 변경　　　　로직 변경 ⇒ 프로그램 변경
(a) 하드 와이어드 로직　　　　(b) 소프트 와이어드 로직

[그림 1-3] 하드 와이어드와 소프트 와이어드 로직 방식

　결론적으로 PLC 탄생 이전의 제어장치들은 하드 와이어드 로직 방식이어서 시퀀스 제어를 실현하는 데 있어 다음과 같은 문제점을 안고 있었다.

　① 실제로 제어장치에 연결하여 그 동작을 실현하기까지는 로직을 확정시키기 곤란하고 따라서 현장에서의 수정·변경이 많아지게 된다.
　② 제어장치가 완성되기까지 시간이 많이 소요되고 장치가 대형화되어진다.
　③ 현대의 생산방식인 다품종 소량생산방식에서는 빈번한 프로그램의 변경이 요구되는데 이때에는 제어장치의 배선 변경 외에는 대응할 수 없고 그 작업이 간단하지 않다.

　이상의 구조적인 문제점 때문에 새로운 제어장치의 출현이 요구되었고, 그 해결책의 일환으로 탄생한 새로운 제어장치가 PLC인 것이다.

　즉, 1969년 미국의 General Motor(GM) 사는 자기 회사의 자동차 조립라인에 설치하기 위한 새로운 제어장치가 갖추어야 할 10가지 요구조건을 제시하였는데, 이것이 바로 PLC 탄생의 기틀이 되었다.

PLC에 대한 GM 사의 10가지 조건

1 프로그램의 작성 및 변경이 가능해야 한다. 즉, 동작 시퀀스를 쉽게 변경할 수 있고, 현장에서도 실시 가능해야 한다.
2 점검 및 보수가 용이하고 부품은 플러그인(Plug-In) 방식이어야 한다.
3 유닛은 플랜트의 주위 환경 속에서 릴레이 제어반보다 신뢰성이 높은 조작능력을 가지고 있어야 한다.
4 바닥설치 면적의 코스트를 절감하기 위해 릴레이 제어반보다 소형이어야 한다.
5 중앙에 있는 제어장치와 통신기능이 있어야 한다.

6 릴레이식 제어장치나 반도체식 제어장치보다 가격면에서 유리해야 한다.

7 입력은 교류 115V를 직접 적용할 수 있어야 한다.

8 출력은 교류 115V, 2A 이상의 용량이어야 한다.

9 시스템 변경을 최소화하면서 기본 시스템을 확장할 수 있어야 한다.

10 각 유닛은 최저 4K Word까지 확장 가능한 프로그래머블한 메모리를 갖추어야 한다.

이상의 10가지 조건을 만족하는 새로운 장치를 미국의 Allen-Bradley 사나 Modicon 사들이 개발하여 탄생시킨 것이 PLC이다.

1.2 PLC 정의

PLC는 Programmable Logic Controller의 약어로, 프로그램이 변경 가능한 논리연산 제어장치를 말한다. 즉, 각종 제어반에서 사용해 오던 여러 종류의 릴레이, 타이머, 카운터 등의 기능을 반도체 소자인 IC 등으로 대체시킨 일종의 마이컴(μ-com)이다. 각 제어소자 사이의 배선은 프로그램이라는 소프트웨어(Software)적인 방법으로 처리하는 기기로서 논리연산이 뛰어난 컴퓨터를 시퀀스 제어에 채용한 무접점 시퀀스 일종이다.

그러나 무접점 시퀀스라 하는 것은 제어조건에 따라 회로를 설계하고 제어장치를 완성해 나가나, PLC는 소프트웨어적으로 처리함으로써 프로그램의 변경이 자유자제라는 큰 장점을 지니고 있다.

초창기 PLC는 논리연산 기능이 주된 기능이라는 점에서 PLC라 명명되었으나 오늘날의 PLC들은 GM 사에서 설정한 최초의 조건들을 충족시킬 뿐만 아니라 훨씬 능가한 여러 가지 기능을 처리하고 있다. 즉, PLC는 사용자가 요구하는 방향으로 점차 발전되었고 그 결과 논리연산 기능 외에도 산술연산, 비교연산, 데이터 처리기능, 통신기능 등이 가미되면서 Logic이라는 말이 무의미해짐에 따라 Programmable Controller(PC)라 부르게 되었고, 주된 용도가 산업용 시퀀스 제어장치이기 때문에 Sequence Controller라는 의미의 시퀀서(Sequencer)라 불리기도 한다.

1969년 최초로 탄생한 새로운 제어장치의 PLC는 1976년에 이르러 미국의 전기협회규격인 NEMA(National Electrical Manufacturing Association)에서 PLC에 대한 규격을 제정하면서 비약적으로 발전하였고, PLC에 대한 NEMA의 정의는 다음과 같다.

PLC는 논리연산, 순서제어, 타이밍, 카운팅, 산술연산 등의 제어동작을 실현하기 위해 제어순서를 일련의 명령어 형식으로 기억하는 메모리를 갖추고, 이 메모리의 내용에 따라 디지털, 아날로그 입출력 모듈을 통해 각종 기계와 프로세스를 제어하는 디지털 조작형의 전자장치이다.

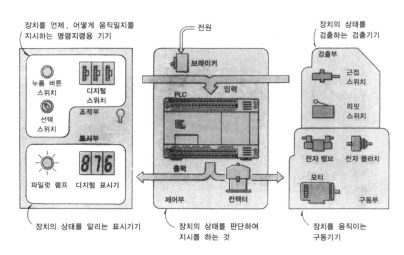

[그림 1-4] PLC 시스템의 기본구성도

1.3 PLC의 특징과 이용효과

릴레이 제어방식이 전성을 이룬 것은 1970년대까지로 종래의 릴레이 제어방식은 사양서를 회로도로 전개하여 거기에 필요한 제어기기를 설치하고 납땜이나 전기배선작업을 실시하여 요구하는 동작을 실현하였다. 이 방식은 릴레이나 타이머, 카운터 등을 조합하여 시퀀스를 실행해 가면 간단한 제어에는 그다지 문제가 없지만 복잡고도의 사양으로 되어 가면 여러 가지 문제가 발생한다.

① 릴레이 제어시 발생되는 문제점

① 경험축적에 의한 설계가 대부분이므로 숙련된 제어 기술자의 확보가 요구된다.

② 제어가 고도화되면 릴레이로서는 제어속도, 신뢰성, 제어반의 크기, 연산제어, 통신제어 등에 대한 대응이 곤란하다.

③ 제조시에는 납땜처리 등의 숙련자가 필요하고, 배선작업 등의 수정에 긴 시간을 필요로 한다.

④ 부품의 수가 많으므로 그 관리가 어렵고 납기 트러블이 발생한다.

⑤ 기기의 트러블이 발생하면 원인추구가 어렵고 트러블 제거시에도 숙련이 필요하다.

⑥ 일부 같은 성격으로부터도 사양변경이 요구된다.

이상과 같은 요인이 중복되어 발생되므로 릴레이 제어방식의 이점은 점점 축소되는 반면, 급속한 반도체 기술의 발전이 컴퓨터 활용의 기술로 대체되었다. PLC는 대부분이 마이크로프로세서 내장형이나 마이크로 컴퓨터 제품으로 그 기본은 컴퓨터와 같다. 다만, 일반 사무실에서 사용하는 컴퓨터와의 차이점은 다입력, 다출력을 실시간 온라인 처리한다는 점이며, 그 특징은 다음과 같다.

② PLC의 특징

① 릴레이 논리뿐만 아니라 카운터, 타이머, 래치 릴레이 기능까지 간단히 프로그래밍할 수 있다.

② 산술연산, 비교연산 및 데이터 처리까지 쉽게 할 수 있다.

③ 동작상태를 자가진단하여 이상시에는 그 정보를 출력한다.

④ 컴퓨터와 정보교환을 할 수 있다.

⑤ 시퀀스의 진행상황이나 내부 논리상태를 모니터 할 수 있다.

⑥ PLC의 본체와 입출력 부분을 별개로 한 후 먼 거리까지 하나의 케이블로 연결하여 제어할 수 있다.

⑦ 풍부한 내부 메모리를 사용하여 다수 패턴의 프로그램을 저장, 운전할 수 있고 논리적인 프로그램의 변경이 자유자재이다.

③ PLC 사용시 기대효과

① 경제성이 우수하다 : 반도체 기술의 발달과 대량생산 등에 힘입어 릴레이 시퀀스에 견주어 볼 때 릴레이 10개 이상의 제어장치에는 PLC 사용이 더 경제적이다.

② 설계의 성력화(省力化)가 이루어진다 : 시퀀스 설계의 용이성과 부품 배치도의 간략화, 시운전 및 조정의 용이함 때문에 설계가 용이하다.

③ 신뢰성이 향상된다 : 무접점 회로를 이용하기 때문에 유접점기기에서 발생되는 접점사고에 의한 문제가 없어 신뢰성이 향상된다.

④ 보수성이 향상된다 : 대부분의 PLC는 동작표시 기능, 자기진단 기능, 모니터 기능 등을 내장하고 있어 보수성이 대폭 향상된다.

⑤ 소형·표준화된다 : 반도체 소자를 이용하므로 릴레이나 공기압식 제어반의 크기에 비해 현저하게 작으며 제품의 표준화가 가능하다.

⑥ 납기가 단축된다 : 수배 부품의 감소와 기계장치와 제어반의 동시 수배, 사양변경에 대응하는 유연성, 배선작업의 간소화 등으로 납기가 단축된다.

⑦ 제어내용의 보존성이 향상된다 : 제어내용을 테이프나 ROM 또는 디스켓 등에 쉽게 보존할 수 있어 동일 시퀀스 제작시 간단하게 해결할 수 있다.

1.4 컴퓨터와 PLC의 비교

PLC는 컴퓨터 기술에 의해 탄생된 새로운 제어장치이나, 주로 사무실에서 사용되는 컴퓨터와는 달리 현장제어용이기 때문에 그 구조에 차이가 있고, 소프트웨어 측면에서도 제어 기술자들이 쉽게 접근할 수 있도록 구성되어 있다.

즉, 컴퓨터의 프로그래밍에 사용되는 언어는 포트란(FORTRAN)이나 코볼(COBOL) 등의 전용 컴퓨터 언어이며, 그 때문에 전문교육을 받은 사람이 아니면 간단히 사용할 수 없다.

[표 1-1] PLC와 컴퓨터의 비교

항 목		PLC	컴퓨터
하드웨어	입력	• 누름 버튼 스위치 • 리밋 스위치 • 센서 등에서 오는 강전 신호	• 키보드 • 마우스 등으로 넣는 약전 신호
	출력	• 모터 • 릴레이 • 솔레노이드 등을 구동하는 강전 출력	• 프린터 • 모니터 • 플로터 등으로 나타내는 약전 출력
	사용장소	현장의 기계 부근	사무실이나 공조실
	구조	강약전 병용	약전 구조
	용도	기계설비의 제어	데이터 처리
소프트웨어	취급자	작업자나 설비관리자	프로그래머, 오퍼레이터
	프로그램 언어	시퀀스 회로를 중심으로 한 언어	전문 컴퓨터 언어

그러나 PLC는 기계나 장치를 운전하는 기능공이나 설비를 보수유지하는 기술자가 알 수 있도록 종전부터 사용해 오던 시퀀스 회로에 가까운 언어나 기호를 사용하기 때문에 간단한 교육만으로도 누구든 프로그래밍이 가능하다.

결론적으로 PLC는 기술면에서 볼 때 컴퓨터이지만 사용면에서 보면 현장의 제어장치이자 산업용 컴퓨터라 할 수 있다.

시퀀스 제어의 기초

2.1 시퀀스 제어의 정의와 분류

시퀀스 제어란 미리 정해진 순서, 또는 일정한 논리에 의해서 정해진 순서에 따라 제어의 각 단계를 순차적으로 진행해 가는 제어를 말한다.

즉, 시퀀스 제어란 동작할 프로그램이 정해져 있고, 입력조건이 만족하면 다음 단계의 동작을 이행해 나가며, 다음 단계로 제어를 이동하는 조건에는 다음과 같은 것들이 있다.

① 전 단계에서 제어동작이 끝난 것을 검출기로 검출한 후, 다음 동작으로 이행하는 경우
② 전 단계 제어동작의 종료 후 일정한 시간이 경과한 후에 다음 동작으로 이행하는 경우
③ 전 단계의 제어결과에 따라 다음에 행할 동작을 선정하여 다음 단계로 이행하는 경우

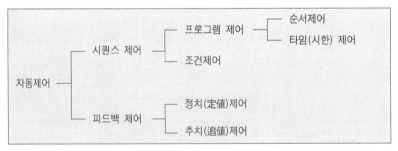

[그림 2-1] 자동제어의 분류

1) 순서제어 – 검출기(센서)의 신호로 동작

순서제어는 제어의 각 단계를 순차적으로 실행하는 데 있어 각각의 동작이 완료되었는지의 여부를 검출기 등으로 확인한 후 다음 단계의 동작을 실행해 나가는 제어로서 컨베이어(Conveyor) 장치, 전용공작기계, 자동조립기계 등과 같은 생산공장에서 많이 적용되는 제어이다.

2) 타임 제어 – 타임 릴레이(타이머)의 신호로 동작

타임 제어는 검출기를 사용하지 않고 시간의 경과에 따라 작업의 각 단계를 진행시켜 나가는 제어로서, 대표적으로 가정의 세탁기 제어나 교통신호기 제어, 네온사인(Neon Sign)의 점등 및 소등 제어와 같은 우리들의 일상생활과 밀접한 곳에서 많은 실용예를 볼 수 있다.

3) 조건제어 – 검출기 신호 이용

조건제어는 입력조건에 상응된 여러 가지 패턴 제어를 실행하는 것으로서, 자동화 기계 등에서 각종의 위험방지조건이나 불량품 처리제어, 빌딩이나 아파트의 엘리베이터(Elevator) 제어 등에 주로 적용된다.

시퀀스 제어계는 대표적인 실용예에서도 쉽게 알 수 있는 바와 같이 그 목적, 제어대상의 규모, 제어의 방법 등에 따라 간단한 제어에서부터 복잡하고 거대한 것까지 넓은 범위에 적용되고 있으며 다음과 같은 특징을 가지고 있다.

① 제어계의 구성이 간단하다.
② 조작이 쉽고 고도의 기술이 필요하지 않다.
③ 설치비용이 저렴하다.
④ 취급정보가 이산정보(Digital Signal)이다.
⑤ 회로 구성이 반드시 폐루프(Closed Loop)는 아니다.

2.2 접점의 기능과 분류

전기신호를 이용한 제어에서의 목적은 제어대상에 전류를 통전(ON)시키거나 단전(OFF)시켜 목적에 맞게 이용하는 것으로, 이 전류를 통전 또는 단전시키는 역할을 하는 것을 접점(接點 : Contact)이라 한다.

접점의 종류에는 a접점과 b접점의 두 종류가 있으며, 이 두 접점을 적절히 이용하여 목적에 맞게 활용하는 기술이 전기제어의 기술이라 할 수 있다.

① a접점

a접점은 그림 2-2의 (a)그림과 같이 조작력이 가해지지 않은 상태, 즉 초기상태에서 고정접점과 가동접점이 떨어져 있는 접점을 말하며, 조작력이 가해지면 (b)그림과 같이 고정접점과 가동접점이 접촉되어 전류를 통전시키는 기능을 한다.

열려 있는 접점을 a접점이라 하는데 작동하는 접점(Arbeit Contact)이라는 의미로서 그 머릿글자를 따서 소문자인 'a'로 나타낸다. 또한 a접점은 회로를 만드는 접점(Make Contact)이라고 하여 메이크 접점이라고 하며, 항상 열려 있는 접점(常時 開接點, Normally Open Contact)이라고 한다. 통상기기에 표시할 때에는 a접점보다 Normal Open의 머릿글자인 NO로 표시하는 경우가 많다. 한편 논리값으로 나타낼 때는 회로가 끊어져 신호가 없는 상태이므로 0으로 나타낸다.

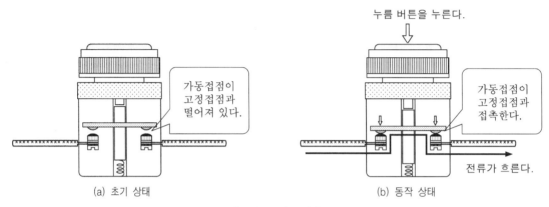

[그림 2-2] a접점

❷ b접점

그림 2-3의 (a)그림은 초기상태에 가동접점과 고정접점이 닫혀 있는 것으로 외부로부터의 힘, 이 예에서는 누름 버튼 스위치이므로 누름 버튼을 누르면 (b)그림과 같이 가동접점과 고정접점이 떨어지는 접점을 b접점이라 한다.

즉, b접점은 초기상태에서 닫혀 있는 접점을 말하며, 끊어지는 접점(Break Contact)이라는 의미로 그 머릿글자를 따서 'b'로 나타낸다. 또한 b접점은 항상 닫혀 있는 접점(常時 閉接點, Normally Close Contact)이라는 의미로서 NC 접점이라 부르며, 회로가 연결되어 신호가 있는 상태이므로 논리값은 1로 나타낸다.

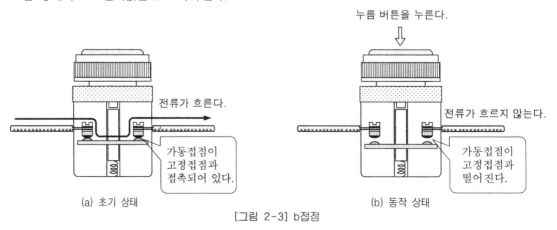

[그림 2-3] b접점

③ c접점

c접점이란 a접점과 b접점이 공통된 가동접점을 공유한 형식의 전환접점을 말하며, 전환접점 (Change-over Contact)이라는 의미로서 그 머릿글자를 따서 소문자인 "c"로 나타낸다.

c접점의 일례로 그림 2-4는 전자(電磁) 릴레이의 대표적인 구조로서 접점의 형태는 가동접 점이 고정접점인 b접점과 접속되어 있다. 이 전자 릴레이의 코일에 전류를 인가하면 가동접점 은 고정접점의 b접점으로부터 떨어져 a접점에 접촉한다. 이와 같이 한 개의 가동접점이 조작력 에 따라 b접점 또는 a접점과 접촉하여 신호를 전환시키는 것으로 옮기는 접점이라는 뜻에서 트 랜스퍼 접점(Transfer Contact)이라고도 한다.

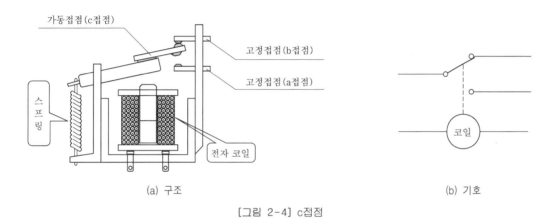

(a) 구조   (b) 기호

[그림 2-4] c접점

2.3 시퀀스 제어기기

① 조작용 기기

조작용 기기는 시퀀스 제어 시스템에 사람의 의지인 작업명령을 부여하는 것이다. 누르거나, 당기거나, 돌리는 등 사람에 의해 행해지는 조작을 기계적 메커니즘을 거쳐 전기신호로 변환하 는 기능의 기기를 통틀어 조작용 기기라 한다.

조작용 기기에는 각종 스위치가 사용되는데, 실제로 사용되고 있는 스위치에는 여러 형태의 것이 있으나, 동작기능만으로 보면 복귀형(復歸形) 스위치와 유지형(維持形) 스위치로 구분할 수 있다.

1) 누름 버튼 스위치(Push Button Switch)

(a) 평형   (b) 버섯형   (c) 조광형

[사진 2-1] 누름 버튼 스위치

누름 버튼 스위치는 명령입력용 스위치 중 가장 많이 사용되고 있는 스위치로서 기능, 모양, 크기에 따라 많은 종류가 있다.

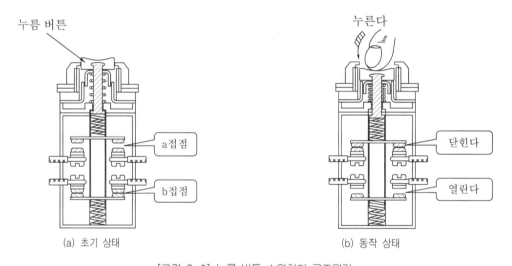

(a) 초기 상태   (b) 동작 상태

[그림 2-5] 누름 버튼 스위치의 구조원리

누름 버튼 스위치의 동작원리는 그림 2-5에 나타난 바와 같이 조작부를 손으로 누르면 접점 상태가 변하는 것으로, 조작력을 제거하면 내장된 스프링에 의해 자동적으로 초기상태로 복귀하여 수동조작 자동복귀형 스위치라고도 한다.

누름 버튼 스위치의 접점기호는 다음 페이지 그림 2-6의 (a), (b)와 같고 그 작도법은 (c)와 같다.

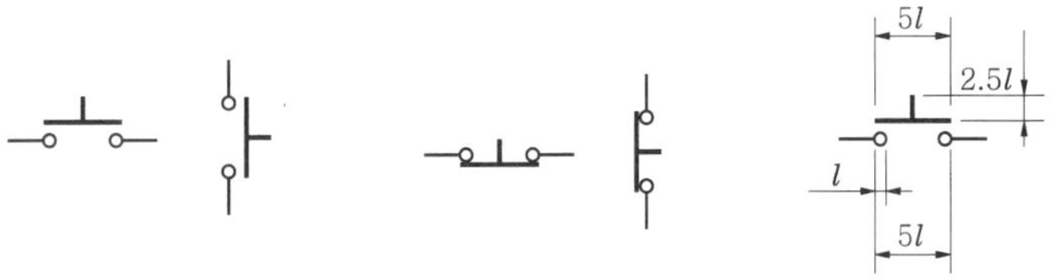

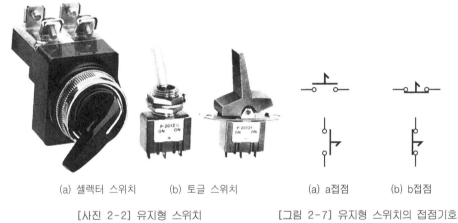

(a) a접점   (b) b접점   (c) 작도법

[그림 2-6] 누름 버튼 스위치의 접점기호와 작도법

2) 유지형 스위치

유지형 스위치는 일명 잔류접점 스위치로 조작을 가하면 반대조작이 있을 때까지 조작했을 때의 접점상태를 유지한다. 시퀀스에서 자동⇔수동, 연동⇔단동 등과 같이 조작방법의 절환에 주로 사용되며, 간단한 회로에서는 운전⇔정지와 같은 프로그램 제어용으로도 사용된다.

유지형 스위치는 기능과 용도에 따라 매우 다양한 종류가 있으며, 대표적인 것으로는 토글 스위치, 셀렉터 스위치 등이 있다.

(a) 셀렉터 스위치   (b) 토글 스위치   (a) a접점   (b) b접점

[사진 2-2] 유지형 스위치   [그림 2-7] 유지형 스위치의 접점기호

② 검출용 기기

검출용 기기는 제어장치에서 사람의 눈과 귀 역할을 하는 부분으로, 제어대상의 상태인 위치, 레벨, 온도, 압력, 힘, 속도 등을 검출하여 제어 시스템에 정보를 전달하는 중요한 기기로서 센서(Sensor)라고도 한다.

검출용 기기는 크게 나누어 검출물체와 접촉하여 검출하는 접촉식과, 접촉하지 않고 검출하는 비접촉식으로 분류되며, 접촉식 검출기의 대표적인 것으로는 마이크로 스위치와 리밋 스위치가 있다. 비접촉식은 스위치라는 명칭보다는 센서라고 부르는 경우가 많으며, 사용되는 물리현상에 따라 여러 가지 센서가 있다.

표 2-1은 검출원리로 이용되고 있는 물리현상과 검출센서의 종류를 나타낸다. 이들 중 비교적 많이 사용되고 있는 것은 근접 스위치와 광전 센서로, 최근 자동화 설비나 산업현장에서 그 수요가 급증하고 있다.

[표 2-1] 비접촉 검출센서의 검출방법

전달 매체	물리 현상	검출 센서
전자장(電磁場)	검출 코일의 인덕턴스의 변화	고주파 발진형 근접 스위치
정전장(靜電場)	캐피시던스의 변화	정전용량형 근접 스위치
자기(磁氣)	자기력	자기형 근접 스위치
광(光)	광 기전력 효과, 발광효과	광전 센서
음파(音波)	도플러 효과	초음파 센서

1) 마이크로 스위치(Micro Switch)

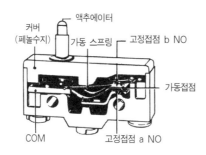

[그림 2-8] 마이크로 스위치의 내부 구조   [사진 2-3] 마이크로 스위치

마이크로 스위치는 미소접점 간격과 스냅액션(Snap Action) 기구를 가지며, 규정된 동작과 힘으로 개폐동작을 하는 접점기구가 케이스에 내장되고, 그 외부에 액추에이터(Actuator)를 가지도록 소형으로 제작된 스위치를 말한다.

즉, 마이크로 스위치는 비교적 소형으로 성형품 케이스에 접점기구를 내장하고 밀봉(密封)되지 않은 구조로서, 주로 계측기나 소형 기계장치의 검출기용으로 많이 사용된다.

2) 리밋 스위치(Limit Switch)

마이크로 스위치를 물, 기름, 먼지, 외력(外力) 등으로부터 보호하기 위해 금속 케이스나 수지 케이스에 조립해 넣은 것을 리밋 스위치라 한다.

즉, 리밋 스위치는 견고한 다이캐스트 케이스에 마이크로 스위치를 내장한 것으로, 밀봉되어 내수(耐水), 내유(耐油), 방진(防塵) 구조이기 때문에 내구성이 요구되는 장소나 외력으로부터 기계적 보호가 필요한 생산설비, 공장자동화 설비 등에 사용된다. 따라서 리밋 스위치를 봉입형 (封入形) 마이크로 스위치라고도 한다.

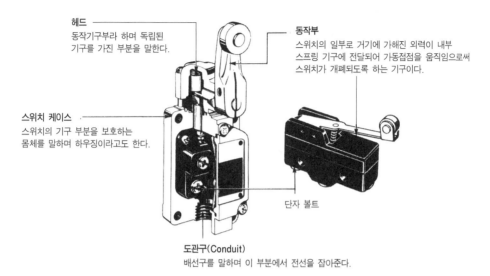

헤드
동작기구부라 하며 독립된 기구를 가진 부분을 말한다.

동작부
스위치의 일부로 거기에 가해진 외력이 내부 스프링 기구에 전달되어 가동접점을 움직임으로써 스위치가 개폐되도록 하는 기구이다.

스위치 케이스
스위치의 기구 부분을 보호하는 몸체를 말하며 하우징이라고도 한다.

단자 볼트

도관구(Conduit)
배선구를 말하며 이 부분에서 전선을 잡아준다.

[그림 2-9] 리밋 스위치의 구조

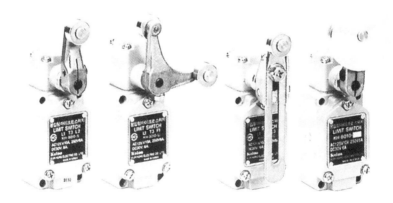

[사진 2-4] 리밋 스위치

마이크로 스위치나 리밋 스위치의 접점기호를 나타낼 때에는 그림 2-10과 같이 표시한다.

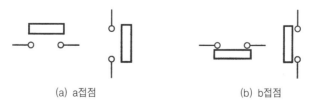

(a) a접점   (b) b접점

[그림 2-10] 마이크로 · 리밋 스위치의 접점기호

3) 근접 스위치(Proximity Switch)

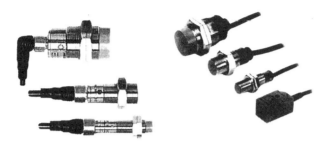

[사진 2-5] 근접 스위치

근접 스위치는 검출 코일의 인덕턴스 변화나 캐피시턴스 변화를 이용하여 비접촉으로 물체를 검출하는 센서이다.

고주파 발진형 근접 스위치는 검출면 내부에 발진용 검출 코일이 있으며, 이 코일 가까이에 금속체가 존재하거나 접근하면 전자유도작용으로 인해 금속체 내에 유도전류가 흘러 검출 코일의 인덕턴스 변화가 발생되는 것을 검출함으로써 출력신호를 발생시키는 형식으로 검출대상은 금속에 한정된다.

정전용량형 근접 스위치는 검출부에 유도전극을 가지고 있어 이 전극과 대지간에 물체가 존재하거나 접근하면, 유도전극과 대지간의 정전용량이 크게 변하므로 그 변화량을 검출하여 출력신호를 발생시키는 형태의 근접 스위치이다. 따라서 정전용량형 근접 스위치는 금속체를 포함하여 나무, 종이, 플라스틱, 물 등 거의 모든 물체의 검출이 가능하다.

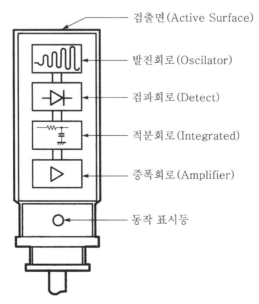

검출면(Active Surface)
발진회로(Oscilator)
검파회로(Detect)
적분회로(Integrated)
증폭회로(Amplifier)
동작 표시등

[그림 2-11] 근접 스위치의 구조도

그림 2-11은 대표적인 근접 스위치의 구조를 나타낸 것으로 몰드 케이스 내에는 주형수지로 고정되어 있어서 환경이 나쁜 장소에서도 사용이 가능하고, 내진동, 내충격성이 우수하다. 또한 그림에 나타낸 것과 같이 내부는 반도체 소자로 구성되어 있어 가동부분이 없고, 수명이 길며 보수가 필요없다.

근접 스위치의 형상으로는 원주형과 사각형 외에 금속봉이나 구(球)의 검출에 적합한 관통형, 평면부착형 근접 스위치 등이 있다.

근접 스위치의 검출거리는 일반적으로 5~30mm 정도가 표준으로 비교적 작다. 그러나 이것도 철을 기준으로 했을 때의 검출거리로 철 이외의 금속이나 도금의 영향에 따라 검출거리가 크게 변하므로 선정시 주의해야 한다.

[표 2-2] 형상에 따른 근접 스위치의 분류

분류	형상	특징
사각형		나사로 고정 장착 실드 형식은 금속 내부에 설치 가능
원주형		너트 또는 나사 구멍에 장착 가능 실드 형식은 금속 내부에 설치 가능
관통형		환상(環狀)형의 검출 헤드 내를 통과시켜 검출
홈형(溝形)		설치위치 조정이 용이
다점형(多点形)		고속, 고신뢰성
평면부착형		대형이므로 검출거리가 길다.

4) 광전 센서

[사진 2-6] 광전 센서

검출용 센서에는 응용하는 물리적 현상에 따라 여러 가지로 구분되며, 특히 광을 매체로서 응용한 것을 광전 센서(포토 센서)라고 한다.

광전 센서는 투광기의 광원으로부터 나오는 빛을 수광기에서 받아 검출체의 접근에 의해 광의 변화를 검출하여 스위칭 동작을 얻어내는 센서로서, 빛을 투과시키는 물체를 제외하고는 모든 물체의 검출이 가능하다. 또한 검출거리도 10밀리미터에서 수십 미터에 이르는 것까지 근접 스위치에 비해 현저히 길고, 검출기능도 물체의 유무나 통과 여부 등의 간단한 검출에서부터 물체의 대소분별, 형태판단, 색채판단 등 고도의 검출을 할 수 있으므로 자동제어, 계측, 품질 관리 등 모든 산업분야에 활용되고 있다.

대표적인 광전 센서의 구성 블록도를 그림 2-12에 나타냈다.

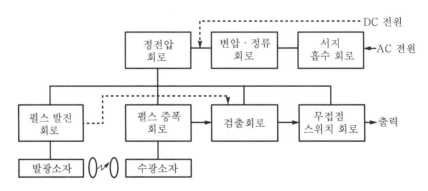

[그림 2-12] 광전 센서의 블록도

▶ 광전 센서의 일반적인 특징

① 비접촉방식으로 물체를 검출한다 : 광전 센서는 검출물체와 접촉하지 않고 물체를 검출하므로 검출물체 등에 물리적 손상이나 영향을 주지 않는다.

② 검출거리가 길다 : 광전 센서는 검출거리가 수밀리미터에서 수십 미터 정도로 검출센서 중 검출거리가 가장 길다.

③ 검출물체의 대상이 넓다 : 검출물체의 표면반사량, 투과량 등 빛의 변화를 감지해 물체를 검출하기 때문에 다양한 물체가 검출대상이 된다.

④ 응답속도가 빠르다 : 검출매체로 빛을 이용하기 때문에 사람의 눈으로는 인식할 수 없는 물체의 고속 이동도 검출할 수 있다.

⑤ 물체의 판별력이 뛰어나다 : 광전 센서에서 사용하는 변조광은 직진성이 뛰어나고 파장이 짧아 물체의 크기, 위치, 두께 등 고정도의 검출이 가능하다.

⑥ 자기(磁氣)와 진동의 영향을 적게 받는다 : 광전 센서는 광을 매체로 물체를 검출하기 때문에 자기와 진동 등의 영향과는 무관하게 물체를 검출할 수 있다.

⑦ 색상판별이 가능하다 : 색의 특정파장에 대한 흡수효과를 이용하여 광전 센서로 수광되는 반사광량의 차이에 의해 색상판별이 가능하다.

▶ 광전 센서의 검출형태에 따른 분류

① **투과형 광전 센서** : 그림 2-13에 나타낸 바와 같이 투광기와 수광기로 구성되며, 설치할 때는 광축이 일치하도록 일직선상에서 마주보도록 해야 한다. 동작원리는 광축이 일치하여 있기 때문에 투광기로부터 나온 빛은 수광기에 입사되는데, 만일 검출체가 접근하여 빛을 차단하면 수광기에서 검출신호가 발생한다. 이 투과형 광전 센서는 검출거리가 가장 길고 검출 정도도 높으나 투명물체의 검출은 곤란하다.

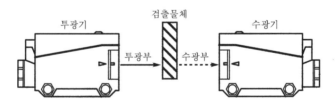

[그림 2-13] 투과형 광전 센서

② **미러 반사형 광전 센서** : 그림 2-14에 나타낸 바와 같이 투광기와 수광기가 하나의 케이스로 조립되어 있고, 반사경으로 미러를 사용한다. 동작원리는 투광기와 미러 사이에 미러보다 반사율이 낮은 물체가 광을 차단하면 출력신호를 낸다. 이 형식의 광전 센서는 광축조정은 쉬우나 반사율이 높은 물체는 검출이 곤란하다.

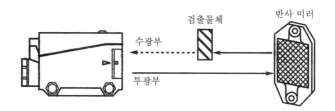

[그림 2-14] 미러 반사형 광전 센서

③ **직접반사형 광전 센서** : 직접반사형 광전 센서는 미러 반사형처럼 투광기와 수광기가 하나의 케이스에 내장되어 있으며, 투광기로부터 나온 빛은 검출물체에 직접 부딪혀 그 표면에 반사하고, 수광기는 그 반사광을 받아 출력신호를 발생시키는 것으로 그 원리를 그림 2-15에 나타냈다.

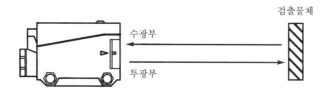

[그림 2-15] 직접반사형 광전 센서

③ 신호처리기기

명령처리부의 역할을 담당하는 신호처리기기는 크게 유접점기기와 무접점기기로 대별되는데, 여기서는 유접점의 신호처리기기인 릴레이, 타이머, 카운터 등에 대해 설명한다.

1) 릴레이(Relay)

릴레이란 전자계전기(電磁繼電器)라고도 하며, 전자 코일에 전원을 주어 형성된 자력(磁力)으로 가동철편을 움직여서, 가동철편과 연동되는 기구에 의하여 접점을 개폐시키는 기능을 가진 장치의 총칭으로, 신호처리용 기기로서 가장 많이 사용되고 있으며 종류 또한 다양하다.

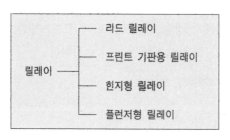

[그림 2-16] 릴레이의 종류

▶ **릴레이의 구조와 동작원리**

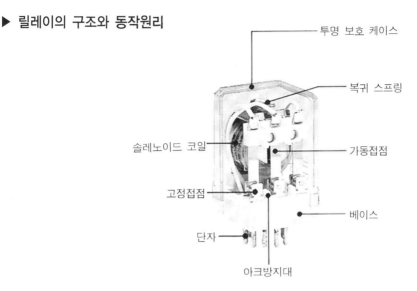

[그림 2-17] 릴레이의 구조와 각부 명칭

릴레이의 기본구조는 그림 2-17에 나타낸 바와 같이 솔레노이드 코일, 복귀 스프링, 접점부로 구성되어 외부에 투명보호 케이스에 의해 보호되어 있으며, 접점부에는 고정접점 a접점과 고정접점 b접점이 있고 이 사이를 가동접점(c접점이라고도 함)이 움직여 회로를 변환시킨다.

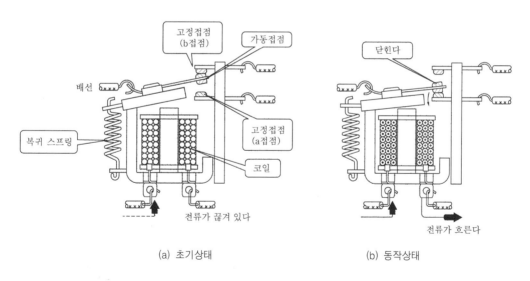

(a) 초기상태　　　　　(b) 동작상태

[그림 2-18] 릴레이의 동작원리

릴레이의 동작원리는 그림 2-18에 나타낸 (a)그림과 같이 초기상태에서는 가동접점이 고정접점인 b접점과 연결되어 있고, 코일에 전류를 인가하면 (b)그림과 같이 철심이 전자석이 되어 가동접점이 붙어 있는 가동철편을 끌어당기게 된다. 따라서 가동철편 선단부의 가동접점이 이동하여 고정접점 a접점에 붙게 되고 고정접점 b접점은 끊어지게 된다. 그리고 코일에 인가했던 전류를 차단하면 전자력이 소멸되어 가동철편은 복귀 스프링에 의해 원상태로 복귀되므로 가동접점은 b접점과 접촉한다.

즉, 전자 릴레이는 코일에 인가되는 전류의 ON, OFF에 따라 가동접점이 a접점 또는 b접점과 접촉하여 회로에서의 전기신호를 연결시켜 주거나 차단시키는 역할을 하며, 회로도로 그 기호를 나타내면 그림 2-19와 같다.

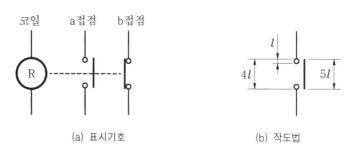

(a) 표시기호   (b) 작도법

[그림 2-19] 릴레이의 코일과 접점기호

▶ **릴레이의 기능**

① **분기기능** : 릴레이 코일 1개의 입력신호에 대해 출력접점 수를 많게 하면 신호가 분기되어 동시에 몇 개의 기기를 제어할 수 있다. 그림 2-20이 이 예로 입력신호 1회로에 의해 3개의 출력신호가 얻어진다.

② **증폭기능** : 릴레이 코일에 흘려지는 전류를 ON·OFF함에 따라 출력접점회로에서는 큰 전류를 개폐할 수 있다. 즉, 코일의 소비전력을 입력으로 할 때 출력인 접점에는 입력의 몇 십 배에 해당하는 전류를 인가할 수 있다.

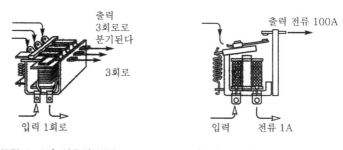

[그림 2-20] 신호의 분기   [그림 2-21] 신호의 증폭

③ **변환기능** : 릴레이의 코일부와 접점부는 전기적으로 분리되어 있기 때문에 각각 다른 성질의 신호를 취급할 수 있다. 일례로 그림 2-22의 경우 입력은 DC 전원으로, 출력은 AC 전원으로 사용하고 있기 때문에 직류신호를 교류신호로 변환하는 꼴이 된다.

④ **반전기능** : 릴레이의 b접점을 이용하면 입력이 OFF일 때 출력은 ON이 되고, 입력이 ON일 때 출력은 OFF가 되므로 신호를 반전시킬 수 있다.

⑤ **메모리 기능** : 릴레이는 자신의 접점에 의해 입력상태의 유지가 가능하여 동작신호를 기억할 수 있다. 이 기능은 릴레이의 a접점을 사용하여 자기유지회로를 구성함으로써 얻어진다.

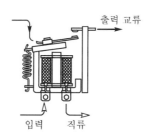
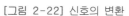
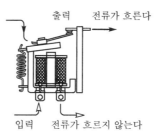

[그림 2-22] 신호의 변환   [그림 2-23] 신호의 반전

▶ **릴레이의 기본동작**

릴레이를 회로도에 나타낼 때에는 코일과 접점을 각각 분리해서 나타내며, 회로도에서 릴레이의 동작과 표현 예를 그림 2-24에 나타냈다.

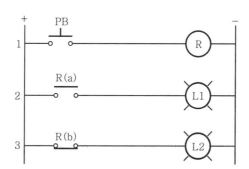

[그림 2-24] 릴레이의 기본동작

그림 2-24의 회로도는 릴레이의 a접점과 b접점에 의해 램프를 각각 ON, OFF시키는 회로도로 동작원리는 다음과 같다.

① 초기상태에서 2열의 L1은 릴레이의 a접점이므로 소등되어 있고, b접점으로 연결된 3열의 L2는 점등되어 있다.

② 누름 버튼 스위치 PB를 누르면 릴레이 코일 R이 동작(여자)한다.

③ ②의 동작에 의해 2열의 a접점이 닫히므로 램프 L1이 점등한다.

| +전원 | ⇨ | R(a) 접점 ON | ⇨ | L1 점등 | ⇨ | −전원 |

④ ②의 동작에 의해 3열의 b접점이 열리므로 램프 L2가 소등된다.

| +전원 | ⇨ | R(b) 접점 OFF | ⇨ | L2 소등 | ⇨ | −전원 |

⑤ PB 스위치에서 손을 떼면 릴레이가 복귀됨에 따라 접점도 초기상태로 복귀되어 ①의 상태가 된다.

2) 타이머(Timer)

타이머는 타임 릴레이(Time Relay)라고도 하며, 입력신호가 주어지고 일정시간이 경과한 후에 내장된 접점을 ON, OFF시키는 시퀀스 제어기기로서 타임 제어의 주된 신호처리기기이다.

타이머의 종류에는 전자식, 모터식, 계수식, 공기식 타이머가 있으며, 표 2-3은 이 4가지 타이머의 특징을 비교 정리한 것이다.

[표 2-3] 타이머의 종류와 특성

분 류	전자식 타이머	모터식 타이머	계수식 타이머	공기식 타이머
조작전압	AC110, 220V DC 12, 24, 48V 등	AC 110V 220V	AC 110V 220V	AC110, 220V DC 12, 24, 48V 등
설정시간	0.05초~180초	1초~24시간	5초~999.9초	1초~180초
시한특성	ON, OFF	ON	ON	ON, OFF
설정시간 오차	±1%~3%	±1%~2%	±0.002초	±1%~3%
수 명	길 다	보 통	길 다	짧 다
특 징	• 고빈도, 단시간 설정에 적합 • 소형	• 장시간 사용에 적합 • 온도차에 따른 오차가 없다	• 고정도용 • 동작의 감시 가능	정밀하지 않은 짧은 시간의 타이밍용

타이머의 접점에도 a접점과 b접점이 있으며, 그 밖에도 동작형태에 따라 일정시간 경과 후에 ON이 되는 온 딜레이(ON-Delay)형과, 반대로 초기상태에서는 ON으로 있다가 일정시간 후에 OFF가 되는 오프 딜레이(OFF-Delay)형이 있으며, 이 양자의 기능을 합해 놓은 온·오프 딜레이형 등이 있다. 이들의 접점기호와 그 동작관계를 표 2-4에 나타냈다.

[표 2-4] 타이머 접점의 종류

접점기호	명 칭	동 작
○	코 일	ON OFF
△	ON 딜레이 a접점	
△	ON 딜레이 b접점	
▽	OFF 딜레이 a접점	
▽	OFF 딜레이 b접점	
○─○	순시 a접점	
○ ○	순시 b접점	

3) 카운터(Counter)

카운터는 입력신호의 여부에 따라 수(數)를 계수하는 기기를 말하며, 공작기계나 자동화기기 등에서 기계의 동작횟수 카운트와 생산수량 카운트의 목적으로 사용된다.

[사진 2-7] 카운터

① **가산식 카운터** : 0에서부터 시작하여 입력신호가 입력될 때마다 1씩 증가하는 카운터를 말한다.

② **감산식 카운터** : 소정의 수치에서부터 시작하여 입력신호가 입력될 때마다 1씩 감소하는 카운터를 말한다.

③ **가감산식 카운터** : 가산과 감산을 1대에 조합시킨 카운터로, 0에서 시작하는 형식과 소정 의 수치에서 시작하는 형식이 있다.

④ 표시 · 경보기기

표시 · 경보용 기기는 기기의 동작싱태나 시스템의 운전상황 등을 표시 · 경보하기 위한 기기로, 각종 램프나 벨, 부저 등이 있다.

1) 표시등(Pilot Lamp)

전원 표시등, 자동운전 표시등, 수동운전 표시등, 비상정지 표시등 등의 목적으로 사용되는 표시등은 시각을 통해 인식할 수 있도록 상태를 표시해 주는데, 광원으로는 일반적으로 백열전구가 사용된다.

사용전원 전압과 취부외경 등으로 규격을 나타내고 램프의 형상에는 원형과 사각형이 있으며, 색상으로는 청색, 적색, 황색, 녹색 등이 주로 사용되고 있다.

[사진 2-8] 각종 표시등

2) 발광 다이오드(LED)

광원으로 LED(Light Emission Diode), 즉 전류가 흐르면 광을 발생시키는 소자를 사용한 것으로 정방향의 전류에 대해서만 작동한다. 발광 다이오드는 백열전구에 비해 저전압, 저전류로 발광하는데, 발광량은 적으나 응답이 빠르고 수명이 길다는 장점이 있다.

크기가 소형이면서 주로 제어장치나 기기에 조립되어 동작상태 등을 표시해 주는 기기로 많이 사용되며, 그 외관과 표시기호는 그림 2-25와 같다.

[그림 2-25] 발광 다이오드

3) 벨과 부저

벨이나 부저는 기계나 장치에 트러블이 발생했거나 소정의 동작이 종료되었을 때, 그 상태를 작업자에게 알리는 경보기기이다.

벨은 그림 2-26에 나타낸 바와 같이 전자석의 원리를 이용한 것으로 그림에서 스위치를 닫으면 전자석이 여자되고 스프링에 붙어 있는 철편을 흡인한다. 접점이 떨어지는 순간 전류가 끊겨 전자석이 OFF되고 스프링에 의해 원상태로 복귀되며, 따라서 접점이 붙게 된다. 접점이 붙는 순간 다시 전자석이 통전되어 철편을 흡인한다. 즉, 스위치를 누르고 있는 동안 이와 같은 동작을 반복하여 벨을 울리는 것이다.

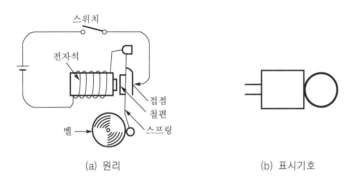

(a) 원리　　　　　　　　　(b) 표시기호

[그림 2-26] 벨의 원리와 표시기호

부저도 전자석을 이용한 것으로 발음체를 진동시키는 음향기구를 말한다. 그 외관과 표시기호를 그림 2-27에 나타냈다.

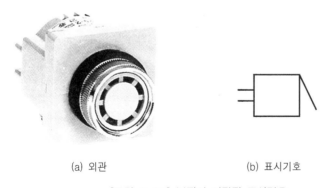

(a) 외관　　　　　　　　　(b) 표시기호

[그림 2-27] 부저의 외관과 표시기호

2.4 시퀀스도의 종류와 작도법

❶ 종류

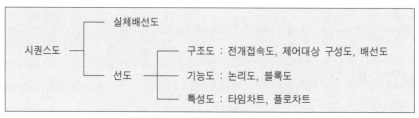

[그림 2-28] 시퀀스도의 분류

시퀀스 제어계를 도면화(圖面化)시키는 방법에는 실체(實體)배선도와 선도(線圖)가 있다. 실체배선도란 그림 2-29에 나타낸 예와 같이 기기의 접속, 배치를 중심으로 나타낸 그림으로, 상대적인 제어기기의 배치를 그림기호에 의하여 표시함과 동시에 배선의 접속관계를 각 기기의 단자간 배선으로서 구체적으로 명시한 것이다. 실제로 회로를 배선하는 경우에 편리하게 사용된다.

그러나 실체배선도는 회로가 복잡하면 표현이 어려울 뿐만 아니라 회로의 판독에 어려움이 있어 그다지 많이 이용되지는 않는다. 그러므로 시퀀스도의 표현에는 이차원적 표시가 가능한 선도를 주로 이용하며, 이 선도에는 다시 구조도와 기능도, 특성도로 대별된다.

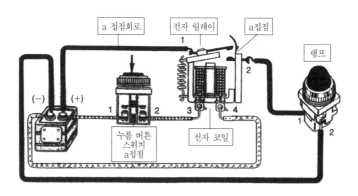

[그림 2-29] 실체배선도의 예

구조도에는 전개(展開)접속도, 배선도, 제어대상 구성도 등이 있으며, 기능도에는 논리도, 블록도 등이 있다. 또한 타임차트나 플로차트 등을 특성도라 한다. 우리가 일반적으로 시퀀스도라 하는 것은 대부분 전개접속도를 말하며, 제어대상 구성도로서 기계제어장치에는 공유압 회로도, 전력제어장치에는 전기접속도, 플랜트 제어에는 계장도 등이 이용된다.

❷ 작도법

시퀀스도는 복잡한 제어회로의 동작을 순서에 따라 정확하고도 쉽게 이해할 수 있도록 고안된 접속도로, 각 기기의 기구적 관련을 생략하고 그 기기에 속하는 제어회로를 각각 단독으로 꺼내어 동작순서에 따라 배열함으로써 분산된 부분이 어느 기기에 속하는가를 기호에 의해 표시한 것이다.

이와 같이 시퀀스도는 그 표현방법이 통상의 실체배선도와는 크게 다르므로 시퀀스도를 그리는 데 따르는 원칙적인 생각을 충분히 하는 기본적인 방법에 익숙하지 않으면 매우 이해하기 힘들어진다. 그래서 여기서는 시퀀스도를 그리는 방법의 원칙을 설명하기로 한다.

1) 시퀀스도 작성시 기본원칙

① 제어전원 모선은 일일이 상세하게 그리지 않고, 수평평행(종서방식)하게 2줄로 나타내거나 수직평행(횡서방식)하게 나타낸다.

② 모든 기능은 제어전원 모선 사이에 나타내며, 전기기기의 기호를 사용하여 위에서 아래로 또는 좌에서 우로 그린다.

③ 제어기기를 연결하는 접속선은 상하의 제어전원 모선 사이에 곧은 종선(세로선)으로 나타내거나, 좌우의 제어전원 모선 사이에 곧은 횡선(가로선)으로 나타낸다.

④ 스위치나 검출기 및 접점 등은 회로의 위쪽에(횡서일 경우는 좌측) 그리고, 릴레이 코일, 전자접촉기 코일, 솔레노이드, 표시등 등은 회로의 아래쪽에(횡서일 경우는 우측에) 그린다.

⑤ 개폐접점을 갖는 제어기기는 그 기구 부분이나 지지, 보호부분 등의 기구적 관련을 생략하고 단지 접점, 코일 등으로 표현하며 각 접속선과 분리해서 나타낸다.

⑥ 회로의 전개순서는 기계의 동작순서에 따라 좌측에서 우측으로(횡서일 경우 위에서 아래로) 그린다.

⑦ 회로도의 기호는 동작전의 상태, 즉 조작하는 힘이 가해지지 않은 상태나 전원이 차단된 상태로 표시한다.

⑧ 제어기기가 분산된 각 부분에는 그 제어기기명을 나타내는 문자기호를 명시하여 그 소속 및 관련을 명백히 한다.

⑨ 회로도를 읽기 쉽고 보수 점검을 용이하게 하기 위해서는 열번호, 선번호 및 릴레이 접점 번호 등을 나타내도 좋다.

⑩ 전동기 제어의 경우, 전력회로(동력회로 또는 주회로라 함)는 좌측(횡서일 경우는 위쪽)에, 제어회로는 우측(횡서일 경우는 아래쪽)에 그린다.

2) 횡서(가로 그리기)와 종서(세로 그리기)

시퀀스 도면에서 횡서와 종서의 기준은 접속선의 방향이나, 제어전원 모선의 방향 또는 제어신호의 진행방향 등에 의해서 여러 가지로 생각할 수 있지만, 통상 제어전원 모선 사이의 접속선의 방향을 기준으로 하여 구분한다.

시퀀스 책에 따라서는 제어전원 모선을 기준으로 하여 나타내는 경우도 있으나, 제어전원 모선을 기준으로 하면 횡서가, 접속선의 방향을 기준으로 할 때엔 종서가 되므로 주의하여야 한다.

▶ 횡서

① 그림 2-30에 나타낸 바와 같이 제어전원 모선을 수직 평행하게 나타낸다.
② 접속선은 좌우방향, 즉 제어전원 모선 사이에 횡선(가로선)으로 나타낸다.
③ 신호의 흐름은 좌에서 우로 흐르도록 배열한다.
④ 시퀀스 동작의 흐름은 위에서 아래로 흐르도록 배열한다.

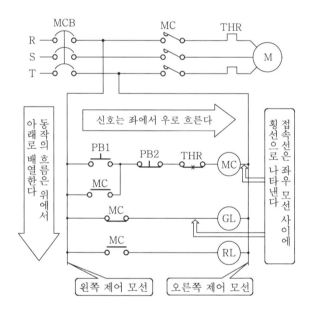

[그림 2-30] 횡서 방식의 시퀀스도

▶ 종서

① 종서는 그림 2-31에 나타낸 바와 같이 제어전원 모선을 수평평행하게 나타낸다.
② 접속선은 상하방향, 즉 제어전원 모선 사이에 종선(세로선)으로 나타낸다.
③ 신호의 흐름은 위에서 아래로 흐르도록 배열한다.
④ 시퀀스 동작의 흐름은 좌에서 우로 흐르도록 배열한다.

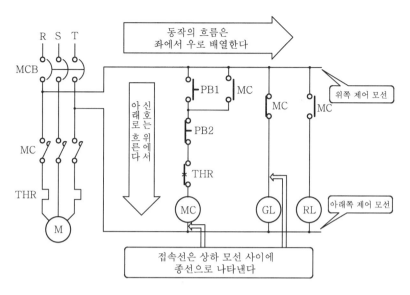

[그림 2-31] 종서 방식의 시퀀스도

3) 전원 모선을 잡는 법

① 종서에서 교류전원 모선은 R. S 또는 T상(相)을 표시하는 2선을 위쪽 모선 및 아래쪽 모선으로 하여 횡선으로 나타낸다.

② 횡서에서 교류전원 모선은 R. S 또는 T상(相)을 표시하는 2선을 왼쪽 모선 및 오른쪽 모선으로 하여 종선으로 나타낸다.

③ 종서에서 직류전원 모선은 양극 P(+) 모선을 위쪽에, 음극 N(-) 모선을 아래쪽에 횡선으로 나타낸다.

④ 횡서에서 직류전원 모선은 양극 P(+) 모선을 왼쪽에, 음극 N(-) 모선을 오른쪽에 종선으로 나타낸다.

4) 개폐접점을 갖는 기기의 그림기호 표현법

① 수동조작의 기기는 손을 뗀 상태로 나타낸다.

② 전원은 모두 차단한 상태로 나타낸다.

③ 복귀를 요하는 것은 복귀된 상태로 나타낸다.

③ 제어회로 설계순서

자동화의 목적은 운전조작을 정확히, 안전하게 그리고 신속하게 함으로써 생산을 합리화시키는 데 있으며, 이러한 목적을 달성하기 위해 제어회로를 설계할 때엔

① 확실히 작동하는 회로설계
② 신뢰성이 높은 전기부품을 사용
③ 운전감시, 고장시의 보호 등 안전성 확보
④ 운전과 보수를 위한 취급의 용이성
⑤ 경제성

등의 조건을 충분히 검토하여 다음과 같은 순서로 설계한다.

▶ 회로설계순서 1 : 구동방식 검토

먼저 제1단계로 구동방법과 제어방법을 결정한다. 제어 에너지 방식을 결정하기 위해

① 작동시 부품의 안정성
② 제어장치로서의 신뢰성
③ 설치환경에 의한 영향
④ 스위칭 시간(Switching Time)
⑤ 신호전달속도 및 기기의 응답속도
⑥ 수명
⑦ 보수유지의 용이성
⑧ 사용자의 숙달 여부

[표 2-5] 제어 에너지 형태별 특성 비교

구 분	전 기(Electrics)	전 자(Electronics)	공기압(Pneumatics)
신호전달속도	매우 빠름(광속)	매우 빠름(광속)	40~70m/s
스위칭 시간	15ms 이하	1ms 이하	20ms 이상
신호의 종류	디지털	디지털/아날로그	디지털
신호전달거리	제한없다	제한없다	기기에 따라 제한받음
공간적 여유	비교적 크다	작다	크다
수 명	짧다	길다	길다(깨끗한 공기 사용시)
신뢰성	먼지나 습기가 많은 장소에서는 사용이 곤란하다.	먼지나 습기가 많은 장소에서는 사용이 곤란하고 특히 전자계 노이즈에 약하다.	먼지, 습기 등의 외부환경에 비교적 둔감하다.

등의 대해 검토를 해야 하며, 이 밖에도 여러 가지 점을 고려하여 선정하여야 한다. 표 2-5는 제어용 에너지 선정시 고려해야 할 사항을 정리한 것이다.

▶ **회로설계순서 2 : 운전조작과 순서의 분석**

기계의 각 구동부의 동작순서를 결정하여 실린더 동작 타임차트 및 검출부를 포함한 동작 순서도(Sequence Flow Chart)를 작성한다.

그림 2-32는 에어 실린더의 동작순서도를 나타낸 것이다.

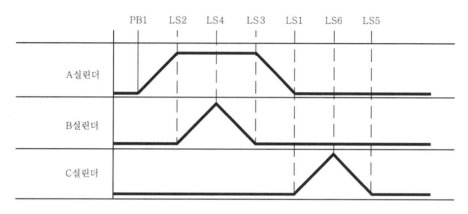

[그림 2-32] 에어 실린더의 시퀀스 차트

▶ **회로설계순서 3 : 운전조작방식 검토**

자동 1사이클 운전, 연속 사이클 운전, 수동 운전, 스텝 운전, 원점 복귀 등의 운전 모드 결정 및 통상정지, 일시정지, 비상정지 등 정지방식을 결정하다.

▶ **회로설계순서 4 : 제어대상구성도 작성**

특히 공압회로도 작성시 포함되어야 할 사항은 다음과 같다.

① 실린더, 솔레노이드 밸브에 고유번호를 지정한다.
  예) 실린더A, 실린더B, … sol1, sol2… 등

② 실린더의 검출위치에 센서를 표시하고 밸브에 고유번호를 지정한다.
  예) LS1, LS2… LSa0, LSa1,… LSb0, LSb1… 등

③ 실린더의 동작상태를 정의한다.
  예) 전진, 후진… 등

④ 솔레노이드 밸브의 전원이 차단된 상태가 작업준비상태(초기 위치)가 되도록 한다.

　　예) 상한, 하한, 클램프, 프레스 상승 등이 원점 위치이므로 솔레노이드 밸브는 전원차
　　　단상태에서 액추에이터가 이 위치에 있도록 한다.

⑤ 솔레노이드 밸브의 형식을 명확히 결정한다.

　　예) 실제로 제어의 목표가 되는 것은 솔레노이드 밸브의 솔레노이드 코일이다. 따라서
　　　밸브를 편측 솔레노이드 밸브로 제어할 건지, 양측 솔레노이드 밸브로 제어할 건
　　　지를 명확히 결정한다.

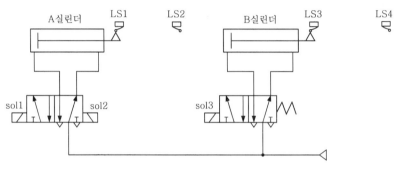

[그림 2-33] 공압회로도(제어대상 구성도)

▶ **회로설계순서 5 : 시퀀스 전기제어회로도 작성**

제어회로를 릴레이 방식으로 실현시키기 위해서는 아래와 같은 순서에 따라 행한다.

① 시퀀스 동작 스텝이 동일한 액추에이터를 포함하지 않도록 몇 개 그룹으로 나눈다.

② 각 스텝이 이행(Transition)하는 조건을 검토한다.

③ 각 그룹마다 제어신호를 발생시키는 줄거리 제어회로를 준비한다. 각 그룹의 동작은 전
그룹의 제일 마지막 동작에서 발생하는 신호로 시동되도록 하며, 이 줄거리 제어회로는
솔레노이드 밸브가 복동인지 단동인지에 따라 달라지게 된다.

④ 각 그룹마다 출력제어신호를 삽입한다 : 각 그룹에서의 구동부 작동 이행조건에 따라
동작/복귀시키는 제어회로를 삽입한다.

⑤ 제어회로에 기능을 추가/수정한다 : 제어회로에 수동 조작회로를 부가한다거나 분기하
는 스텝이 있을 때 이미 작성된 제어회로를 수정 및 추가한다.

⑥ 시퀀스 제어회로도의 검토 : 설계된 시퀀스 동작이 요구조건대로 동작되는지, 어딘가
잘못되진 않았는지, 각 동작마다 확인하는 작업이 필요하다.

2.5 시퀀스 기본회로

아무리 복잡한 시퀀스 회로를 살펴보더라도 그 기본은 여러 가지 기본회로가 조합되어 목적에 맞게 구성되어 있다는 걸 알 수 있다. 따라서 시퀀스의 기본회로를 알지 못하고는 응용회로를 설계할 수 없고, 설계된 회로의 내용도 알 수 없다. 여기서는 시퀀스의 기본회로에 대해서, 그 종류와 기능, 동작원리에 대하여 설명한다.

❶ AND 회로

여러 개의 입력과 한 개의 출력이 있을 때 모든 입력이 존재할 때에만 출력이 나타나는 회로를 AND 회로라고 하며, 이는 직렬 스위치 회로와 같다.

그림 2-34는 두 개의 입력 A와 B가 모두 ON일 때에만 릴레이 코일 R이 여자되고 R접점이 닫혀 램프가 점등되는 AND 회로이다.

이와 같은 직렬회로는 한 대의 프레스에 여러 명의 작업자가 작업을 함께 할 때, 안전을 위해 각 작업자마다 프레스 기동용 누름 버튼 스위치를 설치하여 모든 작업자가 스위치를 누를 때에만 동작되도록 하는 경우에 적용된다. 또 기계의 각 부분이 소정의 위치까지 진행되지 않으면 다음 동작으로 이행을 못하게 하는 등 그 응용범위가 넓은 회로이다.

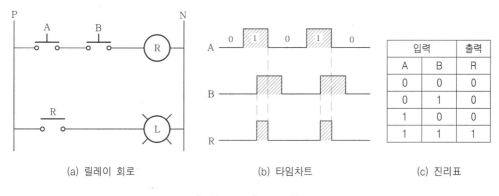

| (a) 릴레이 회로 | (b) 타임차트 | (c) 진리표 |

[그림 2-34] AND 회로

▶ **동작설명**

① 입력 A, B가 OFF일 때(누름 버튼 스위치 A, B를 누르지 않았을 때)

입력 A, B가 열려 있으므로 릴레이 코일 R이 작동하지 않고, 따라서 a접점인 R도 작동하지 않으므로 램프 L은 소등(OFF)되어 있다.

② 입력 A만 ON일 때(누름 버튼 스위치 A만 눌렀을 때)

입력 B가 열려 있으므로 릴레이 코일 R이 작동하지 않고, 따라서 a접점인 R도 작동하지 않으므로 램프 L은 소등되어 있다.

③ 입력 B만 ON일 때(누름 버튼 스위치 B만 눌렀을 때)

입력 A가 열려 있으므로 릴레이 코일 R이 작동하지 않고, 따라서 a접점인 R도 작동하지 않으므로 램프 L은 소등되어 있다.

④ 입력 A와 B가 모두 ON일 때

전원 P − A(on) − B(on) − R − 전원 N 회로가 연결되어 릴레이 코일이 여자되고 그 결과 R접점도 닫혀 램프 L이 점등(ON)된다.

❷ OR 회로

OR 회로는 여러 개의 신호 중 하나 또는 그 이상의 신호가 ON으로 되었을 때 출력을 내는 회로로, 병렬회로라고도 한다.

그림 2-35에서 누름 버튼 스위치 A가 눌려지거나, B가 눌려져도 또는 A와 B가 동시에 눌려져도 릴레이 R이 동작되어 램프가 점등된다.

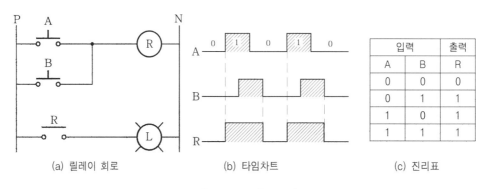

| (a) 릴레이 회로 | (b) 타임차트 | (c) 진리표 |

[그림 2-35] OR 회로

▶ **동작설명**

① 입력 A, B가 OFF일 때(누름 버튼 스위치 A, B를 누르지 않았을 때)

입력 A, B가 열려 있으므로 릴레이 코일 R이 작동하지 않고 따라서 R의 a접점도 작동하지 않으므로 램프 L은 소등되어 있다.

② 입력 A만 ON일 때(누름 버튼 스위치 A만 눌렀을 때)

전원 P - A(on) - R - 전원 N 회로가 연결되어 릴레이 코일이 여자되고, 그 결과 R접점도 닫혀 램프 L이 점등되어 있다.

③ 입력 B만 ON일 때(누름 버튼 스위치 B만 눌렀을 때)

전원 P - B(on) - R - 전원 N 회로가 연결되어 릴레이 코일이 여자되고, 그 결과 R접점도 닫혀 램프 L이 점등되어 있다.

④ 입력 A와 B가 모두 ON일 때

전원 P - A(on) - R - 전원 N, 또는 전원 P - B(on) - R - 전원 N 회로가 연결되어 릴레이 코일이 여자되고 R접점이 닫히므로 램프 L이 점등된다.

③ NOT 회로

NOT 회로는 출력이 입력과 반대되는 회로로 입력이 0이면 출력이 1이고, 입력이 1이면 출력이 0이 되는 부정회로이다.

그림 2-36은 릴레이의 b접점을 이용한 NOT 회로로 누름 버튼 스위치 A가 눌려 있지 않은 상태에서 램프가 점등되고 누름 버튼 스위치 A가 눌려지면 R접점이 열려 램프가 소등하는 NOT 회로이다.

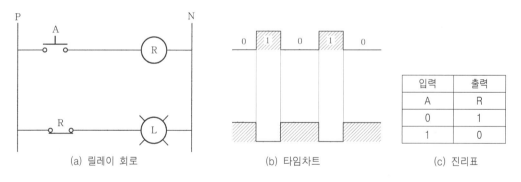

(a) 릴레이 회로　　　　　　(b) 타임차트　　　　　　(c) 진리표

[그림 2-36] NOT 회로

▶ **동작설명**

① 입력 A가 OFF일 때

입력 A가 열려 있으므로 릴레이 코일 R이 동작하지 않는다. 따라서 R의 b접점이 닫혀 있으므로 램프 L은 점등되어 있다.

② 입력 A가 ON일 때

전원 P - A(on) - R - 전원 N 회로가 연결되어 릴레이 코일이 여자되고 그에 따라 R의 b접점이 열리므로 램프 I_1이 소등된다.

④ 자기유지(Self Holding)회로

릴레이 기능 중에는 메모리 기능이 있다고 앞서 설명하였다. 이 릴레이의 메모리 기능이란 릴레이가 자신의 접점으로 자기유지회로를 구성하여 동작을 기억시킬 수 있다는 것이다. 그림 2-37은 릴레이의 자기유지회로이며, 자기유지접점 $R_{(1)}$은 누름 버튼 스위치 A에 병렬로 접속한다.

동작원리는 누름 버튼 스위치 A를 누르면 릴레이가 동작되고, $R_{(1)}$과 $R_{(2)}$가 동시에 ON되며 램프가 점등된다. 이때 누름 버튼 스위치 A에서 손을 떼도 전류는 $R_{(1)}$접점과 누름 버튼 스위치 B를 통해 코일에 계속 흐르므로 동작유지가 가능하다. 즉, A가 복귀하여도 $R_{(1)}$접점에 의해 R의 동작회로가 유지된다.

자기유지의 해제는 누름 버튼 스위치 B를 누르면 R이 복귀되고 접점 $R_{(1)}$과 $R_{(2)}$가 열려 회로는 초기상태로 되돌아간다.

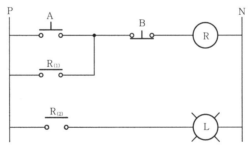

[그림 2-37] 자기유지회로

▶ **동작설명**

① 입력 A, B가 OFF일 때(누름 버튼 스위치 A, B를 누르지 않았을 때)

입력 A가 열려 있으므로 R이 동작하지 않고 따라서 $R_{(1)}$과 $R_{(2)}$의 a접점이 열려 있다.

② 입력 A를 ON시켰을 때(누름 버튼 스위치 A를 눌렀을 때)

전원 P - A(on) - B(b접점) - R - 전원 N 회로가 연결되어 R이 동작하고 동시에 $R_{(1)}$과 $R_{(2)}$ 접점이 닫혀 램프가 점등한다.

③ 입력 A를 OFF시켰을 때(②번 동작 후)

누름 버튼 스위치 A는 열려 있어도 전원 $P - R_{(1)}$ 접점 - B(b접점) - R - 전원 N 회로가 연결되어 있으므로 릴레이 R은 계속 ON이 되어 있고 램프도 점등되어 있다.

④ 입력 B를 ON시켰을 때(누름 버튼 스위치 B를 눌렀을 때)

누름 버튼 스위치 B가 b접점에서 a접점으로 변해 전원 P와 전원 N간의 회로가 끊기므로 릴레이 R이 복귀되고, 그 결과 $R_{(1)}$과 $R_{(2)}$ 접점이 열려 자기유지해제와 동시에 램프가 소등된다.

자기유지회로 중에는 기동우선회로와 정지우선회로의 두 종류가 있으며, 그림 2-38은 기동 우선회로의 예이다. 우선회로란 기동과 정지의 입력 A, B가 동시에 ON되었을 때 릴레이가 동작하면 기동우선회로이고, 릴레이가 동작하지 않으면 정지우선회로라고 한다.

그림 2-38은 그림 2-37의 회로와 동일한 기능으로 기동우선회로이다. 회로도에서 입력 A가 ON된 상태에서 입력 B가 ON되거나, 또는 입력 A, B가 동시에 ON되었을 때 릴레이 R은 동작된다. 따라서 램프가 점등되는 회로이다.

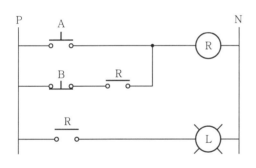

[그림 2-38] 기동우선회로

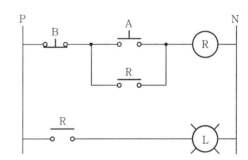

[그림 2-39] 정지우선회로

그러나 그림 2-39는 입력 A가 ON된 상태에서 입력 B가 ON되거나, 또는 동시에 입력 A, B가 ON되었을 때 릴레이 R은 동작할 수 없다. 이와 같은 회로를 정지 우선의 자기유지회로라 한다.

⑤ 인터록(Inter-Lock) 회로

기기의 보호나 작업자의 안전을 위해 기기의 동작상태를 나타내는 접점을 사용하여 관련된 기기의 동작을 금지하는 회로를 인터록 회로라 하며, 다른 말로 선행동작 우선회로 또는 상대 동작 금지회로라고도 한다.

인터록은 릴레이의 b접점을 상대측 회로에 직렬로 연결하여, 어느 한 릴레이가 동작중일 경우 관련된 다른 릴레이는 동작할 수 없도록 규제한다.

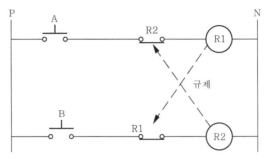

[그림 2-40] 인터록 회로

그림 2-40은 누름 버튼 스위치 A가 ON되어 R1 릴레이가 동작하면 B가 눌려져도 R2 릴레이는 동작할 수 없다. 또한 B가 먼저 입력되어 R2가 동작하면 R1 릴레이 역시 동작할 수 없다.

▶ 동작설명

① 입력 A가 ON된 후 입력 B가 ON되었을 때

전원 P-A(on)-R2(b접점)-R1-전원 N 회로가 연결되어 릴레이 R1이 동작되고 R1 b접점을 열게 된다. 따라서 이 상태에서 입력 B가 ON되더라도 R1 접점이 열려 있으므로 R2는 동작할 수 없다.

② 입력 B가 ON된 후 입력 A가 ON되었을 때

전원 P-B(on)-R1(b접점)-R2-전원 N 회로가 연결되어 릴레이 R2가 동작되고 R2 b접점을 열게 된다. 따라서 이 상태에서는 입력 A가 ON이 되더라도 R2 접점이 열려 있으므로 R1은 동작할 수 없다.

6 체인(Chain) 회로

체인 회로란 정해진 순서에 따라 차례로 입력되었을 때에만 회로가 동작하고, 동작순서가 틀리면 동작하지 않는 회로이다.

그림 2-41은 체인 회로의 예로서 동작순서는 R1 릴레이가 작동한 후 R2가 작동하고, R2가 작동한 후 R3이 작동되도록 구성되어 있다. 즉, R2 릴레이는 R1 릴레이가 작동하지 않으면 동작하지 않고, R3은 R1과 R2가 먼저 작동되지 않으면 작동하지 않는다.

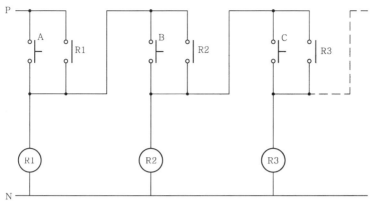

[그림 2-41] 체인 회로

이러한 체인 회로는 순서작동이 필요한 컨베이어나, 기동순서가 어긋나면 안 되는 기계설비 등에 적용되는 회로로, 직렬우선회로라고도 한다.

▶ 동작설명

① 입력 A가 ON되면 R1이 동작한다. 그 결과 R1의 a접점이 닫힌다.
  동작회로 : 전원 P - A(on) - R1 - 전원 N

② ①항 동작 후 입력 B가 ON되면 R2가 동작한다. 그 결과 R2의 a접점이 닫힌다.
  동작회로 : 전원 P - R1 a접점 - B(on) - R2 - 전원 N

③ ①, ②항이 동작한 후 입력 C가 ON되면 R3이 동작한다.
  동작회로 : 전원 P - R1 a접점 - R2 a접점 - C(on) - R3 - 전원 N

⑦ 일치회로

두 입력의 상태가 같을 때에만 출력이 나타나는 회로를 일치회로라 한다.

그림 2-42는 일치회로의 예인데, 입력 A, B가 동시에 ON되어 있거나 OFF되어 있을 때에는 출력이 나타나고 A, B 중 어느 하나만 ON되어 두 입력의 상태가 일치하지 않으면 출력은 나타나지 않는 회로이다.

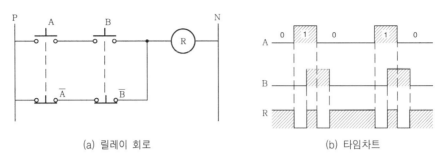

| (a) 릴레이 회로 | (b) 타임차트 |

[그림 2-42] 일치회로

▶ **동작설명**

① 입력 A, B가 OFF일 때 릴레이 R은 동작한다.

　동작회로 : 전원 P - $\overline{A}$ - $\overline{B}$ - R - 전원 N

② 입력 A가 ON이고 입력 B가 OFF이면 릴레이 R은 동작하지 않는다.

③ 입력 A가 OFF이고 입력 B가 ON이면 릴레이 R은 동작하지 않는다.

④ 입력 A, B가 ON이면 릴레이 R은 동작한다.

　동작회로 : 전원 P - A(on) - B(on) - R - 전원 N

⑧ 시간지연회로

입력신호를 준 후에 계획된 시간만큼 늦게 출력이 변화되는 회로를 시간지연회로(Time Delay Circuit)라 한다.

시간지연회로에는 ON 시간지연(ON-delay)회로와 OFF 시간지연(OFF-delay)회로가 있고, 또 일정시간만 동작하는 One-short 회로가 있다.

1) 온 딜레이(ON-delay) 회로

입력신호를 준 후 곧바로 출력이 ON되지 않고 미리 설정한 시간만큼 늦게 출력이 ON되도록 설계한 회로를 온 딜레이 회로라 한다.

그림 2-43은 ON 시간지연 작동회로로서 누름 버튼 스위치 A를 누르면 타임 릴레이(Timer) 가 작동하기 시작하고, 미리 설정해 둔 시간이 경과하면 타이머 접점이 닫혀 램프가 점등되며, 누름 버튼 스위치 B를 누르면 타임 릴레이가 복귀하면서 타이머의 접점도 열려 램프가 소등되는 회로이다.

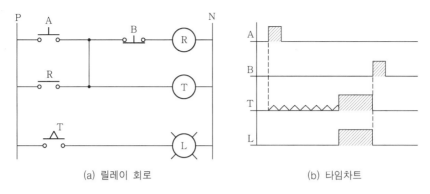

(a) 릴레이 회로　　　　　　　　　　(b) 타임차트

[그림 2-43] 온 딜레이 회로

▶ **동작설명**

① 입력 A를 ON시키면 릴레이 R이 ON되어 자기유지되고 타이머 T가 작동을 시작한다.
　　동작회로 : 전원 P - A(on) - B(b접점) - R - 전원 N
　　　　　　　: 전원 P - R(a접점) - T - 전원 N

② 타이머에 설정된 시간 후에 타이머 접점이 ON되어 출력인 램프가 점등된다.
　　동작회로 : 전원 P - T(a접점 ON) - L - 전원 N

③ 입력 B를 ON시키면 릴레이 R, 타이머 T가 복귀되므로 출력 L도 OFF된다.

2) 오프 딜레이(OFF-delay) 회로

오프 딜레이 회로는 복귀신호가 주어지면 출력이 곧바로 복귀되지 않고, 계획된 시간 후에 부하가 개방되는 회로로, 온 딜레이 타이머의 b접점을 이용하거나 오프 딜레이 타이머의 a접점을 이용하여 회로를 구성할 수 있다.

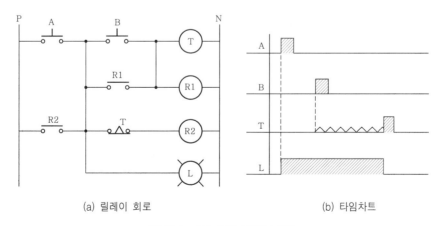

(a) 릴레이 회로　　　　　　　　　　(b) 타임차트

[그림 2-44] 오프 딜레이 회로

그림 2-44는 오프 딜레이 회로의 일례로 누름 버튼 스위치 A를 누르면 램프가 점등되고 B를 누르면 곧바로 램프가 소등되지 않고 타이머에 설정된 시간 후에 소등되는 오프 딜레이 회로이다.

▶ **동작설명**

① 입력 A를 눌렀다 떼면 출력인 램프가 ON되고 릴레이 R2가 동작하여 자기유지된다.
　　동작회로 : 전원 P - A(on) - T(b접점) - R2 - 전원 N
　　　　　　 : 전원 P - R2(on) - L - 전원 N

② ①의 상태에서 입력 B를 눌렀다 떼면 타이머 T가 동작되고, 동시에 릴레이 R1이 ON 되어 자기유지된다.
　　동작회로 : 전원 P - R2(on) - B(on) - T - 전원 N
　　　　　　 : 전원 P - R2(on) - R1(on) - T - 전원 N

③ 타이머의 설정된 시간 후에 T의 b접점이 개방되어 릴레이 R2가 복귀되므로 R2의 a접점이 열리게 되고, 따라서 출력인 L과 코일T, R1 등이 동시에 복귀된다.

3) 일정시간 동작회로(One Shot Circuit)

이 회로는 누름 버튼 스위치 등의 입력이 주어지면 출력이 ON되고, 타이머에 설정된 시간이 경과되면 스스로 출력이 OFF되는 회로를 말한다.

그림 2-45는 이 회로의 일례로, 누름 버튼 스위치 A를 누르면 릴레이 코일 R1이 여자되어 자기유지되고, 램프가 점등됨과 동시에 타이머가 동작하기 시작한다. 타이머에 설정된 시간이 경과되면 타이머 b접점이 개방되어 램프가 소등되는 회로이다. 이와 같이 일정시간 동안 동작되는 회로는 가정의 현관출입문 등에서 이용되고 있다.

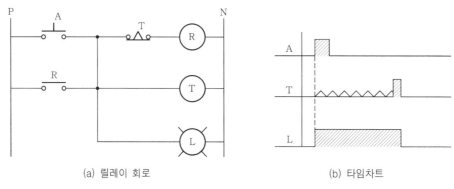

(a) 릴레이 회로　　　　　　　　　　　(b) 타임차트

[그림 2-45] 일정시간 동작 회로

▶ **동작설명**

① 입력 A를 ON시키면 출력인 램프가 ON되고 동시에 릴레이 R이 동작되며 타이머 또한 작동하기 시작한다.

　　동작회로 : 전원 P - A(on) - T(b접점) - R - 전원 N
　　　　　　 : 전원 P - A(on) - L - 전원 N
　　　　　　 : 전원 P - A(on) - T - 전원 N

② ①의 동작 후 누름 버튼 스위치 A에서 손을 떼도 자기유지회로를 통해 릴레이 R, 타이머 T, 램프 L은 계속 동작한다.

　　동작회로 : 전원 P - R(a접점 ON) - T(b접점) - R - 전원 N
　　　　　　 : 전원 P - R(a접점 ON) - T - 전원 N
　　　　　　 : 전원 P - R(a접점 ON) - L - 전원 N

③ 타이머에 설정된 시간이 경과되면 타이머 b접점이 개방되어 릴레이 R이 복귀되고, 그 결과 R의 a접점이 열려 자기유지가 해제되므로 출력 L, 타이머 T도 동시에 복귀된다.

03

PLC의 구성과 원리

3.1 PLC 시스템의 구성

PLC 시스템은 그림 3-1에 나타낸 바와 같이 크게 본체와 주변기기로 분류되며, 본체에는 기본 유닛과 증설 유닛이 있다.

PLC의 주변기기는 프로그램의 입력, 수정 등의 작업에서부터 모니터링, 디버깅, 프로그램 리스트 작성, 프로그램 보존 등 PLC 운용을 지원하는 기기로서 프로그래머, ROM 라이터, 퍼스널 컴퓨터 등이 있다.

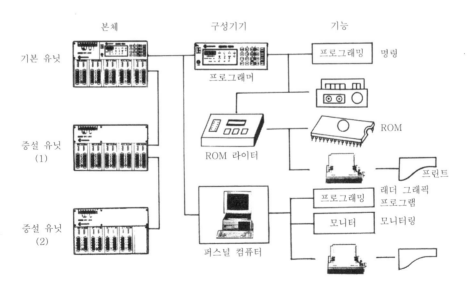

[그림 3-1] PLC 시스템

3.2   하드웨어의 구성

PLC의 하드웨어는 CPU를 포함한 제어연산부, 메모리부, 입력부, 출력부 및 전원장치로 구성되어 있다.

주요 구성도를 컴퓨터와 비교해 보면 PLC의 제어연산부는 컴퓨터의 CPU이며, PLC의 사용자 프로그램을 격납하는 메모리부는 마이크로 컴퓨터의 메모리와 기능이 같다. 또한 각종의 입력신호지령용 조작 스위치와 기계의 위치를 검출하는 센서 등의 신호를 입력하는 PLC 입력부는 컴퓨터의 키보드와 같고, 연산결과를 출력하여 실린더나 모터 등을 기동시키는 PLC 출력부는 컴퓨터의 CRT나 프린터에 상응된다.

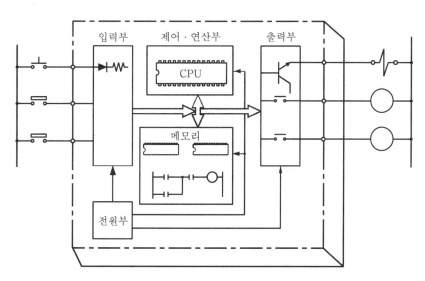

[그림 3-2] PLC의 기본구성도

3.3   제어연산부(CPU)

제어연산부는 중앙처리장치(Central Processing Unit : CPU)라고도 부르며, 그림 3-3에 나타낸 바와 같이 논리연산부분(Arithmetic and Logic Unit : ALU), 명령어 어드레스를 호출하는 프로그램 카운터 및 몇 개의 레지스터, 명령해독 제어부분 등으로 구성되어 있다.

연산원리는 PLC를 운전 모드로 하면 프로그램의 내용에 따라 실행을 하는데, 먼저 메모리 어드레스를 결정해야 하므로 이 기능을 프로그램 카운터가 담당한다. 즉, 프로그램 카운터의 번호에 맞는 어드레스 명령을 취출하여 디코더(Decoder)가 명령을 해독하게 되고, 연산부에서 연산을 실시하여 레지스터에 기록함과 동시에 그 결과에 따라 출력을 내보내게 된다. 취출된 명령의 처리가 완료되면 프로그램 카운터는 1씩 증가하여 다음 명령을 취출하게 되고 계속적으로 연산처리를 실시한다. 이 과정을 그림으로 나타낸 것이 그림 2-4이며, 이와 같은 연산처리 방식을 스토어드 프로그램 반복연산이라 한다. 다른 말로 사이클릭 처리, 스캔처리라고도 한다.

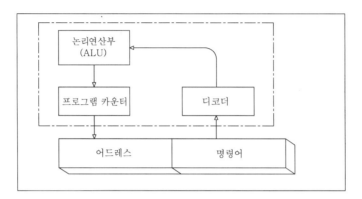

[그림 3-3] CPU의 구성도

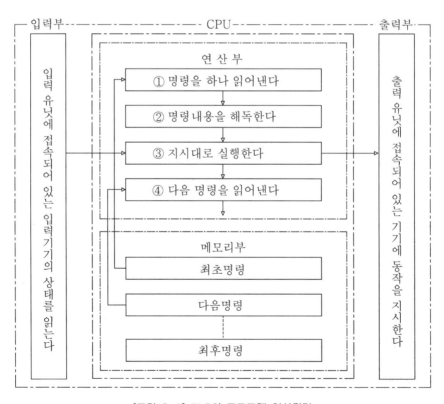

[그림 3-4] PLC의 프로그램 연산원리

3.4 메모리부

1 메모리의 종류와 기능

사용자가 작성한 시퀀스 프로그램의 내용을 저장하는 데 사용되어지는 부분이 PLC의 메모리부로, 여기에 사용되는 메모리로는 사용목적에 따라, 또는 사용소자에 따라 여러 종류가 적절히 사용되고 있다.

1) RAM

RAM은 Random Access Memory의 약어로, 각각의 메모리 워드 또는 비트에 데이터를 쓰거나 읽는 것을 자유롭게 할 수 있는 메모리를 말한다.

RAM은 데이터를 쓰고 읽는 것이 자유로운 반면, 전원이 끊어지면 메모리에 저장된 내용이 지워져 버리는 단점이 있다. 즉, RAM은 전원차단시 10^{-9}초 이내에 기억된 정보가 지워져 버리므로 소멸성 또는 휘발성 메모리라 한다.

따라서 전원이 끊겨도 저장된 내용을 기억시키려면 비상용 전원장치가 필요하다. 이러한 이유로 PLC 시스템의 CPU 내에는 전원차단시 RAM에 전원을 공급하기 위한 백업용 배터리가 갖추어져 있다.

2) ROM

ROM(Read Only Memory)은 읽기 전용 메모리로, 간단하게 메모리에 기억된 내용을 변경하거나 새롭게 기억하는 것이 곤란하다. 따라서 ROM은 대부분 시스템 프로그램 저장용으로 사용되며, PLC에서 사용자 프로그램 격납용으로 사용할 경우 테스트 운전이 종료되어 더 이상 프로그램 변경이 필요없을 때 사용하면 RAM 사용시 백업용 배터리를 준비하는 등의 문제가 없다.

① **마스크 ROM** : 마스크 ROM은 IC 작성시 기억시키는 내용도 함께 IC 내부회로에 조립되어 IC가 완성되면 내용도 기억되는 형태이기 때문에, 동일한 내용의 ROM을 대량으로 생산하는 경우 마스크 ROM을 사용하면 가격절감을 꾀할 수 있는 이점이 있다.

② **PROM(Programmable ROM)** : 사용자가 그때그때 자신의 형편에 맞게 기억시켜 사용할 수 있는 것을 PROM이라 하며, 이 PROM에 내용을 기입하기 위해서는 PROM 기입 전용툴이 필요하다. 이것을 롬 라이터(ROM Writer)라 한다.

③ EPROM(Erasable PROM) : 한 번 기입해서 사용하였으나 잘못 기입하였거나 새로운 프로 그램을 기입해야 할 때 ROM의 내용을 소거하고 재차 기입할 수 있는 ROM이다. EPROM 의 소거방법으로는 ROM IC의 중앙에 투명한 창을 설치하여 이 창의 자외선을 조사(照射) 함으로써 ROM의 내용을 지울 수 있는 것이 일반적이다.

자외선을 조사하여 ROM의 내용을 소거하는 전용 툴을 롬 이레이저(ROM Eraser)라고 한다. 이와 같이 EPROM은 몇 번이고 ROM의 내용을 변경할 수 있기 때문에 마이컴의 프로그램 개발이나 PLC에서 사용자 프로그램 격납용으로 적합하다.

3) 메모리의 용량과 크기

컴퓨터나 PLC는 단지 신호의 유무를 표시할 수 있는 신호 0과 신호 1의 두 가지 상태만을 인식한다.

이렇게 두 가지 형태만 표시되기 때문에 2값 신호 또는 2진수라 부른다. 가장 작은 메모리 단위인 저장위치는 0과 1 중 어느 하나의 값이 기억된다. 이와 같은 가장 작은 자료의 단위를 비트(Bit)라 한다.

기억용량은 이 비트의 수량을 나타내는 것으로, 주로 K(Kilo) 단위를 사용한다. 1Kilo bit (1Kbit)는 1024bit이다. 예를 들어 ROM이 2048bit의 기억용량을 가지고 있다면 2Kilo bit ROM이며 간단히 2K ROM이라 표시한다.

그러나 PLC의 기억용량에서는 저장될 수 있는 비트의 수량보다 워드(Word)의 수량이 더욱 중요하게 인식됨에 따라 단위도 K-Word를 적용한다. PLC 메이커가 제공하는 카탈로그에는 1K 또는 1K Word라고 표시되거나 스텝(Step)으로 표시되어 있는 경우가 대부분이며, 이는 저장할 수 있는 단어의 수량을 나타낸다.

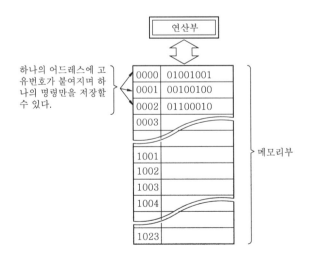

[그림 3-5] 메모리의 개념적 구조(1K Word의 경우)

3.5 입력부

1 입력부의 기능

PLC 입력부는 외부로부터 수신되는 다양한 입력신호를 CPU가 처리할 수 있는 신호 레벨로 변환시켜 연산부에 전송한다. 즉, 입력부는 누름 버튼 스위치, 리밋 스위치, 근접 스위치 등의 입력신호를 PLC의 제어연산부에 전기신호로 접속하기 위한 인터페이스 역할을 담당한다.

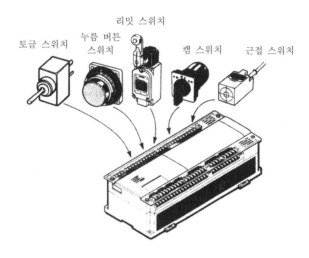

[그림 3-6] PLC의 입력기기

2 입력부의 구성과 신호흐름

입력부는 크게 입력기기와 PLC와 접속하는 모듈 단자부, 외부기기의 입력신호를 PLC의 CPU에 맞는 전위값으로 변환하는 신호변환부, 입력상태를 가시적으로 나타내는 표시회로부, 입력부에 포함되는 노이즈나 서지 전압 등 전기적 잡음을 흡수하는 필터 회로부와, 노이즈의 내부침투를 막는 절연 회로부로 구성되어 있다.

③ 입력기기의 종류와 적용 전압

시퀀스 제어의 목적으로 이용되는 입력기기에는 용도에 따라 다양한 종류가 있으며, 따라서 PLC에 입력되는 신호의 형태도 다양하다.

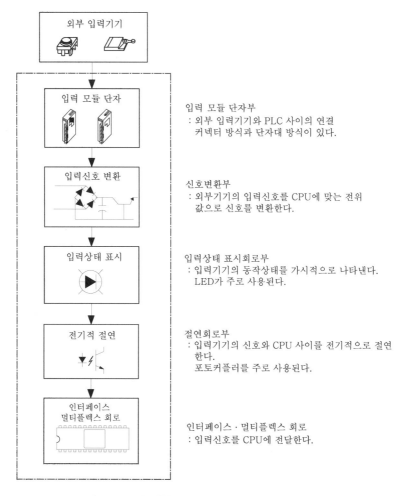

외부 입력기기

입력 모듈 단자

입력 모듈 단자부
: 외부 입력기기와 PLC 사이의 연결
 커넥터 방식과 단자대 방식이 있다.

입력신호 변환

신호변환부
: 외부기기의 입력신호를 CPU에 맞는 전위
 값으로 신호를 변환한다.

입력상태 표시

입력상태 표시회로부
: 입력기기의 동작상태를 가시적으로 나타낸다.
 LED가 주로 사용된다.

전기적 절연

절연회로부
: 입력기기의 신호와 CPU 사이를 전기적으로 절연
 한다.
 포토커플러를 주로 사용된다.

인터페이스
멀티플렉스 회로

인터페이스 · 멀티플렉스 회로
: 입력신호를 CPU에 전달한다.

[그림 3-7] 입력부의 신호 블록도

PLC의 입력기기는 크게 제어반이나 조작반 등에 장착되어 있는 것과 기계장치에 장착되어 있는 것으로 분류되는데, 대표적인 입력기기의 종류는 다음 페이지의 표 3-1과 같다.

입력기기는 신호형태에 따라 디지털 신호기기와 아날로그 신호기기로 대별되고, 사용전원의 종류와 적용전압의 레벨에 따라 여러 가지로 분류된다.

[표 3-1] PLC에 접속되는 입력기기

구 분	입력기기의 종류
제어반이나 조작반 등에 장착되어 있는 기기	누름 버튼 스위치, 셀렉터 스위치, 디지털 스위치, 서멀 릴레이, 계측기 등
기계나 장치에 장착되어 있는 기기	리밋 스위치, 마이크로 스위치, 광전 센서, 근접 스위치, 로터리 엔코더 등

PLC의 입력 모듈은 통상 한 종류의 전원, 전압을 사용하는 기기만이 적용되므로 입력기기에 맞는 적합한 입력 모듈을 선정하여야 하며, 표 3-2는 PLC에 입력되는 입력기기의 종류와 적용전압을 나타낸 것이다.

[표 3-2] PLC의 입력기기와 적용전압

종 류	적용전압	입력기기의 종류
강전기기	AC 110V AC 220V	누름 버튼 스위치, 각종 절환 스위치, 리밋 스위치, 강전용의 릴레이 접점, 전자접촉기, 개폐기의 접점 등의 접점 입력기기
약전기기	DC 12V DC 24V	누름 버튼 스위치, 디지털 스위치, 마이크로 스위치 등의 접촉 신뢰성이 높은 접점 입력기기와 근접 스위치, 광전 센서 등의 무접점 입력기기
계측기나 컴퓨터 신호	DC 5V DC 12V	출력부에 TR이나 TTL-IC를 사용한 입력기기

❹ 입력 모듈의 종류와 특징

1) AC 입력 모듈

AC 입력 모듈은 상용전원인 AC 110/220V를 입력전원으로 사용하기 때문에 특별히 입력용 전원을 준비할 필요가 없으며, 종류에는 전압에 따라 110V용, 220V용, 프리볼트용 등이 있다.

AC 입력 모듈에 적용되는 시퀀스 입력기기로는 누름 버튼 스위치, 셀렉터 스위치, 리밋 스위치, 릴레이, 타이머의 접점, 전자접촉기, 개폐기의 접점신호 등이 해당된다.

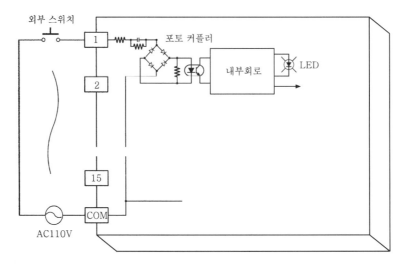

[그림 3-8] AC 입력 모듈(절연형식)

그림 3-8은 AC 입력 모듈의 내부회로로, 누름 버튼 스위치를 눌렀을 때 AC 입력전원을 통해 입력되는 전류는 정류기에서 직류신호로 변환되고, 이 전류에 의해 포토 커플러의 발광 다이오드를 발광시켜 내부회로에 신호를 보내게 된다.

[표 3-3] AC 110V 입력 모듈의 사양 예

형 식 항 목		AC 입력 모듈
		MX 10
입력점수		16점
절연방식		Photo Coupler 절연
정격입력전압		AC 100~120V, 50/60Hz
정격입력전류		10mA(AC 110V, 60Hz)
사용전압범위		AC 85~132V(50/60Hz ±5%)
돌입 전류		최대 300mA, 0.3ms 이내(AC132V)
ON 전압/ON 전류		AC 80V 이상/6mA 이상
OFF 전압/OFF 전류		AC 40V 이하/4mA 이하
입력저항		약 10KΩ(60Hz)
응답시간	OFF→ON	15ms 이하
	ON→OFF	25ms 이하
콤먼 방식		16점 1콤먼
동작 표시		LED 점등
외부접속방식		20점 단자대 커넥터

2) DC 입력 모듈

DC 입력 모듈은 각종의 조작 스위치, 마이크로 스위치 등의 접점에 의한 입력신호와 근접 스위치, 광전 센서 등의 입력신호 및 계측기 등의 TTL-IC에 의한 입력신호 등 폭넓은 용도에 사용된다.

DC 입력 모듈에는 입력전압의 정격에 따라 12V, 24V, 48V 등의 3종류가 많이 사용되고, 콤먼 방식에 따라서도 싱크 방식과 소스 방식 등이 있다. 또한 내부회로와 입력 모듈 사이가 절연된 절연형식과 절연하지 않은 비절연 형식 등 그 종류가 제법 많다.

[표 3-4] DC 입력 모듈의 사양 예

항 목 ＼ 형 식	DC 입력 모듈
	MX 40
입력점수	16점
절연방식	Photo Coupler 절연
정격입력전압	DC 24V
정격입력전류	10mA
사용전압범위	DC 10.2~26.4V(리플률 5% 이내)
ON 전압/ON 전류	DC 9.5V 이상/3mA 이상
OFF 전압/OFF 전류	AC 6V 이하/1.5mA 이하
입력저항	약 2.4KΩ
응답시간 OFF→ON	10ms 이하
응답시간 ON→OFF	10ms 이하
콤먼 방식	8점 1콤먼
동작 표시	LED 점등
외부접속방식	20점 단자대 커넥터

3) 고속 카운터 입력 모듈

일반적으로 PLC가 갖는 CPU의 카운터는 스캔타임의 관계로 인해 1초당 10회 정도의 계수 (計數)가 한계이다. 이 때문에 위치결정 제어나 정치수 제어를 위해 고속계수용 카운터를 필요로 하는 제어는 CPU의 카운터로는 계수가 불가능하므로 CPU와는 독립적으로 설계된 고속 카운터 모듈을 사용해야 한다. 이와 같이 로터리 엔코더나 리니어 스케일 등에서 출력되는 빠른 펄스 신호를 입력하는 PLC 입력 모듈을 고속 카운터 입력 모듈이라 한다.

PLC CPU의 카운터와 고속 카운터 모듈의 카운터와의 차이점은 다음과 같다.

① 감산 및 가산이 가능하다.
② 설정값에 도달되어도 카운터는 정지하지 않고 최대값까지 카운트한다.
③ 설정값의 일치신호는 물론 대소비교 신호가 있다.
④ 출력신호는 고속 카운터 모듈 자체에서 출력이 가능하다.

[표 3-5] 고속 카운터 모듈의 사양 예

항 목		형 식	고속 카운터 모듈 MS 10S
입력		계수속도	50Kpps
		계수범위	0~999,999
		신호수	2개(A상, B상)
		절연방식	포토 커플러 절연
		입력펄스 전압레벨	DC 5~24V
		카운트 펄스폭	5μsec
		I/O 점유점수	64점
		접속방식	단자대 커넥터
		리셋 신호 레벨	DC 24V
		대소비교결과	현재치 > 설정치 현재치 = 설정치 현재치 < 설정치
출력		출력방식	트랜지스터
		부하전류	0.5A
		사용전압범위	DC 21.6~26.4V
	출력지연시간	OFF → ON	0.5ms
		ON → OFF	0.5ms
		절연방식	포토 커플러 절연

⑤ 입력 모듈의 선정방법

한 번 선정하여 설치된 PLC는 장시간 안정되고 신뢰성 있게 사용되어야 하므로 사용되는 입력기기에 맞는 입력 모듈을 선정하는 것이 매우 중요하다.

입력부 선정시 검토항목

1 AC 입력인지 DC 입력인지의 여부
2 정격전압
3 정격전류
4 절연의 유무
5 입력신호의 표시 유무
6 입력응답시간
7 입력점수
8 증설의 필요성
9 입력기기와 입력 모듈과의 접속방식 등

일반적으로 소형의 블록형(단독형이라고도 함) PLC는 입출력부가 정해져 있으며, 유닛형(빌딩 블록형이라고도 함) PLC는 사용자가 기기 특성에 맞는 입출력 모듈을 선정하여야 하므로 입력 모듈 선정시 검토항목을 충분히 고려하여 선정하여야 한다.

3.6 출력부

① 출력부의 기능

PLC 출력부는 시퀀스 프로그램의 연산결과에 따라 실린더나 모터, 파일럿 램프 등과 같은 제어대상물을 작동시키거나, NC 제어장치나 컴퓨터로 데이터를 전송하기 위해 제어연산부와 제어대상물간의 신호결합을 수행하는 부분이다.

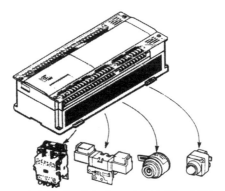

전자접촉기　전자 밸브　전자 클러치　파일럿 램프

[그림 3-9] PLC의 출력기기

② 출력부의 구성과 신호흐름

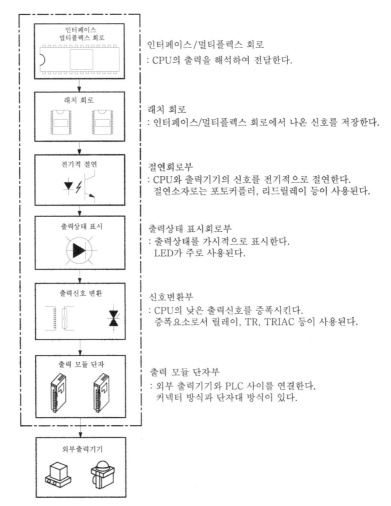

인터페이스/멀티플렉스 회로
: CPU의 출력을 해석하여 전달한다.

래치 회로
: 인터페이스/멀티플렉스 회로에서 나온 신호를 저장한다.

절연회로부
: CPU와 출력기기의 신호를 전기적으로 절연한다.
 절연소자로는 포토커플러, 리드릴레이 등이 사용된다.

출력상태 표시회로부
: 출력상태를 가시적으로 표시한다.
 LED가 주로 사용된다.

신호변환부
: CPU의 낮은 출력신호를 증폭시킨다.
 증폭요소로서 릴레이, TR, TRIAC 등이 사용된다.

출력 모듈 단자부
: 외부 출력기기와 PLC 사이를 연결한다.
 커넥터 방식과 단자대 방식이 있다.

[그림 3-10] 출력부의 신호 블록도

출력부의 구성은 그림 3-10에 나타낸 바와 같이 인터페이스/멀티플렉스 회로, 래치 회로, 절연회로부, 표시회로부, 신호변환부 및 출력 모듈 단자로 구성되어 있다. 이것은 입력부와 그 구성 및 기능이 비슷하며, 단지 신호흐름의 순서만 반대로 되어 있을 뿐이다.

③ 출력기기의 종류와 적용 출력 모듈

시퀀스 제어의 목적을 달성하기 위한 구동기기로는 그 사용용도와 특성에 따라 다양한 종류가 있다. 따라서 PLC의 출력에 접속되는 신호의 형태도 다양하다. 디지털 신호형태의 구동기기로는 솔레노이드 밸브, 파워 콘택터, 릴레이 코일, 벨, 부저 및 모터 구동용 전자접촉기 등이 있으며, 아날로그 형태의 구동기기로는 유량 밸브, AC, DC 드라이버, 아날로그 미터계, 온도조절계, 유량조절계 등이 있다.

표 3-6은 PLC에 접속되어 기계나 설비를 움직이는 구동기기의 종류와 PLC 출력 모듈의 적용관계를 나타낸 것이다.

[표 3-6] 출력 모듈의 종류와 적용 구동기기

출력형식		적용구동기기(부하)
트랜지스터 출력		리드 릴레이, DC 솔레노이드, LED 표시등, 소용량 램프 및 NC 제어장치나 컴퓨터로의 데이터 전송, 제어신호 송출용
접점출력	스파크 킬러 부착형	전자접촉기, 전자 솔레노이드, 전자 클러치, 전자 브레이크 등의 일반적인 유도부하
	스파크 킬러 미부착형	리드 릴레이, 솔리드 스테이트 타이머, 네온램프 등과 같이 누설전류가 문제시되는 경부하
트라이액 출력		전자접촉기, 전자 솔레노이드, 전자 클러치, 전자 브레이크와 같은 AC 유도부하
아날로그 출력		서보모터, 모터 가변속 장치, 각종 조절장치 등

④ 출력 모듈의 종류와 특징

1) 접점(Relay)출력 모듈

접점출력 모듈이란 신호증폭 요소로 릴레이를 사용한 것으로, 릴레이는 코일부와 접점부가 완전히 절연되어 있으므로 릴레이 회로와 동일하게 사용할 수 있다.

접점출력 모듈은 AC, DC 모두를 적용할 수 있어 다양한 구동기기를 제어할 수 있으나 수명에 한계가 있고 응답속도가 느리다는 단점이 있으며, 접촉불량에도 주의할 필요가 있다.

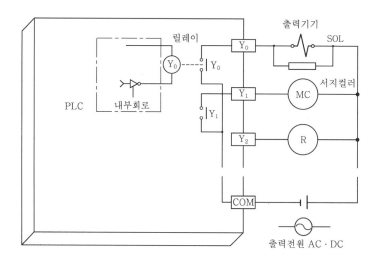

[그림 3-11] 접점출력 모듈의 회로도

[표 3-7] 접점출력 모듈의 사양 예

항 목	형 식	접점 출력 모듈
		XY 10A
1	출력점수	16점
2	정격개폐 전압·전류	AC 240V, 5A/DC 24V, 5A
3	최소개폐부하	DC 5V, 1mA
4	최대개폐부하	AC 264V, DC 125V
5	응답시간	OFF → ON	10ms 이하
		ON → OFF	10ms 이하
6	수 명	기계적	2,000만회 이상
		전기적	20만회 이상
7	최대개폐빈도	3,600회/시간
8	스파크 킬러	없음
9	콤먼 방식	8점/1콤먼
10	동작 표시	LED 점등
11	외부접속방식	20점 단자대 커넥터

2) 트랜지스터(TR) 출력 모듈

신호증폭요소로 반도체 소자인 TR을 사용하였으며, 릴레이를 증폭소자로 사용하는 접점출력에 비해 수명이 길고 응답속도가 빨라 고빈도의 동작에 용이하다. 그러나 신호증폭소자가 반도체 요소인 트랜지스터를 이용한 것이기 때문에 출력기기의 전원은 DC에 한정되고 접점출력이나 트라이액 출력에 비해 개폐전류도 작다.

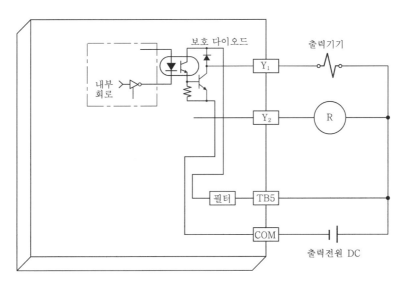

[그림 3-12] 트랜지스터 출력 모듈의 회로도

[표 3-8] 트랜지스터 출력 모듈의 사양예

항 목		모델명	트랜지스터 출력 모듈
			MY 40
1		출력점수	16점
2		절연방식	Photo Coupler 절연
3		정격부하전압	DC 12/24V
4		사용부하 전압범위	DC 10.2~40V
5		최대부하전류	0.1A/1점
6		최대돌입전류	0.4A
7	응답시간	OFF→ON	2ms 이하
		ON→OFF	2ms 이하
8		서지 킬러	서지 흡수용 다이오드
9		콤먼 방식	8점 1콤먼
10		동작 표시	LED 점등
11		외부접속방식	20점 단자대 커넥터

3) 트라이액 출력 유닛

트라이액을 출력증폭요소로 사용한 것을 트라이액 출력 모듈이라 하며, 이 모듈의 특징은 응답속도가 통상 1ms 이하로 접점출력에 비해 10배 이상 빠르며, 구동개폐 부하용량도 비교적 크다. 따라서 개폐빈도가 큰 부하나 전자 솔레노이드 등의 코일 부하로 대용량 부하인 경우는 트라이액 출력 유닛을 사용하는 것이 바람직하다.

[표 3-9] 트라이액 출력 모듈의 사양예

항 목	모 델		트라이액 출력 모듈
			MY 22
1	출력점수		16점
2	절연방식		photo coupler 절연
3	정격부하전압		AC 100~240V, 50/60Hz
4	최대부하전압		AC 264V
5	최대부하전류		2A/1점
6	응답시간	OFF→ON	1ms 이하
		ON→OFF	1ms 이하
7	서지 킬러		CR 업소버 및 바리스터
8	콤먼 방식		8점/1콤먼
9	동작 표시		LED 점등
10	외부접속방식		20점 단자대 콘넥터

⑤ 출력 모듈의 선정방법

PLC에 적용되는 출력기기는 아주 작은 소용량에서부터 대용량의 전압·전류, 전원의 종류에 있어서도 직류와 교류로 작동되는 것 등 여러 가지가 있으므로 출력 모듈의 선정은 부하의 종류, 구동용량, 부하의 돌입전류, 수명, 응답시간 등을 종합적으로 고려하여 선정하지 않으면 안 된다.

출력부 선정시 검토항목

1. 부하의 종류가 AC 부하인지 DC 부하인가의 여부
2. 구동용량
3. 돌입전류
4. 절연의 유무

⑤ 응답시간
⑥ 수명
⑦ 출력상태의 표시 유무
⑧ 출력점수
⑨ 출력기기와 출력 모듈과의 접속방식 등

3.7 PLC 주변기기

❶ 주변기기의 역할

PLC의 하드웨어는 트랜지스터나 IC 등으로 구성되며, 그 자체는 부품의 집합체에 불과하다. 따라서 사람이 기계나 장치의 제어내용을 가르쳐 주어야 비로소 제 기능을 할 수 있다. 이때 필요한 것이 주변기기이며, 이는 PLC와 그것을 다루는 인간과의 연계기관, 말하자면 맨 머신 인터페이스이다.

PLC에 있어서 주변기기의 역할은 프로그래밍, 모니터링, 디버깅, 프로그램 리스트 작성 및 보존 등의 PLC 운용을 지원하는 것이다. 따라서 PLC를 사용한 제어 시스템의 신뢰성이나 조작의 편리함, 트러블 슈팅의 용이함 등은 이 주변기기의 기능에 의해 좌우된다고 해도 과언이 아니다.

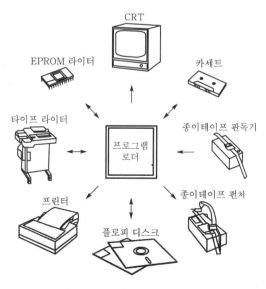

[그림 3-13] 주요 주변기기

② 주변기기의 주요 기능

1) 프로그래밍 기능

사용자 프로그램을 메모리에 기입하는 기능으로 핸디형 프로그래머나 컴퓨터 등이 사용된다. 이 기능에는 프로그램의 변경이나 추가를 하기 쉽도록 이미 기입된 프로그램을 읽어내어 부분적으로 삭제하든지 어드레스를 이동시키든지 하는 이른바 프로그램의 편집작업도 가능하다.

2) 모니터 기능

입출력 신호의 상태나 내부 릴레이, 타이머 또는 카운터의 동작상태나 도중경과를 표시하여 운전 상태의 체크에 사용한다. 또 회로도나 타임차트 등을 디스플레이 위에 표시하여 휘도(輝度)를 바꿈 으로써 동작상태를 알기 쉽게 표시하기도 한다.

3) 체크 기능

특정 어드레스를 호출하여 프로그램의 유무를 체크하든지, 프로그램의 문법 체크나 따로 보관된 정확한 프로그램과의 대조 등을 한다.

4) 시운전 기능의 향상

시운전 때에 출력을 차단, 모의적으로 입력을 주어 프로그램의 시뮬레이션을 하든지, 강제 출력 을 시키든지, 또는 운전중에 타이머, 카운터의 설정값을 변경하는 기능이다.

5) 프로그램 보존과 도면화

메모리 내의 프로그램을 플로피 디스크나 카세트 테이프 등에 옮기든지, 프린터로 래더도(圖)를 그리게 하여 도면화해서 보존하는 등의 기능이다.

이상과 같은 기능을 실현하기 위해 각종 주변기기가 갖추어져 있다. 이들 주변기기는 프로그램 방식이나 하드웨어 구성 등에 따라 달라지고, 메이커에 따라 그 기능이나 종류가 다르므로, 메이커 나 기종이 다른 PLC에는 접속하지 못한다.

③ 주요 주변기기

1) 핸디형 프로그래머

핸디형 프로그래머, 프로그램 로더, 단순히 프로그래머 등으로 불리는 이 장치는 그 구성도를 그림 3-14에 나타낸 바와 같이 휴대하기 간편한 프로그래밍 도구이다. 이것은 PLC 본체에 직 접 장착하여 사용할 수 있어 PLC 설치현장에서 그 성능을 발휘한다.

핸디형 프로그래머는 크게 명령키 조작부와 어드레스, 데이터를 나타내는 표시부로 구성되어 있다.

핸디형 프로그래머는 PLC를 사용할 경우 최소한으로 필요한 주변기기이며 다음과 같은 기능이 있다.

① **기록** : 지정한 어드레스에 명령을 저장한다.
② **읽기** : 지정된 어드레스의 명령을 호출하여 표시창에 나타낸다.
③ **삭제** : 지정된 어드레스의 명령어나 지정구간의 명령어를 삭제시킨다.
④ **삽입** : 지정된 어드레스에 새로운 명령을 끼워 넣는다.
⑤ **기타** : 모니터, 테스트, 전송, 설정값 변경 등의 기능이 있다.

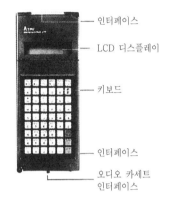
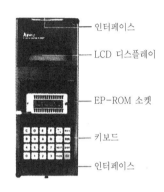

인터페이스
LCD 디스플레이
키보드
인터페이스
오디오 카세트
인터페이스

인터페이스
LCD 디스플레이
EP-ROM 소켓
키보드
인터페이스

[그림 3-14] 핸디형 프로그래머   [그림 3-15] ROM 라이터

2) 롬 라이터(ROM writer)

조정과 테스트 운전을 끝낸 PLC가 정상운전에 들어갔을 때 RAM 운전보다 ROM 운전이 신뢰성이 높고 백업용 배터리도 필요없어 안정적이다. PLC를 ROM으로 운전하기 위해서는 먼저 ROM에 프로그램 내용을 써넣어야 하는데 이때 필요한 것이 ROM 라이터이다.

따라서 ROM 라이터의 주된 기능을 ROM에 프로그램으로 써넣는 기능이며, 그 외에도 메이커에 따라 프린터나 다른 기기와의 인터페이스 기능이 부가된 것도 있다.

3) 컴퓨터나 노트북

최근 PLC의 프로그래밍, 프로그램의 보존, 프로그램 리스트 작성, 모니터링 등을 위해 퍼스널 컴퓨터를 이용하는 사례가 많아지고 있다.

컴퓨터를 PLC의 프로그래밍 도구로 이용한다면, 핸디형 프로그래머나 CRT형 프로그래밍 장치를 구입하지 않아도, 즉 추가지출 없이도 각종 프로그래밍과 큰 표시화면을 이용한 데이터의 모니터링, 프로그램 리스트의 프린터 출력, 작성된 프로그램의 디스켓에 의한 보관 등의 장점이 있다.

04

PLC 기종 선정

4.1 PLC 도입시 경제계산

PLC 도입에 앞서 릴레이식 제어방식과 비교 검토할 사항으로는 여러 가지가 있으나 초기 비용(Initial Cost)을 고려할 때 아직은 PLC가 고가이므로, PLC 채택을 통한 기능 향상의 파급효과를 포함하여 생각해 볼 때 릴레이 제어로 할 것인지 PLC 제어로 할 것인지를 판단하는 것은 쉽지 않다.

특히 PLC에서는 기능 제고와 공기의 단축, 신뢰성 제고 등이 인건비 절감에 큰 효과를 나타내기 때문에 이들을 정량적으로 그 경제성을 비교하기는 어렵다.

PLC 도입에 앞서 릴레이 방식과 비교 검토할 사항으로는 그림 4-1과 같은 항목을 들 수 있다.

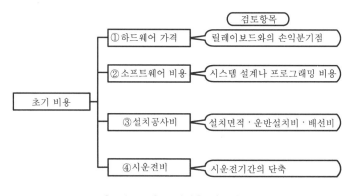

[그림 4-1] 초기비용 검토항목

1) 하드웨어 가격

릴레이 제어반은 원재료비나 인건비가 상승하는 경향을 보이는데 비해, PLC는 반도체 부품의 발달과 양산효과에 의해 가격이 하락하는 추세이므로 소규모를 제외한 중대규모 시스템의 경우 PLC 방식이 가격면에서 유리하다.

2) 시운전비

PLC 제어방식을 채택하면 설치현장에서 시운전을 할 때 동작이 제대로 안 되어도 프로그램 변경만으로 그 자리에서 수정할 수 있어 시운전시간을 단축할 수 있다. 결국 시운전시간과 비용을 대폭 절감할 수 있다.

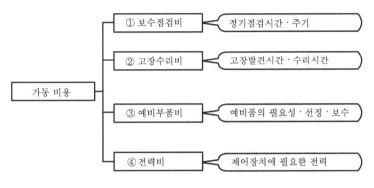

[그림 4-2] 가동비용의 내용

3) 설비변경비

생산설비의 합리화나 기능향상 또는 생산모델 변경에 따른 제어내용의 변경이나 개조시 릴레이 제어방식은 릴레이간의 배선 변경이 필수적이지만, 그리 쉽지 않은 작업이다. 반면에 PLC 방식은 유연하게 대처할 수 있으며, 입출력 점수가 증가하여도 모듈의 증설을 간단히 해결할 수 있으며, 소프트웨어의 변경으로 프로그램 내용을 변경할 수 있다는 큰 장점이다.

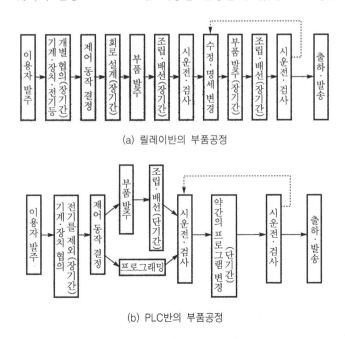

(a) 릴레이반의 부품공정

(b) PLC반의 부품공정

[그림 4-3] 릴레이식과 PLC 제어반의 제작공정 비교

릴레이식 제어반과 PLC 제어반의 제작공정을 그림 4-3에 나타낸 바와 같이 제작공정수가 PLC쪽이 훨씬 적으므로 개조시 시간이 단축되어 인건비 절감은 물론 생산량의 저하를 막을 수 있다는 효과가 있다.

4.2 PLC 기종선정 요점

한번 선정하여 채용한 PLC는 그 기계가 가동하고 있는 한 장시간 믿고 사용할 수 있어야 한다. 따라서 PLC 기종선정시 PLC 본체의 사양서나 입출력부의 기술적 사양검토는 물론, 사양에서는 나타나 있지 않은 신뢰성 문제, 보수나 애프터서비스, 사용상의 편리함이나 기술지원 등에 대해서도 세심한 검토를 해야 한다.

① 기종선정시 검토항목

① 기종의 시리즈화
PLC는 각 메이커 나름대로의 언어와 표현법을 쓰고 있으며, 각종 기능이 다르기 때문에 프로그램 설계자는 물론 운전자나 보수유지 담당자들까지도 사용상 곤란을 겪고 있다. 따라서 PLC는 시리즈화된 것을 선정하는 것이 소규모 제어에서부터 대규모 플랜트 설비까지 제어할 수 있어 공용성도 좋고 프로그래밍하기도 쉽다.

② 기능상의 문제
제어대상이 되는 기계, 설비의 제어에 충분한 기능이 있는지 검토한다.

③ 용량상의 문제
제어규모에 따른 입출력 점수, 메모리 용량, 내부 릴레이, 타이머, 카운터, 레지스터 등의 점수는 충분한지 확인한다.

④ 프로그래밍의 문제
PLC 언어가 명령어 방식(IL), 회로도 방식(LD), 동작도 방식(SFC) 등 어느 방식으로 적용되고 있는지, 또한 관련 주변기기를 보유하고 있는지 확인한다.

⑤ 기술지원 및 애프터서비스의 문제
PLC 기종은 기능향상을 위해 자주 모델이 변경되는 경향이 있는데, 수년 간 단종되지는 않는 기종인지, 고장발생시 즉시 대응가능한지의 여부와 예비품의 공급가능 여부 등을 종합적으로 고려한다.

PLC 기종선정을 위해선 이상의 주요항목을 충분히 고려함은 물론 그림 4-4와 같이 각 항목을 종합적으로 검토하여 기종을 선정하는 것이 바람직하다.

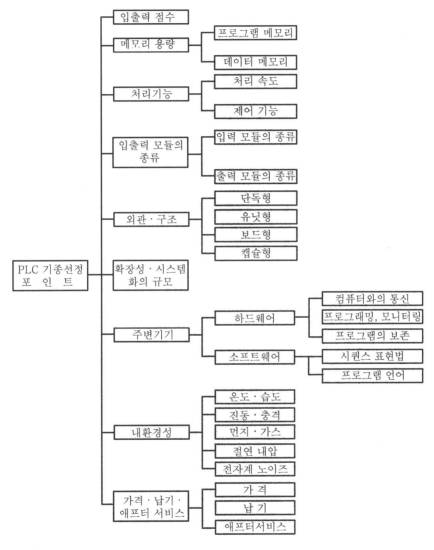

[그림 4-4] PLC의 기종선정 포인트

❷ 입출력 점수 계산

PLC 선정에 있어서 입출력 점수는 매우 중요하다. 입출력 점수가 대부분의 PLC 규모(크기)를 좌우하기 때문이다. PLC에 있어서 전원장치나 CPU 모듈은 PLC의 용량이 크게 달라져도 그 크기가 변화되지는 않는다. 다만, 시스템의 외형상 크기를 좌우하는 것은 바로 이 입출력 점수이다.

PLC의 기종명을 살펴보더라도 대부분의 PLC가 모델명 다음에 숫자가 붙는데, 이 숫자가 바로 PLC의 입출력 점수를 나타낸다.

입출력 점수의 파악은 장치가 제작 완료되었거나 장치의 제어회로가 설계되었다면, 그 결정이 간단하다. 그러나 대부분 기계나 장치의 제작중에 제어장치도 제작되어야만 하므로 미리 입출력 점수를 예측해야 하고, 그 예측이 정확하지 않으면 안 된다.

1) 시퀀스도(회로도)를 통한 입출력 점수 산정

제어회로가 있으면 입출력 점수를 셀 수 있다. 다음 회로는 이동 시스템의 왕복동 제어에 관한 시퀀스의 일부를 나타낸 것이다.

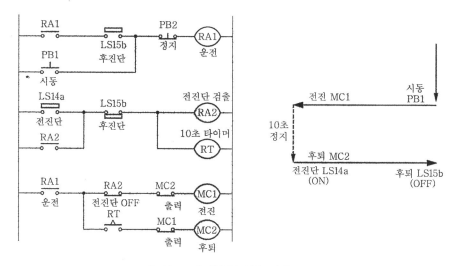

[그림 4-5] 입출력 점수 계산도

① 시동 버튼 PB1을 누르면 정지 버튼 PB2를 누르거나, 후진단에 도달하기까지 운전출력 RA1이 자기유지동작을 한다.

② 전진단 리밋 스위치 LS14a가 ON되면, 후진단 리밋 스위치 LS15b가 OFF되기 전까지 전진단 검출 RA2가 작동하고, 10초 후에 타이머 RT의 접점도 동작한다.

③ 운전출력 RA1이 동작하면 전진단 검출 RA2가 동작하기 전까지 전진출력 MC1이 동작한다.

④ 본 예에서는 PLC로서 입력 4점, 출력 2점이 필요하다.

릴레이 RA1, RA2, 타이머 RT 등은 PLC 내의 보조 릴레이나 타이머를 이용한다.

2) 미리 예측하는 입출력 점수의 산정

입출력 점수의 산정은 통상 다음과 같이 정확히 산출하는 것이 바람직하다.

① **명령지령용 입력신호** : 조작 패널상의 절환 스위치, 누름 버튼 스위치 등의 신호수 합계
② **검출·보호용 입력신호** : 리밋 스위치, 근접 스위치, 광전 센서, 열동형 계전기 등의 검출 및 보호용 신호수의 합계
③ **구동부의 출력신호** : 전자계전기, 전자개폐기, 전자 클러치, 전자 솔레노이드 등 출력 신호수의 합계
④ **표시·경보용 출력신호** : 감시반이나 제어반 등의 파일럿 램프, 부저, 벨 등 신호수 합계

이상의 입출력 점수를 파악하여 선정하되 장래 증설 등의 여유를 고려하여 다음 식으로 결정한다.

I/O 점수=계산상의 I/O 점수×1.2 정도

③ 메모리 용량

PLC 메모리는 프로그램 메모리와 데이터 메모리로 구분된다. 프로그램 메모리는 사용자가 작성한 시퀀스 프로그램을 격납하기 위한 메모리이고, 데이터 메모리는 입출력부로부터의 데이터(외부 입출력의 상태)나 보조 릴레이와 같은 연산 도중의 결과를 기억하는 부분이다.

메모리 용량의 선정은 입출력 점수의 규모와 마찬가지로 약간의 여유를 두면 프로그램의 변경이나 추가에 손쉽게 대응할 수 있다.

프로그램 메모리는 프로그램을 구성하는 명령어가 워드(Word) 형태로 기억되고 1워드마다 어드레스가 붙여진다. 따라서 프로그램 메모리의 크기는 통상 워드나 스텝으로 나타내어진다. 메이커의 사양서를 보면 메모리 용량은 대부분 1K워드 또는 2K워드 등 킬로워드의 K로 표시되는데 1K워드는 1024워드나 스텝을 가리킨다.

1) 시퀀스 회로도를 통한 메모리 용량 산출

시퀀스 회로도를 근거로 필요한 메모리의 스텝수를 계산할 수 있다. 기본적으로는 하나의 접점이나 하나의 코일이 각각 1스텝이 되기 때문에 접점의 합계와 코일의 합계수를 더한 후 20~

50%의 여유를 감안한 수가 메모리의 스텝수가 된다.

$$(접점수+코일수)\times(1.2\sim1.5)=메모리의\ 스텝수$$

2) 미리 예측하는 메모리 용량의 산출

경험적으로 프로그램 메모리의 용량은 다음과 같이 산출한다.

① 간단한 시퀀스 제어인 경우

$$메모리\ 용량=I/O\ 점수\times5\sim10$$

② 복잡한 시퀀스 제어인 경우

$$메모리\ 용량=I/O\ 점수\times10\sim15$$

③ 산술연산이나 위치결정 등의 복잡고도의 제어인 경우

$$메모리\ 용량=I/O\ 점수\times20\ 이상$$

❹ 외관구조

PLC는 일반적으로 기본 유닛과 증설 유닛으로 나눌 수 있다. 기본 유닛은 전원장치와 CPU가 기본적으로 탑재되고, 대부분 입력 모듈과 출력 모듈까지 포함된 구조이다.

증설 유닛은 입출력부 전용으로 CPU를 포함하지 않고, 단지 기본 유닛과 인터페이스할 수 있도록 되어 있다.

PLC 선정에 있어서 외관과 구조는 제어목적에 따라 적당한 형태와 크기의 PLC를 선택하는 것이 중요하다. 또 PLC의 입출력 점수를 증가시키거나 위치결정용 모듈 등 특수기능의 모듈을 접속하기 위한 구조도 외관구조를 검토하는 데 있어 중요하다.

1) 단독형

블록형이나 패키지 형식이라고도 불리는 이 형식은 PLC의 구성요소인 전원장치, CPU 부분, 입출력 부분 등 필요한 기능 전부를 콤팩트한 케이스에 수납하여 마치 PLC를 제어 컴퍼넌트의 감각으로 이용할 수 있도록 한 구조이다.

단독형 구조는 소규모의 PLC에 많이 채용되며, 증설단위는 블록 단위로 확장하고 제어반 내
에 설치할 경우 작업의 용이를 위해 DIN 레일에 쉽게 부착하도록 되어 있는 것이 많다.

[그림 4-6] 단독형 PLC   [그림 4-7] 빌딩 블록형 PLC

2) 유닛형(빌딩 블록형)

베이스에 외형치수를 표준화한 CPU 모듈, 전원 모듈, 각종 입출력 모듈, 특수기능 모듈 등
을 사용자가 그 용도에 적합하도록 선택하여 PLC를 구성하도록 한 구조이다.

입출력 점수나 기능 확장이 자유자재라는 점에서 매우 유연성이 높으므로 중대형 PLC에 널
리 사용되고 있는 구조이다.

3) 보드형

일반적으로 입출력 점수가 비교적 적은 중소규모의 기종에 많은 경량, 박형을 노린 구조이다.
메커트로닉스 지향으로 개발된 것으로 기계제어반에 내장하며, 경우에 따라 제어반 문 안쪽에
부착하여 공간활용 등 소형화, 경량화, 박형화된 구조이다.

5 설치환경

PLC의 가동률이나 수명은 설치환경에 큰 영향을 받는다. 따라서 시스템의 신뢰성을 확보하
기 위해 시스템 설계에 앞서 설치장소의 환경을 충분히 고려할 필요가 있다.

기본적으로는 PLC에 악영향을 끼치는 요인을 가능한 한 적게 하는 것이 필요하다. 그러나
어느 정도의 대책까지 실시하느냐는 트러블 발생시의 영향도와 설치환경 및 대책비용을 고려하
여 결정해야 한다.

PLC는 일반적인 시스템이라면 특별한 대책 없이도 사용할 수 있게 되어 있으나, 사전에 대책을 세워두면 시스템의 신뢰성이 향상되어 장기적인 가동률 향상을 도모할 수 있다.

PLC가 설치되는 환경에서의 신뢰성에 영향을 주는 주된 항목으로는 다음과 같은 것을 생각할 수 있다.

① 사용온도	② 습도
③ 진동, 충격	④ 먼지, 부식성 가스
⑤ 절연내압	⑥ 전자계 노이즈

이 중에서 PLC의 고장률을 낮추는 요인은 사용 온도, 습도나 절연내압 등이고 먼지나 부식성 가스 등은 재생불능의 고장을 일으키는 원인이라 할 수 있다.

PLC 프로그래밍

5.1 프로그래밍 개요

PLC로 기계나 장치를 제어하는 경우 먼저 그 제어내용을 설계하여 PLC 메모리에 저장시켜야 하며, PLC는 메모리에 기억된 내용에 따라 기계나 장치의 제어를 충실히 실행하게 된다.

PLC가 판단할 수 있는 언어로 사용기계의 동작내용을 일정한 약속에 따라 순서대로 기입한 것을 프로그램(Program)이라 하며, 이 프로그램을 작성해서 메모리에 기억시키고 기입된 프로그램을 디버그(Debug)하여 정확한 프로그램으로 완성하기까지를 PLC 프로그래밍이라 한다.

PLC를 사용한 제어 시퀀스는 릴레이나 타이머 등을 사용하는 릴레이 시퀀스 회로와 근본적으로 차이가 없다. 다만 시퀀스를 작성하고 이해하기 위해서는 다음 3가지 사항을 반드시 이해하여야 한다.

① 제어하려는 대상의 특성을 이해할 필요가 있다. 즉, 제어목적, 운전방법, 동작특성, 각종 전기적인 조건을 알고 있어야 한다.
② 제어장치에 대한 충분한 지식이 있어야 한다. 즉, 릴레이와 PLC의 동작특성, 신호처리, 사용법 등을 알고 있어야 한다.
③ 시퀀스를 작성하기 위한 약속(규칙)을 알고 있어야 한다. 즉, 도면기호, 기구번호, 표현상태 등에 대해 알고 있어야 한다.

5.2 프로그래밍 순서와 방법

PLC의 제어동작은 시퀀스 프로그램이 격납되어 있는 메모리의 내용을 제어·연산부가 차례로 읽어내면서 실행한다.

기호나 심벌을 이용하여 작성한 프로그램은 PLC에서 사용되는 마이크로 프로세서가 이해할 수 있는 머신코드로 변화되어 격납된다. 이 작업은 프로그램 입력장치와 PLC의 시스템 프로그램의 동작으로 이루어진다. 따라서 시퀀스 프로그램은 시스템 프로그램이 변역할 수 있는 약속에 따라 설계함과 동시에 메모리에의 격납도 규칙이나 제약사항을 반드시 지켜야 한다.

시퀀스 프로그램 작성시의 약속이나 메모리에 격납할 때의 규칙은 PLC 메이커는 물론이거니와 기종에 따라 일단 사용할 PLC가 결정되어지면 먼저 시퀀스 프로그램을 작성해야 한다. 우선 PLC 프로그램을 작성하기 위한 순서를 차례대로 설명하기로 한다.

시퀀스 프로그램을 작성하여 PLC가 운전되기까지의 작업순서를 순서도로 나타낸 것이 그림 5-1이다. 그림에서 나타낸 과정을 모든 시스템이 반드시 지켜야 하는 것은 아니며, 특히 점선으로 나타낸 과정은 PLC 기종이나 제어장치 설계자에 따라 생략될 수도 있다.

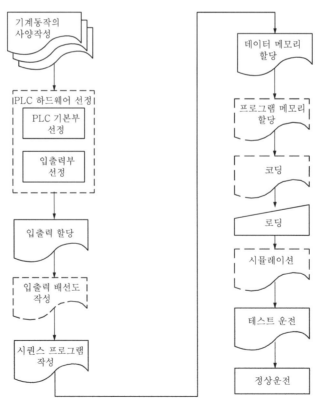

[그림 5-1] PLC 운전을 위한 프로그래밍 순서도

① 제1단계 : 기계동작의 사양작성

가장 먼저 제어대상의 기계나 장치의 동작내용을 파악하여 다음 사항들을 결정한다.

① 작업내용의 구체적 공정도를 작성한다.
② 액추에이터의 종류와 수량을 결정한다.
③ 센서의 종류와 수량을 결정한다.

모든 기계장치나 설비 등은 동작해야 할 순서나 정해진 범위 내에서 운전되어야만 목적을 달성하고, 이 목적달성을 위해 정해진 순서, 정해진 범위 내에서 동작되도록 조작하는 것이 제어이다. 즉, 제어조건을 명확히 하는 것이 올바른 프로그램 작성의 첫 단계인 것이다.

② 제2단계 : PLC의 하드웨어 선정

2단계로는 적용할 PLC를 선정해야 되는데, PLC의 하드웨어부 선정에 관련한 사항들은 앞서 설명한 대로이다. 기본부의 검토항목으로는 프로그램 메모리의 용량, 처리속도, 명령의 종류와 연산기능, 데이터 메모리의 종류와 점수, 정전유지기능의 필요성, 입출력 점수 등이다.

입력부에서는 PLC에 접속할 입력기기의 종류와 수를 조사하여 적절한 입력형식과 그 점수, 절연방식, 정격전압, 응답시간, 표시장치의 유무 등을 검토해야 한다.

출력부도 접속할 출력기기의 종류와 수를 조사하여 필요한 출력형식과 출력점수, 절연방식, 정격전압과 전류, 응답시간, 표시장치의 유무 등을 검토해야 한다.

③ 제3단계 : 입출력 할당

입출력 할당이란 조작 패널상의 각종 명령 스위치, 검출 스위치, 제어대상의 조작기기, 표시등 등의 입출력기기를 PLC의 입력 모듈과 출력 모듈의 몇 번째 입력점과 출력점에 접속하여 사용할 것인가를 정하는 것이다.

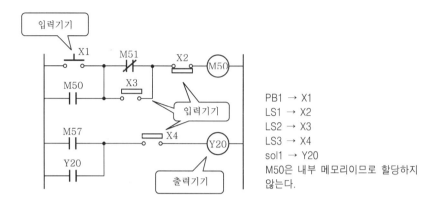

[그림 5-2] 입출력의 할당

1) 입력할당

PLC 입력기기는 크게 조작반에 설치된 명령지령용의 각종 스위치와 액추에이터의 동작상태 등을 검출하는 검출기기, 장치를 보호하기 위한 보호용 기기 등으로 구별되며, 입력할당은 이들 기기들을 PLC의 입력 모듈 종류에 따라 각각 몇 번에 걸쳐 입력할 것인가를 결정하는 것으로 몇 가지 사항을 지켜서 할당을 하고 그 결과를 표로 정리해 두는 것이 좋다.

입력할당표 NO1

번호	입력NO	입 력 신 호 명	기호	비 고
1	P01	기동 스위치	PB1	누름 버튼 스위치
2	P02	정지 스위치	PB2	누름 버튼 스위치
3	P03	비상정지 스위치	PB3	누름 버튼 스위치
4	P04	소재유무 검출센서	MAG	광전 센서
5	P09	클램프 실린더 후진끝 검출 스위치	LS3	실린더 스위치
6	P0A	클램프 실린더 전진끝 검출 스위치	LS4	실린더 스위치
7				

[그림 5-3] 입력할당표

① **동일 전압마다 정리하여 할당한다** : 통상 PLC의 입력 모듈은 입력전원과 전압에 따라 그 형식이 정해져 있다. 따라서 1개의 입력 모듈에 2종의 전압을 부가할 수 없으므로 먼저 AC 입력기기와 DC 입력기기로 구별해야 하며, 전압도 구분하여 할당해야 한다.

② **동일 종류의 기기마다 정리하여 할당한다** : 이것은 조작 패널에서 명령지령용 스위치, 리밋 스위치, 무접점 센서 등을 각 군으로 묶어서 할당한다는 것을 의미하며, 이렇게 함으로

써 ①항의 조건에도 원칙적으로 적용되며 그룹별 배선에 따른 노이즈 영향도 줄일 수 있다는 이점이 있다.

③ **제어 시스템의 작동 블록으로 정리하여 할당한다** : 이것은 ①항과 ②항의 조건을 보다 상세히 정리한 것으로, 예를 들어 수동전진신호와 수동후진신호는 인접되게, 또 연속 사이클 신호와 연속 사이클 정지신호를 인접하게 할당하면 배선작업 및 보수유지는 물론 배선점검 등에도 편리하기 때문이다.

④ **예비접점을 할당한다** : 이것은 만일 입력점수 1점이 고장되었을 때 간단히 프로그램 변경만으로 대처할 수 있도록 여분의 접점을 할당하는 것을 말한다. 즉, 16점의 입력 모듈을 사용할 때 14~15점만을 할당하고 1~2점 정도는 예비로 두어 접점고장시 바로 대처할 수 있도록 여유를 둔다.

⑤ **입력점수 절약대책을 강구한다** : 입출력 모듈은 PLC 가격에도 큰 비중을 차지하고 있다. 그러므로 입력할당에서 입력점수 절약대책을 강구하는 것은 비용을 낮추는 중요한 요소인 동시에 제어 패널을 소형화한다.

㉠ 병렬접속입력의 경우 : 예를 들어 그림 5-4의 (a)에 나타낸 것과 같이 동일 기능의 조작 스위치 중 제어반 패널상의 조작 스위치와 원격용 조작 스위치가 각각 있는 경우 그림 5-4의 (b)와 같이 정리하면 입력점수 1점과 프로그램 1스텝이 절약된다.

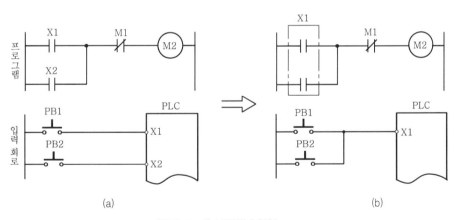

[그림 5-4] 병렬접속입력

㉡ 직렬접속입력의 경우 : 시퀀스 프로그램상에서 외부 입력기기가 직렬접속인 경우 외부에서 직렬접속하고 PLC에 입력하면 입력점수 절약과 함께 프로그램 스텝수도 줄일 수 있다. 그 일례를 그림 5-5에 나타냈다.

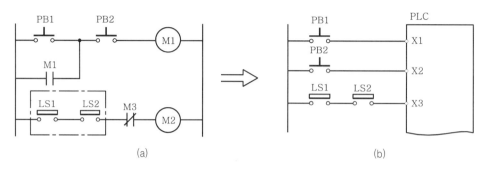

[그림 5-5] 직렬접속입력

2) 출력할당

출력할당도 입력할당과 같이 몇 가지 원칙을 지켜가며 출력기기를 할당하고, 이것을 표로 정리해 둔다.

그림 5-6은 출력할당표의 일례이며, 출력할당의 방법은 다음과 같다.

출력할당표 NO1

번호	출력NO	출 력 신 호 명	기호	비 고
1	O11	클램프 실린더용 전자 밸브	SOL1	전자 밸브
2	O12	이송 실린더용 전자 밸브	SOL2	전자 밸브
3	O13	운전표시등	PL1	파일럿 램프
4	O14	정지표시등	PL2	파일럿 램프

[그림 5-6] 출력할당표

① **동일 전압마다 정리하여 할당한다** : 출력할당도 입력할당과 마찬가지로 사용되는 출력기기의 사용전원과 전압에 따라 구분하여야 한다.

② **동일 종류의 기기별로 정리하여 할당한다** : 이것도 입력할당에서와 마찬가지로 전자 밸브 군(群), 릴레이군, 파일럿 램프군, 전자접촉기군 등으로 묶어서 정리하면 ①항의 조건에도 충족되고, 그룹별 배선에 의한 노이즈 영향도 줄일 수 있다.

③ **관련기기는 연번으로 할당한다** : 이것은 동일 액추에이터의 상반된 운동신호인 정회전-역회전, 전진-후진, 상승-하강 등을 인접하게 할당하는 것이 배선도 용이하고 보수유지도 편리하다.

④ **예비접점을 할당한다** : 이것도 입력할당과 마찬가지로 출력점 1점 고장시 간단하게 대처할 수 있도록 미리 준비하기 위한 것이다.

⑤ **출력점수의 절약대책을 강구한다** : 출력할당에 있어서 출력점수 절약대책을 강구하는 것도 중요한 점 중 하나이다. 예를 들어, 출력감시를 위한 표시등이나 부저 출력등과 해당 부하는 병렬로 접속하여 출력점수를 절약하거나, 동일 액추에이터의 출력이 정반대의 동작을 요구할 때엔 출력점 1점으로 릴레이를 구동하고 그 릴레이의 a접점과 b접점을 활용하여 출력점수를 절약할 수 있다.

④ 제4단계 : 입출력 배선도의 작성

(a) 외부 배선(입출력 배선)　　　　(b) 내부 배선(프로그램 입력)

[그림 5-7] PLC의 내외부 배선

PLC 배선은 크게 뻰치나 드라이버를 이용해서 종래와 같이 하는 입출력기기의 외부 배선과 프로그램 입력으로 논리를 처리하는 내부 배선으로 구분된다.

제어배선도의 작성은 시퀀스도 작성시 사용하는 표시기호로써 입출력 할당에서 결정한 입출력 번호에 해당기기의 접속과 전원의 구분, 콤먼라인과의 접속관계 등을 한눈에 파악할 수 있도록 정리하여 작성한다.

제어배선도 작성은 PLC 프로그래밍을 위해 반드시 필요한 작업은 아니지만, 입출력기기와 PLC와의 접속을 명확히 하여 입출력 할당을 검토함으로써 배선작업시 실수를 방지할 수 있을 뿐만 아니라 보수유지에 있어서도 배선점검에 유용하기 때문에 작성해 두는 것이 좋다.

작성방법은 PLC의 외관형태가 단독형인 경우는 그림 5-8과 같이 좌측에 입력기기를 우측에 출력기기의 배선관계를 나타내면 좋다. 그러나 입출력 점수가 많은 빌딩블록 방식의 경우는 이와 같이 표현하는 것은 곤란하므로 그림 5-9와 같이 입력 모듈과 출력 모듈을 구분하여 작성하는 것이 좋다.

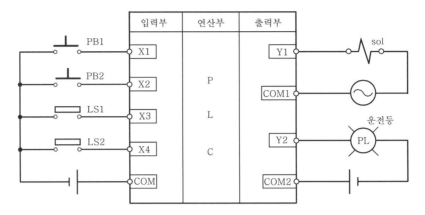

[그림 5-8] 단독형 PLC의 입출력 배선도

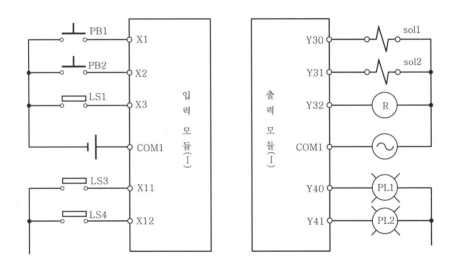

[그림 5-9] 블록형 PLC의 입출력 배선도

❺ 제5단계 : 시퀀스 프로그램(제어회로)의 작성

프로그래밍 작업 중 어느 제어방식에 있어서도 시퀀스 프로그램을 작성하는 것이 제일 중요하며, 또한 제일 어려운 작업이다.

통상 PLC의 시퀀스 프로그램은 대부분 릴레이 심벌식의 래더 다이어그램에 의해 작성된다. 이상적인 프로그램의 작성을 위해서는 사용하는 PLC 명령어를 충분히 이해하고 있어야 하며, 전동기나 전자 밸브를 제어하는 기본회로의 숙지도 반드시 필요하다.

1) PLC의 제어범위

가. 물리적 범위

- 직접 제어 : 그림 5-10에 나타낸 바와 같이 PLC의 출력으로 직접 부하를 ON-OFF하는 방식으로 다음과 같은 장단점이 있다.

  ① 제어반이 콤팩트하고 장치조립이 간단하다.
  ② PLC의 출력용량이 부하의 구동용량 이상이어야만 가능하다.
  ③ PLC는 일반적으로 공통선(Com)을 많이 사용하므로 외부기기의 전원전압이 다르면 사용할 수 없다.

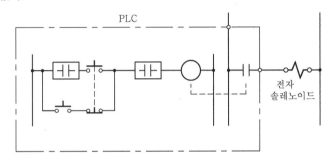

[그림 5-10] 직접 제어

- 릴레이 중계제어 : 그림 5-11에 나타낸 바와 같이 PLC 출력으로 외부 릴레이를 구동하고, 이 릴레이의 접점을 통해 구동부하를 제어하는 방식으로 다음과 같은 장단점이 있다.

  ① 다양한 부하(전원전압이 다른 기기)를 구동시킬 수 있다.
  ② 외부기기로부터 침입하는 돌입전류 등을 방지할 수 있어 절연효과를 기대할 수 있다.
  ③ 외부 릴레이가 별도로 필요하며, 릴레이 구동전원이 필요하다.
  ④ 릴레이를 설치할 공간이 요구된다.
  ⑤ 제어 시스템의 응답시간이 길어진다.

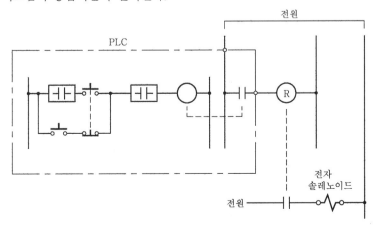

[그림 5-11] 릴레이 중계제어

나. 기능적 범위

● PLC로 모든 기능 처리 : 그림 5-12에 나타낸 바와 같이 PLC로서 자동회로, 수동회로, 인터록 회로 등 모든 기능을 처리하고, 최종결과를 출력 모듈을 통해 외부로 출력시키는 방식으로 PLC 외부 회로는 간단하지만 다음과 같은 단점이 있다.

① PLC가 고장일 경우 비상정지회로나 인터록 회로 등이 작동되지 않아 기계를 손상시킬 우려가 있다.

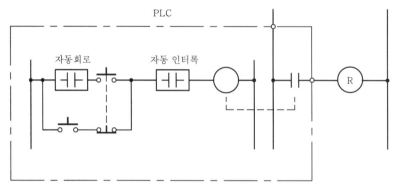

[그림 5-12] 모든 기능처리회로

● 절대 인터록만 외부처리 : 그림 5-13에 나타낸 바와 같이 비상정지회로, 보호회로, 인터록 회로 등 절대 인터록 기능을 PLC 외부에서 결선하고 PLC 내부에서는 자동회로, 수동회로 등을 처리하는 방식이다. 이 방식은 PLC의 모든 기능을 처리하는 방식에서의 문제점을 해결할 수 있으나 다음과 같은 결점이 있다.

① 인터록 회로를 PLC 내외부에서 각각 구성하므로 PLC의 입출력 점수가 많이 소요된다.
② PLC가 만일 고장난 경우 수동회로가 작동되지 않으므로 제어대상을 개별운전하는 수동제어는 불가능하다.

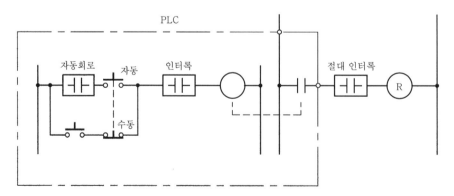

[그림 5-13] 절대 인터록 외부 처리

● 자동회로만 PLC 처리 : 그림 5-14에 나타낸 바와 같이 자동회로와 이에 필요한 기능만 PLC 내부에서 처리하고 수동회로와 절대 인터록 기능 등을 외부 릴레이 등으로 구성하는 방식이다. 이 방식은 PLC가 고장나도 자동운전만 중지되고, 수동운전과 비상정지 등의 절대 인터록 회로 등에 의해 계속 운전할 수 있다는 이점이 있다.

① 외부 회로가 많게 되어 릴레이 등의 부품이 많이 필요하게 되며, PLC 제어의 장점이 줄 어든다.

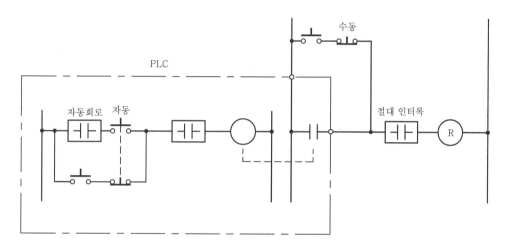

[그림 5-14] 자동회로만 PLC 처리

2) 프로그램 작성시 유의사항

가. 직렬연산과 병렬연산

PLC 제어와 릴레이 제어의 가장 큰 차이점은 직렬연산과 병렬연산이라는 신호처리방식에 있다. PLC는 스캔 방식으로 연산하기 때문에 짧은 한순간만 보면 어떤 한 가지 일밖에 하지 않고 있다. 즉, PLC는 한 가지 일을 계속 순차적으로 빠른 속도로 진행해 나가는 직 렬연산 처리방식이다. 반면에 릴레이 제어는 입력조건이 맞는 모든 회로를 동시에 처리하 는 병렬연산 처리방식이다.

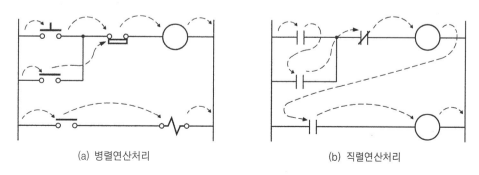

(a) 병렬연산처리   (b) 직렬연산처리

[그림 5-15] 직렬처리와 병렬처리

제어회로에서 직렬연산이냐 병렬연산이냐를 고려하기 위해서는 연동신호나 자기유지회로에 대한 검토가 필요하다.

일례로 그림 5-16의 (a)와 같은 릴레이 회로는 입력 스위치가 연동(連動)작동이므로 자기유지회로가 동작되지만, 이것을 (b)그림과 같이 그대로 로딩하여 PLC 회로로 사용한다면 PLC는 어드레스 순번에 따라 직렬연산하므로 자기유지가 불가능하다. 따라서 이와 같은 경우에는 PLC 입력용 프로그램으로 변경해야 하며, PLC에서는 이중출력 사용금지법칙이나 다중출력회로 등이 PLC에 따라 적용되지 않는 경우가 많으므로 주의가 필요하다.

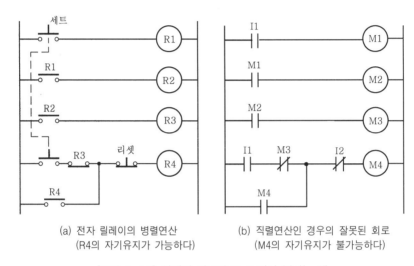

(a) 전자 릴레이의 병렬연산
(R4의 자기유지가 가능하다)

(b) 직렬연산인 경우의 잘못된 회로
(M4의 자기유지가 불가능하다)

[그림 5-16] 릴레이 회로의 PLC 연산 불가능 예

나. PLC 회로설계시의 고려사항

PLC 운전용 제어회로는 릴레이 제어회로 방식과 몇 가지 상이한 점이 있으므로 PLC용 회로를 설계할 때엔 적용하려는 PLC의 취급설명서나 기술자료 등을 보고 회로설계규칙을 이해하여야 하며, 여기서는 대표적인 항목에 대해 설명한다.

① 접점의 위치가 제한된다 : 릴레이 제어회로에서는 그림 5-17에서 보인 것과 같이 코일 뒤에 접점을 써넣어도 되지만, PLC 회로에서는 출력 코일 뒤에 접점을 둘 수 없다. 따라서 필요한 경우에는 출력 코일의 앞쪽에 두어야 한다.

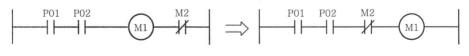

[그림 5-17] 접점의 위치제한

② 이중출력 사용금지조항이 있다 : 모든 PLC 회로에서 출력 코일(타이머, 카운터 등을 포함)은 두 번 이상 사용하지 말아야 한다. 만일 이중출력을 사용한다면 PLC는 문법 에러로

연산을 중지하거나 기종에 따라 여러 개의 이중출력 중 하나의 출력만을 연산하게 된다. 따라서 출력 코일을 두 번 이상 사용하지 말고 그림 5-18처럼 하나로 정리해야 한다.

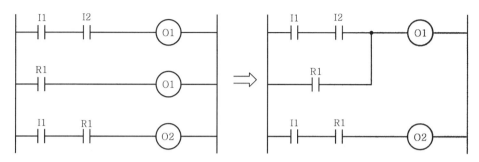

[그림 5-18] 이중출력의 정리

③ 내부 출력접점을 무제한으로 사용할 수 있다 : OUT 명령으로 지정한 요소의 접점은 다른 코일을 구동시키는 입력조건으로 얼마든지 사용할 수 있다. 이것은 내부 릴레이뿐만 아니라 외부 입출력, 타이머, 카운터 등의 접속점에 대한 사용횟수도 제한이 없으므로 보조접점으로서 얼마든지 사용할 수 있다. 바로 이 점이 릴레이 시퀀스 회로보다 PLC를 이용하여 보다 용이하게 시퀀스 프로그램 설계를 할 수 있는 점 중 하나이다.

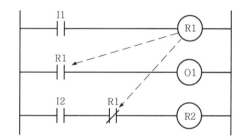

[그림 5-19] 내부 코일 접점의 사용횟수 무제한

④ 외부 입력은 한 번의 결선으로 a,b접점을 자유로이 이용할 수 있다 : 명령지령용 조작 스위치나 검출 스위치 등의 외부 입력은 한 번의 결선만으로도 a접점상태나 b접점상태를 명령어로 선택지정할 수 있고, 그 사용횟수에도 제한이 없다(그림 5-20).

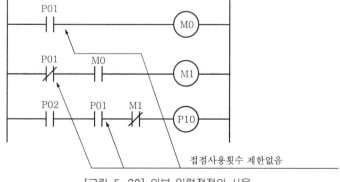

[그림 5-20] 외부 입력접점의 사용

⑤ 다중출력이 제한되는 PLC가 있다 : 다중출력이란 하나의 입력조건회로로서 여러 개의
출력 코일을 구동하는 회로를 말하며, PLC 기종에 따라서는 다중출력연산이 가능한
기종도 있으나 다중출력연산을 허용하지 않은 기종도 있다. 만일 다중출력이 허용되지
않는 PLC에서는 그림 5-21의 회로를 사용할 때 그림 5-22와 같이 회로를 등가로 변
환하여 사용해야 한다.

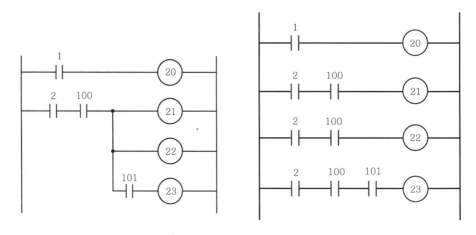

[그림 5-21] 다중출력회로의 예　　　[그림 5-22] 다중출력 변환회로

다. 신호의 흐름과 회로의 변환

PLC에서 신호의 흐름은 좌→우와 상→하 방향으로 진행할 뿐 그 반대쪽으로는 진행하
지 못한다. 따라서 릴레이 회로를 그대로 사용하지 못할 수도 있으므로 이때엔 PLC 회로
로 변경하여야 한다.

① 그림 5-23의 회로처럼 브리지 회로에서는 코일 R1이 동작할 때 신호흐름이 접점 C에
서 반대 방향이 되므로 (b)그림처럼 변경하여야 한다.

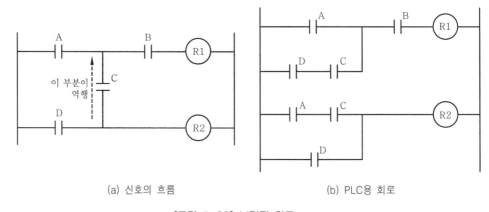

(a) 신호의 흐름　　　　　　　　　(b) PLC용 회로

[그림 5-23] 브리지 회로

② 그림 5-24의 회로에서는 코일 R2 동작에 접점 A, C, D가 동작할 때와 접점 B, D가 동작하는 두 가지가 있는데, 접점 C를 통과하는 신호의 방향이 우→좌와 같이 반대로 되어 있다. 이 흐름을 그대로 프로그래밍하지 못하기 때문에 (b)처럼 재기입하여야 한다.

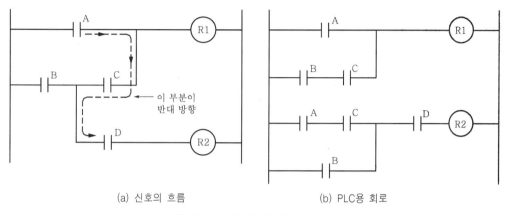

(a) 신호의 흐름　　　　　(b) PLC용 회로

[그림 5-24] 신호의 역행

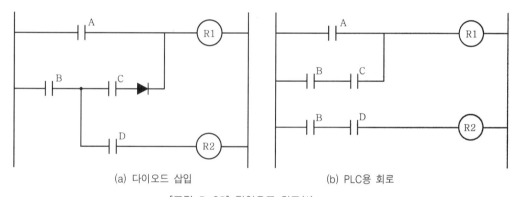

(a) 다이오드 삽입　　　　(b) PLC용 회로

[그림 5-25] 다이오드 회로(1)

③ 그림 5-25의 (a)와 같이 반대쪽 신호의 흐름을 저지하는 다이오드가 있는 경우에는 코일 R2의 동작조건을 충족하도록 접점 B를 추가하여 그림(b)처럼 변경하여야 한다. 또한 그림 5-26 (a)의 회로에서도 (b)그림처럼 변경해야 한다.

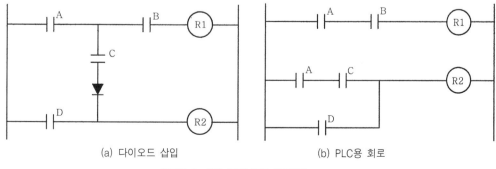

(a) 다이오드 삽입　　　　(b) PLC용 회로

[그림 5-26] 다이오드 회로(2)

6 제6단계 : 데이터 메모리의 할당

시퀀스 프로그램에 기초해서 내부 릴레이(일시기억 메모리), 타이머, 카운터, 레지스터 등의 데이터 메모리를 할당한다. 내부 릴레이는 신호의 상태기억이나 중계, 펄스 발생기능을 위해 사용된다. 내부 릴레이 할당에 있어 중요한 점은 시스템의 특성에 따라 정전시 동작상태 유지가 필요한 경우에는 래치 릴레이를 할당하여야 한다. 이 점에 특히 주의하여야 한다.

타이머나 카운터의 할당에 있어서는 기종에 따라 타이머와 카운터를 공용으로 사용하는 기종도 있는데, 이때 타이머에 할당한 고유번호는 카운터로 사용할 수 없다는 점에 유의해야 한다. 또한 타이머의 경우 최소시간 설정단위와 설정범위를 반드시 확인하여야 하고, 카운터 할당에 있어서도 카운터의 기능과 설정치를 확인한 후 할당하여야 한다.

내부 릴레이나 타이머, 카운터 등의 할당은 그림 5-27, 그림 5-28과 같이 표를 작성하고, 프로그램 작성중 사용한 보조 릴레이나 타이머에 ○표를 해놓거나 코멘트를 기입해 두면 나중에 알기 쉽고, 중복하여 사용할 우려도 없다.

내부 릴레이 할당표

No. 1

내부 릴레이 No	사용 여부	기　호	코멘트
M0	o	R0	PL1 ON
M1	o	R1	Sol1 ON
M2	o	R2	Sol2 ON
M3	o	R3	Sol2 OFF
M4	o	R4	
M5			
M100	o	R51	비상정지
M101	o	R52	비상정지해제
M102			

No. 2

[그림 5-27] 내부 릴레이 할당표

타이머/카운터 할당표

T/C No	사용 여부	설정치	코 멘 트	기 타
00				
T01	o	3sec	실린더 상승시간	
T02	o	1.5sec	중간 정지시간	
03				
04				
05				
C06	o	50회	생산개수용	
C07	o	10회		
08				
09				

[그림 5-28] 타이머/카운터 할당표

⑦ 제7단계 : 코딩(Coding)

시퀀스 프로그램을 PLC 메모리에 격납하기 위해 시퀀스 프로그램의 내용을 PLC 명령어로 변환하는 작업을 코딩이라 한다. 이 코딩 작업은 니모닉 방식의 언어를 사용하는 기종에 한정되며, 래더 다이어그램이나 SFC 언어를 사용하는 기종에서는 의미가 없다.

코딩을 하기 위해서는 사용하는 PLC 명령어를 충분히 익히고 시퀀스 프로그램과 입출력 할당표, 데이터 메모리 할당표 등을 보면서 차례대로 실시한다. 코딩 결과는 그림 5-29와 같이 코딩표를 작성하고, 다음 사항에 주의하여 실시한다.

① a, b접점 상태에 유의한다.
② 접점의 블록간 접속을 포함하여 직렬, 병렬 접속에 유의한다.
③ 접점, 코일, 입출력 할당번호 등을 확인하면서 실시한다.
④ 타이머나 카운터의 설정치에 유의한다.
⑤ 스텝(어드레스)수 절약방법 등을 강구하면서 실시한다.

코딩표   NO. 1

스텝 No	명 령 어	데 이 터
0	LOAD	P01
1	OR	M1
2	AND NOT	M20
3	OUT	M1
4	LOAD	X2
5	AND	X5
6	OR	M2
7	AND	P03
⋮	⋮	⋮
⋮	⋮	⋮
98	OUT	Y52
99	END	

LOAD, AND NOT과 같은 명령어는 PLC 기종에 따라 다르다.
예를 들어 LOAD→LD, RD, START, AND NOT→ANI와 같이 기술하기도 한다.

[그림 5-29] 코딩 예

1) 프로그램 순서

프로그램은 좌에서 우로, 위에서 아래로 진행시켜 나간다.

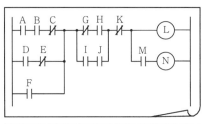

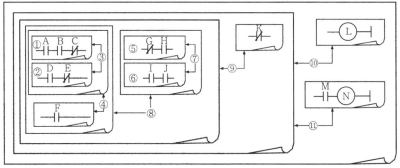

[그림 5-30] 프로그램 순서

2) 외부 입력기기의 접속상태 확인

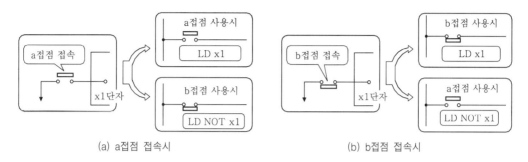

(a) a접점 접속시   (b) b접점 접속시

[그림 5-31] 입력기기의 배선과 코딩 관계

3) 프로그램 순서를 바꿔 스텝수 절약

① 그림 5-32의 (a)와 같이 직렬접점이 많은 회로를 (b)그림과 같이 위에 그리면 접점의 병렬접속명령을 사용하지 않고도 프로그램화할 수 있어 스텝수를 절약할 수 있다. 따라서 스캔 타임이 줄어든다.

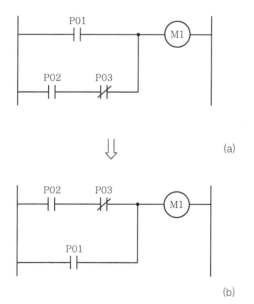

(a)

스 텝	명 령	
0	LOAD	P01
1	LOAD	P02
2	AND NOT	P03
3	OR LOAD	
4	OUT	M1

(b)

스 텝	명 령	
0	LOAD	P02
1	AND NOT	P03
2	OR	P01
3	OUT	M1

[그림 5-32]

② 그림 5-33 (a) 병렬회로는 그림 (b)와 같이 왼쪽에 그리면 좋다.

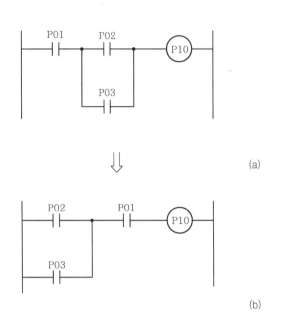

스 텝	명 령	
0	LOAD	P01
1	LOAD	P02
2	OR	P03
3	AND LOAD	
4	OUT	P10

(a)

스 텝	명 령	
0	LOAD	P02
1	OR	P03
2	AND	P01
3	OUT	P10

(b)

[그림 5-33]

⑧ 제8단계 : 로딩(Loading)

제8단계로 프로그램 입력장치를 이용하여 시퀀스 프로그램의 내용을 PLC 메모리에 격납한다. 이 작업을 로딩이라 하며, 로딩을 하기 위해서는 기존의 PLC 메모리에 있는 내용을 소거한 후, 로직 심벌릭어를 사용하는 PLC에서 코딩표를 보고, 래더 다이어그램 언어를 사용하는 PLC에서 시퀀스 다이어그램을 보면서 메모리에 격납한다.

프로그램 입력방법은 메이커마다 각기 다르므로 사전에 사용법을 충분히 숙지해야 되며, 특히 기존의 릴레이 회로를 그대로 사용할 경우에 주의해야 한다.

⑨ 제9단계 : 시뮬레이션(Simulation)

간단한 제어 시스템인 경우 로딩이 완료되면 곧바로 시운전에 들어가도 사고를 일으킬 가능성이 적어 문제시되지 않지만, 비교적 제어 난이도가 높거나 대형의 제어 시스템 같은 경우 처음부터 완벽하게 논리를 성립시키는 것이 곤란하고, 논리가 불완전한 시스템으로 곧바로 시운전에 들어갔을 경우 사고를 일으키거나 시스템에 치명적인 상처를 줄 수 있다. 이러한 이유에서 시운전에 앞서 강제 입출력 명령을 이용하거나 모의 입력에 의한 방법 등으로 시뮬레이션을 한다.

06

시퀀스 제어회로의 설계

6.1 제어회로 설계의 개요

자동기계를 기동시키는 제어회로의 설계시 기본적으로 모두 동작신호와 복귀신호를 고려하여 그들 신호에 각종 조건을 추가해야 한다. 또한 다음에 열거한 항목을 포함하여 설계하려는 자동기계 독자적인 특성을 면밀히 검토하여야 한다.

① 잘못된 조작을 해도 작업자에게 위험이나 재해가 미치지 않는지, 기계나 장치가 파손되지는 않는지의 여부
② 고장이나 불의의 사고가 발생해도 안전측으로 작동하는지의 여부
③ 정전시나 복전시의 동작상태
④ 수동조작의 필요성과 그 시기
⑤ 제어용 기기에 여유가 있는지의 여부
⑥ 시스템 이상시 대처방법
⑦ 반복제어의 경우 일상정지와 비상정지 등의 기능이 필요한지의 여부
⑧ 고장, 보수등인 경우 부분정지가 필요한지의 여부
⑨ 보수, 점검이 용이하도록 회로구성이 되어 있는지의 여부

이상의 항목에 입각하여 충분한 회로를 설계하였다고 해도, 실제로 제어회로를 기계에 접속해서 기동하다 보면 우선 제대로 동작하는 법이 드물고, 실제로 운전하는 과정에서 변경해야 할 문제점이 나타나는 것이 시퀀스 제어이다.

PLC의 제어목표가 되는 제어대상물의 종류에는 모터, 솔레노이드, 전자 클러치, 전자 브레이크, 전자접촉기, 에어 실린더, 에어 모터, 요동 모터, 유압식 액추에이터, 파일럿 램프, 히터 등 제법 많다. 그중에서 가장 많은 비중을 차지하고 있는 것이 에어 실린더로, 구조가 간단하고 염가이며 에너지원인 공기압을 쉽게 얻을 수 있고 안전하다는 이유 등으로 클램프, 분류, 반송, 배출 등의 용도에 많이 사용되고 있다. 따라서 여기서도 에어 실린더를 중심으로 한 시퀀스 회로를 설계한다.

6.2 에어 실린더와 전자 밸브

기계나 설비에서 실제로 일을 하는 요소는 유공압 실린더나 요동 모터 등이지만 PLC의 제어 목표가 되는 것은 유공압 실린더나 모터의 운동방향을 제어하는 전자(Solenoid) 밸브이다.

그림 6-1은 에어 실린더와 전자 밸브의 관계를 나타낸 그림으로, 솔레노이드와 스프링의 힘에 의하여 공기의 통로를 전환하고 있는 모양을 나타내고 있다.

먼저 (a)그림은 전자 밸브의 솔레노이드 코일에 전류를 인가하지 않은 상태(OFF 상태)로, 공기압이 실린더의 후진측(로드측이라 함)으로 작용하고 있기 때문에 피스톤 로드는 후진되어 있다. 전자 밸브의 솔레노이드에 전류를 인가(ON)하면 그림 (b)와 같이 전자 밸브의 위치 변환하여 압축공기가 실린더의 전진측(헤드측이라 함)에 작용함으로써 피스톤의 단면적에 압력을 가하므로 피스톤 로드는 전진하게 된다. 피스톤 로드를 전·후진시키려면 공기압 회로와는 별도로 전기회로를 만들어야 한다. 이는 전기회로의 솔레노이드를 ON(여자), OFF(소자)시킴으로써 피스톤 로드가 전·후진하기 때문이다.

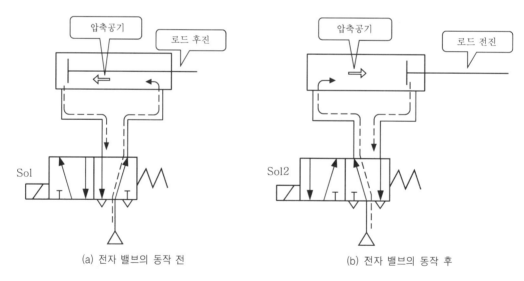

(a) 전자 밸브의 동작 전   (b) 전자 밸브의 동작 후

[그림 6-1] 에어 실린더와 전자 밸브의 관계도

6.3 에어 실린더의 기본회로

① 회로설계의 기본원칙

시퀀스 회로에서는 원칙적으로 그림 6-2에 보이는 바와 같이 동작신호와 복귀신호로 처리한다. 즉, 그림 6-3과 같이 동작신호 ST ON으로 기계운전, 복귀신호 STP OFF로 기계정지를 하는 식으로 신호를 처리한다는 것이다.

아무리 복잡한 시퀀스 제어일지라도 이 동작신호와 복귀신호로 처리하면 기계동작 자체의 제어회로는 완성된다. 다만 언제 동작신호를 주어 기계를 움직이고 언제 복귀신호를 주어 기계를 정지시킬 것인지를 생각하면 된다.

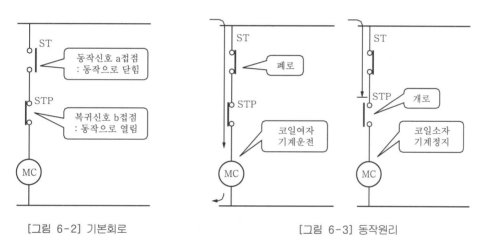

[그림 6-2] 기본회로   [그림 6-3] 동작원리

즉, 회로설계 대원칙의 첫째는

> 동작신호는 a접점으로, 복귀신호는 b접점으로 직렬접속하여 기계의 운전과 정지를 한다.

회로설계 대원칙의 둘째는

> 동작신호 명령 하나로 기계를 계속 운전하려면 자기유지회로로 구성한다.

즉, 전동기 구동회로와 같이 시동 스위치를 1회 ON-OFF하면 정지 스위치를 ON-OFF할 때까지 전동기가 계속 회전해야 되는 경우의 회로에서는 동작신호를 계속 ON시켜야만 되고, 이 동작실현을 위해서는 자기유지회로가 필요하다.

자기유지회로란 그림 6-5와 같이 동작신호나 복귀신호가 한번 나왔다가 바로 OFF되어도 신호가 ON된 것을 기억시켜 두는 것이다.

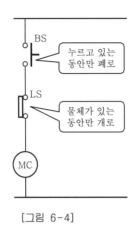

[그림 6-4]

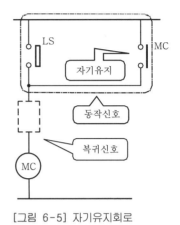

[그림 6-5] 자기유지회로

회로설계 대원칙의 셋째는

> 자기유지회로는 반드시 복귀시킨다. 모든 제어동작이 끝났을 때 그 제어회로는 스타트
> 이전 상태로 돌아와 있지 않으면 안 된다.

이것은 시퀀스 자동회로의 기본이므로 반드시 명심해야 한다. 예컨대 어떤 조건이 성립한 사실을 자기유지해 놓고 해제하지 않으면, 다음 사이클을 돌리기 시작했을 때 그 조건은 이미 성립된 셈이므로 제어동작의 순서가 어긋나게 된다. 그러므로 자기유지회로는 반드시 해제하지 않으면 안 된다.

② 편측 전자 밸브에 의한 제어회로

편측(Single) 전자 밸브란 방향변환 밸브의 한쪽에만 솔레노이드가 있는 것으로, 5포트 (Port) 2위치(Position) 싱글 전자 밸브와 복동 실린더의 접속도를 그림 6-6에 나타냈다. 먼저 그림 (a)는 전자 밸브의 솔레노이드에 전류를 인가하지 않은 상태(OFF)로, 밸브 위치는 내장된 스프링에 의해 b위치로 되어 압축공기는 P포트에서 B포트를 지나 실린더 후진측(로드측)에 작용하기 때문에 실린더의 피스톤 로드는 후진되어 있다.

그리고 그림 (b)는 솔레노이드에 전류를 통전한 상태(ON)로 밸브가 동작되어 a위치로 전환되기 때문에 압축공기는 P포트에서 A포트를 통해 실린더 전진측에 압력을 가하게 되므로 실린더의 피스톤이 전진하게 된다. 이때 로드측에 있던 압축공기는 전자 밸브의 B포트에서 R2포트를 통해 대기중으로 방출된다. 물론 이 상태에서 실린더를 후진시키기 위해서는 전자 밸브의 솔레노이드에 인가했던 전류를 차단(OFF)시켜 전자 밸브가 내장된 복귀 스프링에 의해 그림 (a)와 같이 b위치로 전환됨으로써 실린더가 복귀된다.

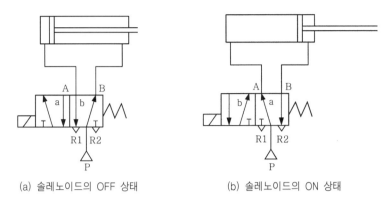

(a) 솔레노이드의 OFF 상태   (b) 솔레노이드의 ON 상태

[그림 6-6] 싱글 전자 밸브에 의한 복동 실린더의 제어구성도

그림 6-7는 에어 실린더를 5포트 2위치 전자 밸브로 제어하는 공압회로 구성도와 그 전기회로의 예를 나타냈다. 그림 (b)는 PB1을 누르고 있는 동안만 피스톤 로드가 전진하고, PB1에서 손을 떼면 밸브가 내장된 스프링으로 복귀되기 때문에 즉시 후진한다. 그러나 그림 (c)는 자기유지회로를 구성하고 있기 때문에 순간적으로 PB1을 눌렀다 손을 떼도, 실린더가 계속 전진하며 PB2를 눌러야 비로소 복귀한다.

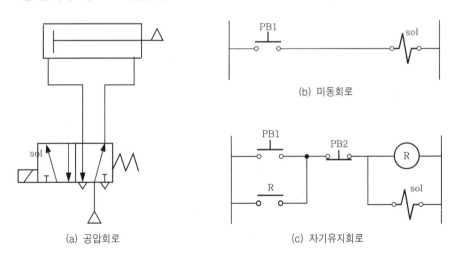

(a) 공압회로   (c) 자기유지회로

[그림 6-7] 에어 실린더 제어의 기본회로

그러나 자동화 장치나 기계는 스스로 액추에이터의 동작상태를 검출함으로써 자동적으로 동작이 이루어져야 하므로 그림 6-8과 같이 실린더 전후진 끝단 검출을 위한 리밋 스위치 LS1과 LS2가 설치되어 있는 제어회로에 대해 살펴보도록 한다.

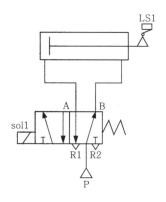

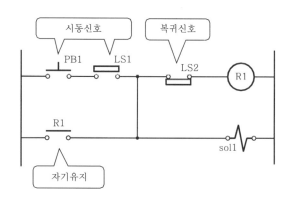

[그림 6-8] 공기압 회로구성도 　　　　　　[그림 6-9] 자동 1사이클 제어회로

먼저 실린더가 전진되기 위한 조건은 후진상태에서의 출발이므로 실린더의 후진끝 검출신호 LS1이 ON되어 있어야 하며 시동신호가 필요하다. 즉, 시동신호(PB1)와 LS1이 AND 동작일 때 솔레노이드 Sol1에 전류를 인가하여 전자 밸브를 동작시킴에 따라 실린더가 전진되고, 실린더 전진 끝까지 도달되면 스스로 복귀되어야 하므로 전진 끝을 검출하는 LS2 신호에 의해 Sol1에 통전하는 전류를 차단시켜야 된다. 이 조건을 회로로 전개하면 그림 6-9와 같다.

그림 6-9의 동작원리는 PB1과 LS1이 시동신호로서 실린더가 후진된 위치에 있으면 정상위치로 LS1이 ON되어 있다. 이 상태에서 PB1 스위치를 누르면 PB1과 LS1이 만족되고 LS2가 b접점 접속이기 때문에 릴레이 코일 R1과 솔레노이드 Sol1이 동시에 여자(勵磁)된다. 따라서 전자 밸브가 위치전환되고 실린더가 전진된다.

실린더가 전진을 시작하면 LS1이 OFF되고, 시동 스위치 PB1도 계속 누르고 있을 수 없으므로 릴레이 R1의 a접점으로 자기유지회로를 구성하였다. 그러므로 실린더는 전진을 계속하여 전진 끝까지 도달되면 LS2 리밋 스위치가 ON된다. 여기서 LS2 리밋 스위치는 b접점 접속이므로 누르면 a접점으로 변환되어 회로를 끊게 하여 자기유지회로를 해제시킨다. 그 결과 릴레이 R1과 솔레노이드 Sol1이 복귀되므로 밸브가 복귀되어 실린더를 후진시키고 자기유지도 해제된다.

❸ 양측 전자 밸브에 의한 제어회로

양측(Double) 전자 밸브란 방향 변환 밸브의 양쪽 모두에 솔레노이드가 있는 것으로, 5포트 2위치 양측 전자 밸브와 복동 실린더의 운동도를 그림 6-10에 나타냈다.

먼저 그림 (a)는 Sol1과 Sol2에 신호가 없을 때로, 이때 밸브 위치는 b이다. 그리고 그림 (b)는 Sol1에 전류를 인가하고 Sol2에는 신호가 없을 때로 방향제어 밸브는 a위치로 되어 실린더가 전진중이다. 그리고 그림 (c)는 (b) 동작 후 Sol1과 Sol2 모두 신호를 제거했을 때로 방향제어 밸브는 a위치에서 고정되어 있고, 그 결과 실린더는 전진상태에서 정지되어 있다. 이

상태에서 Sol2에만 신호를 주면 그림 (d)와 같이 밸브의 위치가 b위치로 되어 실린더가 후진하게 된다.

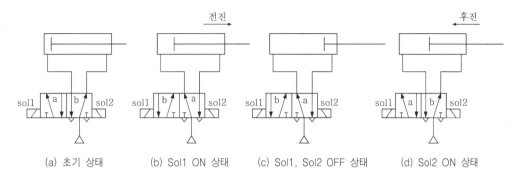

(a) 초기 상태   (b) Sol1 ON 상태   (c) Sol1, Sol2 OFF 상태   (d) Sol2 ON 상태

[그림 6-10] 더블 전자 밸브에 의한 복동 실린더의 제어원리도

그림 6-12의 제어회로는 그림 6-11의 공압회로를 제어하는 회로도로 동작원리는 다음과 같다.

실린더가 후진된 상태에서 PB1을 누르면 PB1과 LS1이 AND로 되어 릴레이 코일이 여자되고 2열의 R1 a접점이 닫혀 Sol1에 전류를 통전시키므로 실린더가 전진한다. 실린더가 전진완료되어 LS2 리밋 스위치가 동작되면 R2 릴레이가 여자되고, 4열의 R2 a접점을 닫아 Sol2에 전기신호를 줌으로써 실린더를 후진시킨다.

회로에서 1열의 R2 b접점과 3열의 R1 b접점은 상대측 회로에 인터록을 걸어 주는 것으로 R1과 R2가 동시에 ON되는 것을 막아준다. 즉, 실린더가 정상적으로 동작될 때엔 R1과 R2가 동시에 ON될 수 없다. 그러나 리밋 스위치가 접점사고를 일으키거나, 외부의 물리적 힘에 의해 동시에 동작될 경우 신호중복이 발생되게 되고, 이것을 모르고 일정시간 방치하면 솔레노이드가 타버리는 중대한 문제를 발생시킬 수 있기 때문이다.

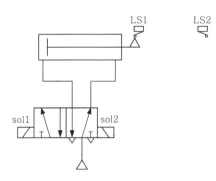

[그림 6-11] 공압회로 구성도

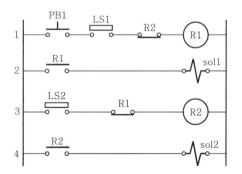

[그림 6-12] 제어회로도

6.4 에어 실린더의 시퀀스 회로

자동화 장치나 기계 등은 공유압 실린더나 전동기, 전자 클러치, 브레이크 등 다수의 액추에이터가 정해진 순서에 따라 동작되어 목적을 달성하는 것이다. 이와 같이 미리 정해진 순서에 따라 동작순서의 각 단계를 순차적으로 진행시키는 회로를 시퀀스 회로라고 한다.

일반적으로 전용기의 액추에이터 구성을 보면 적게는 2개에서부터 수십 개로 구성되어 동작되지만 회로의 기본은 2~3개의 액추에이터 동작조합으로 되어 있다. 따라서 2~3개 액추에이터 시퀀스 회로를 능숙하게 설계할 수 있다면 복잡한 회로도 얼마든지 해결할 수 있는 것이다.

❶ 컨베이어간 이송장치의 회로설계

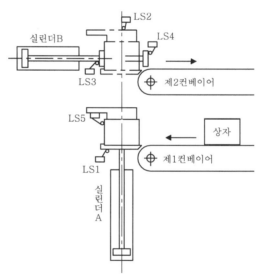

[그림 6-13] 컨베이어간 이송장치의 구성도

그림 6-13은 제1컨베이어로부터 이송되어 온 부품상자를 높이가 다른 제2컨베이어로 옮겨주는 컨베이어간 이송장치의 구성도이다.

이송장치의 동작순서는 부품상자가 제1컨베이어를 타고 이송되어 상승위치까지 도착되면 LS5 검출 스위치가 ON된다. LS5 신호가 ON되면 실린더 A가 상승하여 부품상자를 B실린더 앞까지 들어올린다. A실린더가 부품상자를 상승완료시켜 LS2 신호가 ON되면 B실린더가 전진하여 부품상자를 제2컨베이어로 밀어 이송한다. 그 다음에 A실린더는 하강하고, 하강완료하여 LS1 리밋 스위치를 ON시키면 B실린더가 복귀하여 1사이클이 종료된다. 다시 제1컨베이어를 타고 부품상자가 도달되면 상기와 같은 동작을 반복한다.

1) 회로설계 1단계 - 시퀀스의 결정

먼저 시스템의 운동특성을 정확히 파악하여 동작 시퀀스를 결정한다. 실린더의 전진운동을 기호 +라 하고 후진운동을 기호 -라고 한다면 이송장치의 운동순서는 A+B+A-B-로 표시할 수 있다. 이와 같은 동작표시법을 간략적 표시법이라 한다.

또한 2차원적 그래프 표시법인 시퀀스 차트로 나타낸다면 그림 6-14와 같다.

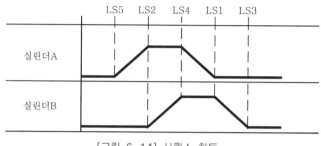

[그림 6-14] 시퀀스 차트

2) 회로설계 2단계 - 공압회로도 작성

2단계로 제어대상 구성도인 공압회로도를 결정한다. 특히 여기서는 전자 밸브의 형식과 위치 검출 센서의 수량 등을 명확히 해야 한다.

전자 밸브는 솔레노이드의 수에 따라 싱글형과 더블형으로 구분되는데, 통상 에어 실린더를 제어하는 전자 밸브는 약 80% 정도가 싱글형을 사용하고 있다. 그 이유는 싱글형이 더블형에 비해 저렴하고 제어 소자수(릴레이 제어에서는 릴레이의 개수, PLC 제어에서는 I/O점수)가 적게 들어 경제적이기 때문이다.

그러나 그림 6-13에서 상승용 A실린더를 제어하는 전자 밸브가 싱글형이라고 가정한다면 A실린더가 부품상자를 밀어올려 제2컨베이어로 B실린더를 이동시키려고 할 때 정전이나 기타 사고로 인해 제어회로의 전기가 끊어지면 어떤 현상이 발생될 것인가를 생각한다면 정전이 되더라도 그 상태가 기억되는 더블 전자 밸브를 채용하는 것이 바람직하기 때문이다.

전자 밸브의 사용비율 중 약 20% 정도가 더블형인데, 이 더블형이 사용할 신호부분이 정전시에도 안전측면으로 시스템을 작동하여야 할 부분으로, 주로 클램프용 실린더나 리프트용 실린더 등이다.

그러므로 그림 6-15에 보인 것과 같이 컨베이어간 이송장치의 공압회로 구성도는 상승용 A실린더를 제어하는 전자 밸브가 양측형이어야 하고, B실린더는 편측 전자 밸브를 사용해야 한다.

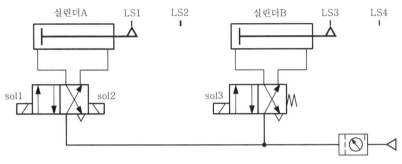

[그림 6-15] 공압회로 구성도

3) 회로설계 3단계 – 입출력 배선도 작성

세 번째 단계로 PLC 입출력 배선도를 작성한다. 컨베이어간 이송장치의 입출력 배선도 예를 그림 6-16에 나타냈다. 여기서는 제어조건으로 단순히 시동과 정지기능만을 부여했고 운전 표시등을 설치하였다. 또한 LS5는 부품상자 도착검출용 센서이다.

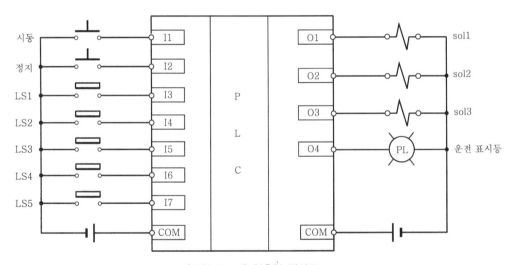

[그림 6-16] 입출력 배선도

4) 회로설계 4단계 – 제어회로 작성

이상에서 결정한 조건들을 종합하여 회로를 전개한다. 전개순서는 운동의 첫 스텝부터 한 단계씩 동작조건과 복귀조건을 결정하여 작업순서대로 진행함으로써 회로를 완성해 나간다.

먼저 장치의 시동과 정지조건의 회로를 그림 6-17과 같이 결정한다. 또한 장치가 동작중일 때 운전 표시등이 점등되어야 하므로 시동신호에 의해 PL이 점등되고 정지신호에 의해 소등되도록 한다.

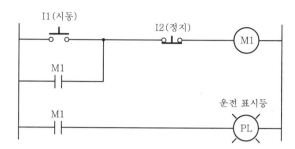

[그림 6-17] 시동과 정지회로

운동의 첫 스텝인 A+가 이루어지기 위한 동작조건을 정리하면 시동신호와 부품상자 도착신호, 작업 준비상태인 두 실린더의 후진위치 검출센서가 모두 ON이 되어야만 한다. 즉, **A+ 조건 ⇒ 시동 스위치·LS5·LS1·LS3이 모두 ON**이어야 하므로 그림 6-18의 회로와 같이 된다.

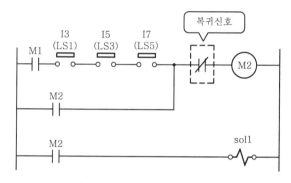

[그림 6-18] A+ 동작회로

이어서 운동의 두 번째 스텝인 B+ 동작조건을 요약해 보면 첫 단계인 A실린더가 전진완료한 신호와 B실린더가 작업준비상태인 신호, 그리고 외부 스위치 신호만을 이용하여 동작조건을 구성할 때, 스위치의 오입력에 의해 시퀀스 첫 단계가 진행되지 않았음에도 불구하고 두 번째 단계가 진행할 수 있으므로, 이러한 오동작의 방지를 위해 두 번째 이후 단계부터는 전 단계 동작신호로 작동된 내부 릴레이 신호를 동작조건으로 하면 안정적이다.

따라서 B+가 이루어지기 위한 동작신호는 **B+ 동작조건 ⇒ LS2·LS3·M2가 모두 ON**이어야 하므로 그림 6-19 회로와 같다.

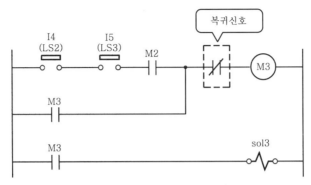

[그림 6-19] B+ 동작회로

세 번째 운동 스텝인 A- 동작조건은 A실린더가 전진상태여야 하고, B실린더가 전진완료된 후에 이루어져야 한다. 그리고 두 번째 단계의 동작신호 M3까지 모두 AND 조건이어야 되므로 A- **동작조건** ⇒ LS2 · LS4 · M3가 ON이어야 하므로 그림 6-20의 회로와 같다.

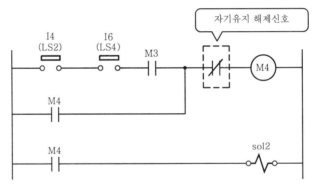

[그림 6-20] A- 동작회로

다만 양측 전자 밸브에서 전진신호용의 sol1이 첫 단계에서 세트되어 동작되고 있는 상태이므로 후진신호용의 sol2에 동작신호를 주어도 신호가 중복되어 동작하지 못하고, 이 상태가 오랫동안 진행되면 솔레노이드 코일이 소손된다는 점에 주의하도록 한다. 그러므로 먼저 sol1의 동작신호인 M2 코일을 복귀시켜야 하므로, M2의 복귀신호는 M3이 결정된다.

마지막 운동 스텝인 B-의 동작조건은, B실린더는 전진상태이어야 하고 전 단계의 작업완료신호인 A실린더의 후진완료신호와 내부동작신호 M4가 모두 ON이어야 한다. 따라서 B- **동작조건** ⇒ LS1 · LS4 · M4가 모두 ON이어야 하므로 그림 6-21과 같이 된다.

따라서 M5의 신호로 B실린더를 복귀시켜야 하므로 B실린더 전진신호인 M3를 OFF시켜야 한다. 그리고 1사이클이 종료되면 모든 릴레이의 자기유지는 해제되어야 하므로 M4 코일의 자기유지 해제신호는 시퀀스 마지막 단계의 신호인 M5가 된다.

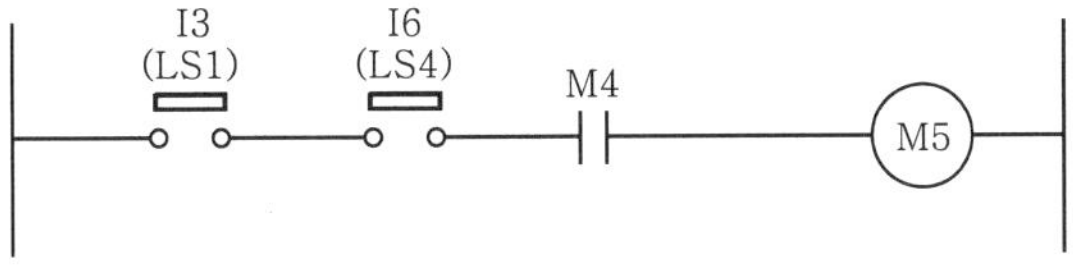

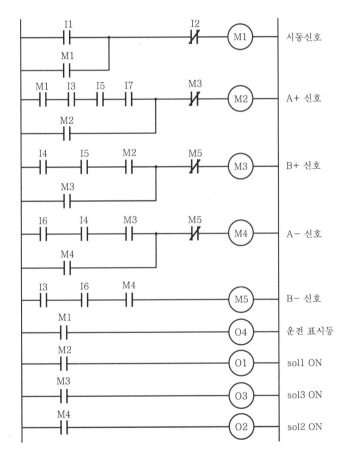

[그림 6-21] B- 동작회로

 이상의 순서로 각 단계별 동작회로를 설계한 후 이들을 정리한 것이 그림 6-22이다. 이 회로는 시동신호 I1이 ON되면 M1이 세트되어 자기유지되고 운전표시램프가 점등된다. 그리고 제1컨베이어에 의해 부품상자가 도착되어 LS5의 리밋 스위치가 ON되면 입력 I7이 ON되어 A+B+A-B-의 순서로 순차 작동되고 다시 부품상자가 도착되면 계속적으로 반복동작을 하며, 정지 스위치 I2가 입력되면 운전이 중지되는 회로이다.

[그림 6-22] 컨베이어간 이송장치의 제어회로

❷ 드릴링 장치의 회로설계

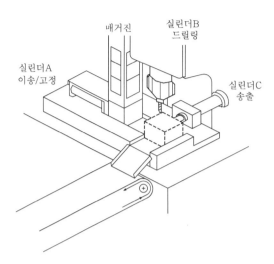

[그림 6-23] 드릴링 장치의 시스템 구성도

그림 6-23은 중력식 매거진에 저장된 부품을 실린더 A가 분리 이송하여 클램프하면 드릴 유닛이 하강하여 구멍가공을 하고 가공이 종료되면 송출 실린더가 부품을 밀어 컨베이어로 이송하는 전용기이다.

1) 회로설계 1단계 – 동작 시퀀스 및 제어조건 결정

드릴링 장치의 동작순서는 매거진에 부품이 있을 때에만 시동되어야 하고, 시동신호가 ON되면 먼저 A실린더가 전진하여 매거진으로부터 부품을 분리이송하여 고정한다. 고정이 완료되면 드릴 이송 유닛의 B실린더가 하강하여 구멍뚫기 작업을 하고, 작업이 끝나면 상승하여 복귀한다. B실린더가 복귀완료되면 A실린더가 후진하여 클램핑을 해제하고, 이어서 송출용의 C실린더가 전·후진하여 제품을 컨베이어 위로 밀어 이송함으로써 1사이클이 종료된다.

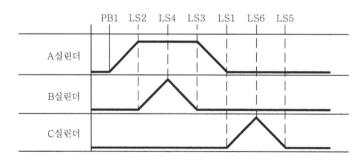

[그림 6-24] 드릴링 장치의 시퀀스 차트

이상의 동작순서를 간략적 표시법으로 나타내면 A+B+B-A-C+C-가 되며, 시퀀스 차트로 나타낸 것이 그림 6-24이다.

그리고 드릴링 장치의 수동운전을 포함한 트러블 발생시 비상정지기능 등의 작업보조조건은 다음과 같이 요약된다.

① 단동 및 연속 사이클 운전이 가능하여야 한다.
② 구멍뚫기 작업중에 비상정지신호가 입력되면 B실린더가 복귀된 후 A실린더가 복귀되어야 한다.
③ 1개의 매거진에 50개의 부품을 저장할 수 있으므로 연속 사이클 운전시 50개 작업 후에 스스로 정지하여야 한다.
④ A, B, C실린더는 각각의 수동운전 스위치에 의해 동작 가능해야 한다.

2) 회로설계 2단계 – 공압회로 작성(제어대상 구성도 작성)

3개의 실린더를 제어하는 전자 밸브는 그림 6-25의 공압회로에 나타낸 바와 같다. 클램프용 실린더는 구멍가공 작업중에 정전이 되더라도 클램프가 풀리지 않도록 메모리형의 더블 전자 밸브를 사용하고, B와 C실린더는 싱글 전자 밸브를 사용하였다.

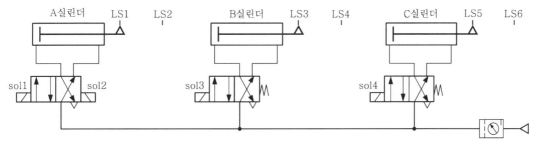

[그림 6-25] 공압회로 구성도

3) 회로설계 3단계 – 입출력 배선도 작성

제어하려는 PLC 기종을 결정하고 입출력 배선도를 작성한다. 여기서는 Master-K 200S PLC로 드릴링 장치의 입출력 배선도를 작성하면 그림 6-26과 같이 할 수 있다.

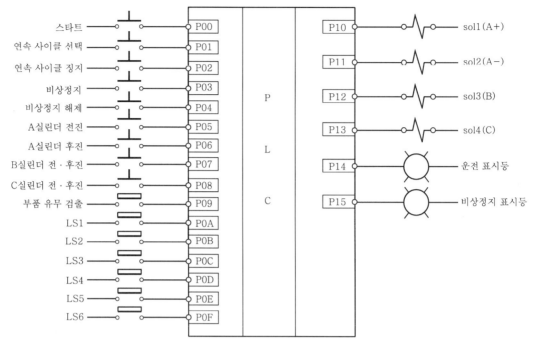

[그림 6-26] 입출력 할당과 배선도

4) 회로설계 4단계 - 제어회로 작성

설계 완료된 드릴링 장치의 제어회로가 그림 6-27이다. 이 회로는 Master-K PLC의 응용명령 일부를 사용하였으므로 명령어의 기능을 이해하여야만 회로의 동작원리를 이해할 수 있다.

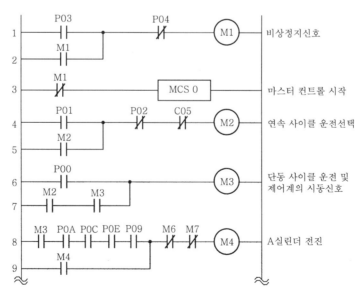

[그림 6-27] 드릴링 장치의 제어회로

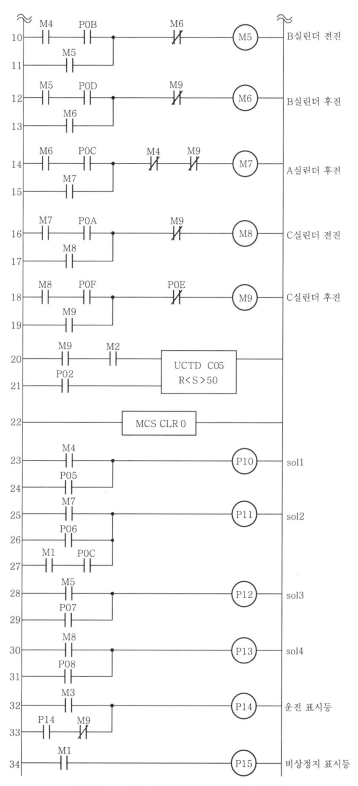

[그림 6-27] 드릴링 장치의 제어회로(계속)

회로의 동작원리는 다음과 같다.

비상정지기능은 마스터 컨트롤의 MCS 명령을 사용하였다. 즉, MCS의 입력조건이 ON하면 MCS CLR까지를 실행하고, 입력조건이 OFF되면 실행하지 않기 때문에 정상상태에서는 M1이 OFF되어 있으므로 3열의 MCS가 ON되어 있어 4열부터 21열까지의 제어회로가 정상적으로 실행된다.

그러나 트러블이 발생되어 비상정지신호 P03이 입력되면 M1이 세트되고 자기유지되며, MCS의 입력조건인 3열의 M1 b접점을 열어 OFF 상태로 하므로 21열까지가 연산을 중지한다. 따라서 모든 내부 릴레이가 입력조건에 관계없이 OFF되게 된다. 만일 3스텝인 B+까지 실행중이었다면 싱글 전자 밸브를 사용하는 B실린더는 즉시 복귀된다. 그리고 C실린더가 복귀 완료되었다는 신호 LS3의 P0C와 비상정지신호 M1이 만족되어 27열의 회로에 의해 P11이 ON되어 A실린더가 복귀된다. 즉, 비상정지신호가 입력되면 B와 C실린더는 즉시 복귀되나 A실린더는 B실린더가 복귀된 후에만 복귀할 수 있다. 또한 M1이 세트되면 동시에 34열에 의해 P15가 ON되어 비상정지 표시등이 점등됨으로써 비상정지상태임을 나타낸다.

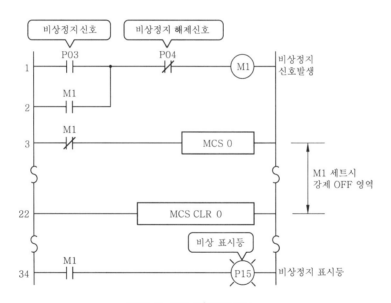

[그림 6-28] 비상정지회로

연속 사이클 선택운전은 P01이 ON되면 M2가 세트되고 자기유지된다. 이어 7열의 M2접점을 닫아 준비상태에 들어간 상태에서 시동 스위치 P00이 ON되면 M3이 세트되고 그 결과 7열의 자기유지회로가 동작되어 8열의 M3이 계속 ON됨으로써 연속운전이 가능해진다.

연속 사이클 운전의 정지는 연속 사이클 정지 스위치 P02가 ON되거나 연속운전으로 50회가 동작되면 C05가 ON되므로 자동적으로 정지된다.

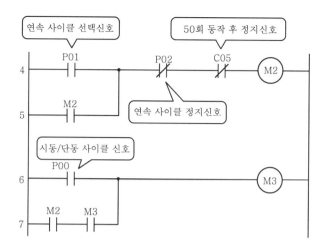

[그림 6-29] 단동/연동 사이클 선택 운전회로

그리고 첫 스텝인 A+ 회로는 그림 6-30에 나타낸 바와 같이 시동조건으로는 시동신호 M3 과 A, B, C실린더가 후진위치에 있다는 리밋 스위치 신호 P0A, P0C, P0E, 매거진에 부품이 있다는 신호 P09가 모두 만족될 때 내부 릴레이 M4를 세트시켜 M4에 의해 P10을 ON시키게 되고 솔레노이드 sol1이 ON되어 실린더 A가 전진한다.

b접점의 M6은 sol2에 신호를 주기 위해 자기유지를 해제시키는 신호이고, M7은 후진신호 M7이 ON되어 sol2에 신호가 가해질 때 어떠한 이유에서도 반대측의 sol1이 ON되지 않도록 인터록을 걸어 주는 신호이다.

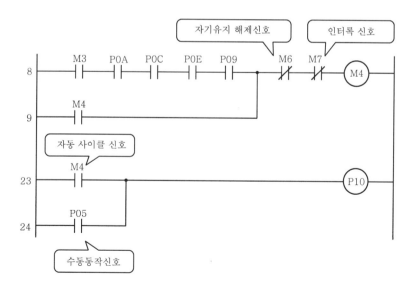

[그림 6-30] A+ 동작회로

두 번째 스텝의 B+가 되기 위한 조건은 A실린더가 전진완료되었다는 신호 P0B와 B, C실린더가 후진 위치에 있다는 신호 P0C, P0E가 모두 만족되어야 하고, 전 단계 동작의 내부신호 M4가 AND일 때 내부 릴레이 M5를 세트시켜 sol3에 신호를 주면 된다.

그러나 그림 6-31에 B+ 회로를 나타낸 바와 같이 외부 신호 P0C와 P0E를 생략하였다. 이것은 내부 신호 M4를 사용한 것에 의해 P0C와 P0E의 상태가 만족되므로 PLC의 스캔타임을 줄이기 위해서다.

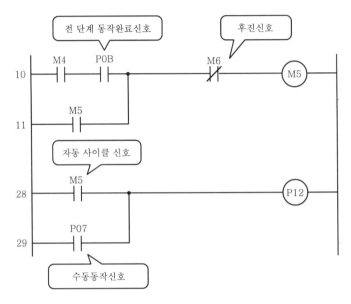

[그림 6-31] B+ 동작회로

세 번째 스텝의 B- 회로는 B실린더를 제어하는 전자 밸브가 싱글형이기 때문에 B+ 회로의 자기유지를 해제시키면 가능하므로 12열과 같이 B실린더가 전진완료되었다는 신호 P0D와, 전 단계 내부신호 M5를 직렬로 하여 내부 릴레이 M6을 세트시키고 이 릴레이의 b접점을 10열의 B+ 회로에 삽입시킨 것이다.

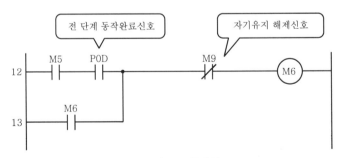

[그림 6-32] B- 동작회로

　그리고 네 번째 스텝의 A- 회로는 같은 방법으로 전 단계 스텝의 이행완료신호인 P0C와 전 단계 내부신호 M6을 직렬로 하여 내부 릴레이 M7을 세트시키고, 이 릴레이의 a접점으로 25열에서와 같이 출력 P11을 ON시켜 동작시키고 있다.(그림 6-33)

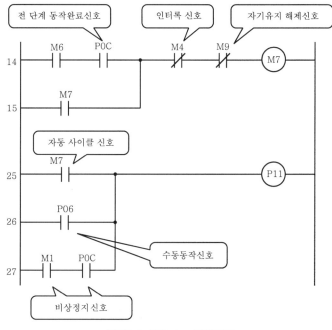

[그림 6-33] A- 동작회로

　다섯 번째 운동 스텝인 C+가 되기 위한 조건은 전 단계 동작내부신호 M7과 전 단계 동작의 A-완료신호인 LS1의 P0A가 모두 ON되어야 한다. 그러므로 M7과 P0A로 동작신호를 만들고 내부 릴레이 M8을 동작시켜 자기유지시킨다. 이 신호로 sol4를 구동하여야 하므로 그림 6-34와 같이 한다.

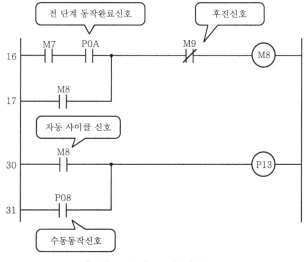

[그림 6-34] C+ 동작회로

그리고 마지막 운동 스텝인 C-가 이루어지기 위한 조건은 전 단계 내부동작신호 M8과 C+ 완료신호인 LS6의 P0F가 ON되면서 이루어져야 하므로 그림 6-35와 같이 동작회로를 만들고 C+ 동작신호인 M8의 자기유지를 해제하기 위한 신호로 이용한다.

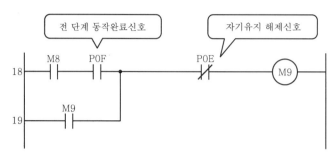

[그림 6-35] C- 동작회로

부가기능의 카운터 회로는 그림 6-36에 나타낸 바와 같이 시퀀스의 마지막 스텝의 신호 M9에 의해 카운트 펄스로 카운트하도록 되어 있다. 다만, 직렬로 접속된 M2는 연속사이클 선택 운전신호로써 연속 사이클 운전시에만 카운트하도록 한 것이다.

그리고 카운터 리셋의 P02가 설정치인 50회까지 카운트되면 4열의 연속작업 지령신호 M2를 리셋시켜 연속 사이클 작업을 중지시키게 된다.

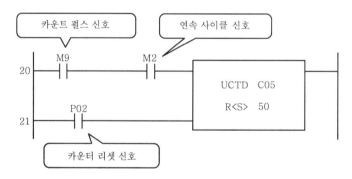

[그림 6-36] 카운터 회로

운전 표시등 회로는 그림 6-37과 같이 자기유지회로로 구성되어 있다. 이것은 단동 사이클 운전중에도 마지막 스텝 운동시까지 운전 표시등을 점등하기 위한 것이다.

즉, 연속 사이클 운전중일 때엔 내부 릴레이 M3이 자기유지되어 계속 ON으로 있으므로 출력 P14가 계속 ON되어 운전 표시등이 점등되어 있으나, 단동 사이클 운전시에는 시동 스위치 신호 P00이 ON으로 있는 동안만 M3이 ON되어 운전 표시등이 점등되며 시동 스위치에서 손을 떼면 시퀀스는 계속 진행되나 운전 표시등은 소등된다.

따라서 이 점을 보완하기 위해 출력 P14로 자기유지시키고 마지막 스텝의 이행완료신호인 M9로 자기유지를 해제하도록 한 것이다.

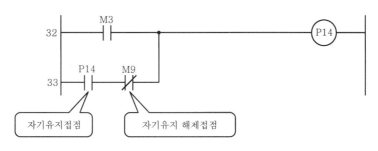

[그림 6-37] 운전 표시등 회로

07

설치 및 보수

7.1 개요

최근의 PLC는 반도체 기술의 진보에 따라 기능, 규모, 가격 등 모든 면에서 다양화되어 가고 있고, 그 적용분야나 사용량은 급속히 확대되고 있다. 이에 따라 PLC가 사용되는 환경도 다양해지고 있고, 설치환경요건이 PLC의 수명과 신뢰성에 중대한 영향을 미치고 있다.

즉, PLC를 실장한 제어장치가 그 기능을 충분히 발휘하도록 하고, 안정되게 가동되기 위해서는 프로그램상의 연구도 물론 중요하지만, 노이즈 대책이나 PLC가 설치될 환경에 대한 대책과 조치도 상당히 중요한 고려사항이다.

PLC의 수명과 신뢰성에 영향을 미치는 설치환경조건으로는 자연분위기적인 것, 전기적인 것, 기계적인 것 또는 설비적인 것 등 여러 가지 요소가 있으며 대표적인 항목으로는

① 온도, 습도
② 먼지, 부식성 가스
③ 진동, 충격
④ 전자계 노이즈
⑤ 공급전원
⑥ 접지
⑦ 케이블 배선

등의 문제가 있다.

이들 항목들에 대한 허용치나 제한범위에 대해서는 메이커마다 약간의 차이는 있으나 기본적으로는 PLC를 구성하는 소자가 IC, LSI 등의 반도체 소자와 저항, 콘덴서 등의 회로부품이기 때문에 비슷하다. 그리고 이들 설치조건 항목들은 통상 PLC의 일반사양이어야 하고 메이커가 제공하는 카탈로그를 보면 기본부(CPU)의 성능사양, 입출력부의 성능사양과 더불어 표 7-1과 같이 일반사양으로 제시된다.

[표 7-1] PLC의 일반사양

항 목	사 양
전 원 전 압	AC 110/220V, 단상 50/60㎐, DC 24V
소 비 전 력	28VA
허용 정전 시간	10ms
사 용 온 도	0~55℃
보 존 온 도	−10~70℃
습 도	20~90% RH(이슬 맺힘이 없을 것)
분 위 기	부식성 가스가 없을 것
내 진 동	16.7Hz 복진폭 2mm, 2시간
내 충 격	10G(X, Y, Z방향 각 3회)
노 이 즈 내 량	1500V 1㎲(Impulse Noise)
절 연 내 압	AC 1500V 1분
절 연 저 항	DC 500V, 10MΩ 이상
접 지	제3종 접지(100Ω 이하)

7.2 동작환경

❶ 온도

전자기기에 있어 온도는 가장 일반적이고도 중요한 환경조건이다. PLC에서는 사용온도조건과 보존온도조건으로 나누어 표시하며 반드시 규정되어 있다. 이들 양자의 차이는 전자부품의 동작온도와 보존온도의 차 및 통전에 의한 내부부품의 자기발열과 그 냉각능력으로 결정되는데 통상 보존 온도폭이 더 크다.

일반적으로 PLC의 사용주위온도는 부품소자의 사용온도 관계 때문에 0~55℃ 정도이다. 최고온도인 55℃는 제어반의 주위온도가 40℃이고 제어반 내의 온도상승이 15℃이라고 생각하고 있다.

1) 고온대책

PLC를 고온에서 사용했을 때 다음과 같은 이상이 발생하는 경우가 있다.

- 반도체 부품, 콘덴서의 수명 저하
- IC, 트랜지스터 등 반도체 부품의 열화
- 반도체 부품, 콘덴서의 고장률 증대
- 회로의 전압 레벨, 타이밍 등의 마진 저하
- 아날로그 회로의 드리프트 등에 의한 정밀도 저하

따라서 온도가 높은 경우에는 다음과 같은 대책을 실시하여 PLC의 주위 온도가 55℃ 이하로 되도록 해야만 한다.

① 제어반에 팬을 설치한다.
② 스폿 쿨러를 설치한다.
③ 온도가 낮은 외기(外氣)를 제어반 내에 도입한다.
④ 공기조화가 된 전기실에 제어반을 설치한다.
⑤ 직사일광을 차단한다.
⑥ 온풍이 직접 닿지 않도록 한다.
⑦ 제어반 주변에 통풍이 잘 되게 한다.
⑧ 하절기에 잠깐 동안만 55℃를 넘게 된다면 제어반의 문을 열거나 외부 팬으로 냉각한다.

2) 저온대책

저온에서는 고온만큼의 이상이 발생하지 않으나 회로 마진의 저하, 아날로그 회로의 정밀도 저하가 있고, 극저온에서는 전원을 투입할 때 정상동작하지 않는 경우가 있다. 이런 경우에는 다음과 같은 대책을 취한다.

① 제어반 내에 스페이스 히터를 설치한다. 온도가 너무 올라가면 제어반 외부와의 온도차로 인해 제어반의 문을 열었을 때 결로하는 경우가 있으므로 주의한다.
② PLC의 전원은 끊지 않는다. 자기발열에 의해 PLC의 동작온도를 0℃ 이상으로 유지할 수 있는 경우에 한한다.
③ 운전을 개시하기 전에 PLC 전원을 투입하여 자기발열로 온도를 높인다. 야간에 저온이 되는 경우에는 ②, ③의 대책이 좋다.

3) 통풍

PLC의 통풍을 좋게 하는 것도 하나의 온도대책이다. PLC의 통풍을 좋게 하기 위해서는 그림 7-1과 같이 PLC 본체의 상부, 하부는 구조물이나 부품과의 거리를 적어도 50mm 이상 두는 것이다. 또 배선덕트를 설치할 때는 통풍에 방해가 되지 않도록 한다.

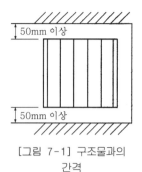

[그림 7-1] 구조물과의 간격

❷ 습도대책

습도의 표현방법에는 절대습도와 상대습도가 있으나 물방울 맺힘 등의 현상은 주로 상대습도에 의존하기 때문에 전자기기의 환경조건으로는 상대습도를 사용한다.

일반적으로 PLC의 사용주위습도는 20%~90%RH(상대습도)이다. 특히 고습도에서 장시간 사용하면 절연성이 떨어지므로 주의가 필요하다.

1) 고습도 대책

고습도 대책은 다음과 같은 것이 있다.

① 제어반을 밀폐구조로 하고 흡습제를 넣는다.
② 외부의 건조공기를 제어반 내에 도입한다.
③ 프린트 기판을 다시 코팅한다.
④ 입출력 전원의 전압을 AC 220V에서 AC 110V 또는 DC 24V로 낮춘다.
⑤ 제어반 내에 스페이스 히터를 설치한다.

2) 저습도 대책

매우 건조한 상태에서는 절연물상의 정전기에 의한 대전이 있다. 특히 입력 임피던스가 높은 CMOS-IC는 이 대전의 방전으로 인해 파괴되는 경우가 있다. 또한 건조에 의한 재료표면의 균열이나 특성열화를 초래한다. 따라서 건조상태에서 모듈의 장착이나 점검을 할 때는, 인체의 대전을 방전한 후에 한다. 또 모듈의 부품이나 패턴에 접촉하지 않도록 주의해야 한다.

❸ 진동 · 충격

정상적으로 진동이 있는 경우나 큰 충격이 있는 경우, 설치한 제어반이나 전자기기류에서 문제가 발생하는 경우 등에는 다음과 같은 대책을 실시한다.

① 진동원에서 떨어져 제어반을 설치한다.

② 제어반에 방진고무를 부착한다.

③ 제어반이 공진하지 않도록 구조를 강화한다.

④ 진동, 충격원과 별개의 패널로 한다.

⑤ 진동, 충격원에서 분리한다.

⑥ 제어반의 구조를 강화한다.

7.3 전원과 접지

�𝐼 전원계통도

PLC를 사용하여 시스템을 구성할 경우 그 전원계통은 PLC 전원계통 외에 동력계통, 제어계통, 입출력용 전원계통 등이 있다. 따라서 시스템의 신뢰성을 높이기 위해서는 전원공급을 각각 계통별로 분리하는 것이 바람직하다. 그림 7-2에 전원계통도를 나타냈다. 이 그림에서 다른 기기와 PLC 전원계통을 분리한 것은 PLC 단독의 프로그램 체크나 시뮬레이션, 입출력기기측의 고장으로 인한 PLC 전원이 끊기는 것을 방지하기 위한 것이다.

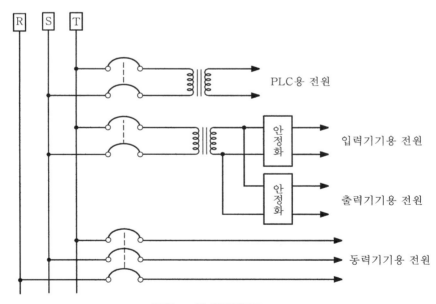

[그림 7-2] 전원계통도

❷ 전압변동대책

PLC의 전압변동범위는 일반적으로 +10%, -15% 이내가 많으며, 전압변동이 -15~20%로 되면 PLC가 정전을 자동검지하여 운전을 정지하고, 전압이 다시 상승하면 자동적으로 다시 운전한다. 그러나 빈번히 발생하는 전압변동은 제원범위 이내라도 좋지 않다. 이런 경우에는 그림 7-3과 같은 대책을 취할 필요가 있다.

- 그림 (a)는 규정 이상의 전압변동이 있을 때이며, 정전압 변압기를 사용한다.
- 그림 (b)와 (c)는 대폭의 전압변동과 함께 빈번한 순간 정전에서도 PLC를 정지시키지 않기 위한 대책이다.
- 그림 (b)는 DC 24V 전원용 PLC의 경우이며, 전지는 항상 충전장치로 충전해 두는 플로팅 방식이 바람직하다.
- 그림 (c)는 전동발전기(MG)를 사용하는 경우이며, 발전이 시작할 때 전원이 서서히 상승하여 PLC가 운전상태로 되지 않는 경우가 있으므로, 전압검출용에 릴레이를 사용하여 이 릴레이로 전원을 투입하도록 되어 있다.

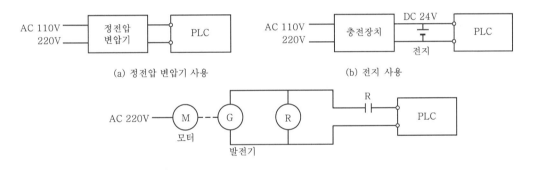

[그림 7-3] 전압변동대책

❸ 접지

접지란, 회로의 기준전위와 기기 케이스, 실드 등을 대지 전위로 접속하는 것을 말하며, 최근 PLC에 대한 접지는 메이커에서 기기에 대한 노이즈 대책을 세우고 있기 때문에 일반적으로 접지를 하지 않아도 사용할 수 있도록 되어 있다. 또한 대전류가 흐르는 동력기기의 접지선에 접속하거나 하면 오히려 나쁜 결과를 초래하는 수도 있다. 따라서 양호한 접지를 얻을 수 없다면 접지를 하지 않는 편이 낫다.

접지의 목적은 다음과 같다.

① PLC와 제어반 및 대지간의 전위차를 없애, 전위의 차이로 인한 노이즈 전류를 감소시킨다.
② 전원 및 입력신호선에 혼입한 노이즈를 대시로 배제하여 노이즈의 영향을 감소시킨다.
③ 전력계통으로부터의 누설전류, 낙뢰 등에 의한 감전을 방지한다.

이와 같이, 접지는 노이즈로 인한 오동작을 방지하는 유효한 노이즈 대책이 된다. 따라서 양호한 접지를 할 수 있다면 접지를 하는 것이 좋다. 다만, 2층 이상 건물의 철골에 접지, 대전력 기기의 접지선과 공용접지, 감전방지 목적의 접지선에 접지하는 등으로 양질의 접지를 얻을 수 없으면 구태여 접지를 할 필요가 없다. 다만, 제어반의 접지는 확실하게 해야 한다.

운전중에 노이즈로 인한 오동작이 일어날 것 같으면 그 시점에서 대책으로 접지를 하면 된다. 또 처음부터 접지를 하고 있는 경우 노이즈 대책으로서 접지를 떼어보는 것도 유효한 대책이 되는 경우도 있다. 접지방법은 다음과 같이 한다.

① 접지는 PLC만을 접지하는 전용접지가 가장 좋으므로 될 수 있으면 전용접지를 한다. 전용접지를 할 수 없을 때엔 접지점에서 다른 기기의 접지와 접속되는 공용접지로 한다. 다른 기기와 접지선을 공통으로 사용하는 공통접지는 될 수 있는 대로 하지 않는다. 특히 전동기, 변압기 등 전력기기와의 공통접지는 절대로 피해야 한다.
② 접지공사는 전기설비 기술기준에 의거, 제3종 접지(접지저항 100Ω 이하)로 한다.
③ 접지선은 될 수 있는 대로 굵은 전선을 사용한다.
④ 접지선은 될 수 있는 대로 PLC 본체 가까이에 설정한다. 거리는 50m 이하가 기준이다.
⑤ 접지선의 배선에서는 강전회로, 주회로의 전선에서 될 수 있는 대로 떨어지고, 또 평행하는 거리를 될 수 있는 대로 짧게 한다.
⑥ PLC 접지를 하지 않을 때에도 제어반의 접지는 확실하게 한다.

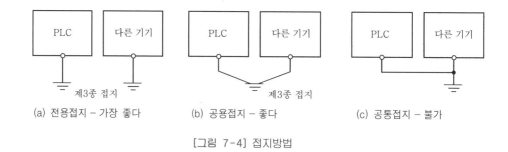

(a) 전용접지 – 가장 좋다   (b) 공용접지 – 좋다   (c) 공통접지 – 불가

[그림 7-4] 접지방법

7.4 노이즈 대책

PLC와 같이 고속·저레벨의 신호를 취급하는 전자기기에서 사용상 가장 문제가 되는 것은 전기적 또는 자기적인 노이즈(Noise)이다.

노이즈란 '회로 안에 나타나는 필요한 신호 이외의 모든 전기적 신호' 또는 '신호에 간섭해서 정보의 전달을 저해하는 교란'이라고 정의할 수 있다. 이러한 노이즈는 오래 전부터 전기기기는 물론 통신분야에서 문제가 되어 왔고, 그 대책에 대한 연구도 끊임없이 진전되어 왔다. 그러나 최근에는 전기부품의 고신뢰성화와 고집적화 및 이것을 사용한 전기제어장치의 신뢰성 향상에 따라 노이즈에 의한 트러블이 다시 대두되고 있다.

PLC를 오동작하게 하거나, 때로는 파괴하는 노이즈는 PLC의 내부와 외부에서도 존재하나 통상 내부에서 발생하는 노이즈는 PLC 회로나 구조설계상의 문제로 취급해야 할 점이 많으므로, 사용자측의 문제라기보다 메이커측의 담당과제이다.

따라서 사용자가 주로 다루고 대책을 강구해야 하는 것은 PLC로 침입해 들어오는 외래 노이즈이며, 통상 외래 노이즈는 그림 7-5와 같은 형태, 경로를 거쳐 PLC에 침입한다. 이것을 크게 분류하면

① 전원선, 입출력 신호선, 전송 케이블, 접지선 등에서 도체를 통하여 침입하는 전도 노이즈
② 전계, 자계, 정전계 등 공중전파에 의해 PLC 본체로 직접 침입하는 복사 노이즈

로 나뉜다.

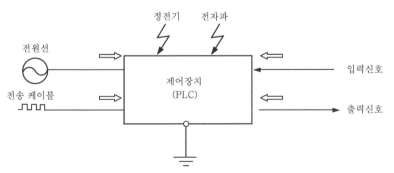

[그림 7-5] PLC로 침입하는 외래 노이즈의 침입경로

또한 노이즈를 발생원리 측면에서 분류하면

① 정전결합 노이즈
② 전자유도 노이즈

③ 공통 임피던스에 의한 결합 노이즈

④ 복사전자 노이즈

로 나뉜다. 특히 PLC에서는 신호를 처리하는 입출력기기에 대한 노이즈 문제도 신중히 처리해야 하는데, 대표적인 노이즈 발생기기로는 사이리스터기기, 전자개폐의 코일이나 접점 등이 있다.

　PLC는 실내에서 주로 사용되는 퍼스널 컴퓨터와는 달리, 직접 기계와 접속하여 사이리스터나 전자개폐기 등으로 파워가 큰 모터를 제어하는 등, PLC의 설치장소는 노이즈 침입이나 유도전압에 대한 배려에서부터 동작전압을 24V로 하거나 포토커플러로 절연하는 등 우선 대책이 취해지고 있지만, PLC 내부의 회로는 마이크로 프로세서를 중심으로 5V라는 낮은 전압, 더욱이 2~3MHz 이상의 고주파수로 동작하고 있어서 노이즈에 대해서는 특히 조건이 열악하다.

　일단 오입력이나 오출력으로 오동작을 일으키면 어떤 상황으로 되는가는 충분히 추측할 수 있다. PLC에 의한 제어시스템을 안전하고 신뢰성 높고 안정적으로 가동시키기 위해, PLC 메이커측에서도 오동작의 검출이나 안전대책은 마련되고 있지만 사용자측에서도 노이즈 대책이나 유도전압에 대한 배려나 대책이 필요하다.

　PLC 이용자나 설계측에서의 대책항목을 열거해 보면 다음과 같다.

① 접지

② 전원부에서의 대책

③ 배선상의 대책

④ 입출력부의 선정과 배열에 의한 대책

⑤ 입력기기로 침입하는 노이즈 대책

⑥ 출력기기로 침입하는 노이즈 대책

　이 중에서 접지에 대해서는 앞서 설명한 바와 같이 올바른 접지를 함으로써 대책을 세우는 방편이므로, 접지를 제외한 각 항목에 대한 대책에 대해 알아본다.

❶ 전원부의 대책

　전원은 시스템의 근간이며, 전원부가 노이즈로 불안정하게 되는 일은 허용되지 않는다. 따라서 PLC 메이커측에서는 종래의 릴레이 제어회로와 동일한 정도의 노이즈 내량이 있게끔 회로 설계나 구조상의 대책을 세우고 있다고 생각되는데, 사용자측에서도 가능한 범위 내의 노이즈 대책은 적극적으로 세워 두어야 할 것이다.

1) 노이즈 대책

전원부에 세우는 노이즈 대책으로는 그림 7-6의 (a)와 같이 필터를 설치하는데, PLC에 유해한 노이즈를 저지하는 주파수 영역의 필터를 선정하는 일은 대단히 어렵다. 이것은 노이즈의 주파수 성분이나 파워의 크기가 가지각색이기 때문이다.

가장 무난하고 효과적인 것은 그림 (b)처럼 실드 트랜스를 이용하는 방법이다. 실드 트랜스를 구입할 수 없을 때에는 일반적인 절연 트랜스를 이용해도 충분히 그 효과를 기대할 수 있다. 특히, 노이즈가 많은 경우에는 그림 7-6의 (a), (b)를 병용하여 그림 (c)와 같이 하면 보다 효과적이다.

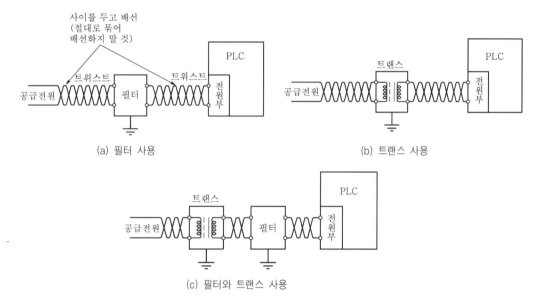

[그림 7-6] 전원부의 노이즈 대책

2) 전원부의 배선

전원부의 배선에서는 가능한 한 골고루 트위스트함과 동시에, 1차측과 2차측(PLC측)의 배선을 접근시키거나 절대로 묶어서 배선하지 않는다. 1차측과 2차측을 묶어 배선하면 노이즈 억제효과가 거의 없어진다.

또 공급전원은 주전원회로나 입출력기기용, 동력전원의 회로와는 분리하고 사용 트랜스는 용량[VA]적으로도 여유를 두는 것이 좋으며, 레귤레이션이 좋은 것을 사용한다.

② 배선상의 대책

1) 제어반 외 배선

입출력 신호를 제어반 내에 끌어들일 때의 노이즈 대책으로는 다음과 같은 것이 있다.

① 입출력 신호선과 동력선은 가능한 한 떨어뜨려 배선하고, 가능하면 별도의 배선 덕트나 배관 내를 통하여 그것들을 접지한다.(그림 7-7(a), (b))

② 입력신호선과 출력신호선은 별도의 케이블을 사용하는 것이 바람직하다. 특히, 장거리 배선인 경우 따로따로 계획을 세운다.

③ AC 입출력 신호선과 DC 입출력 신호선은 별개의 케이블을 사용한다.

④ IC나 트랜지스터 입출력기기와의 접속은 실드가 부착된 케이블을 이용한다.(그림 7-7(c))

반외배선의 노이즈 대책은 배선공사비 부담이 커지기 쉽고, 특히 덕트 배선을 하는 경우에는 발주자측의 사전조사와 협의가 필요하다.

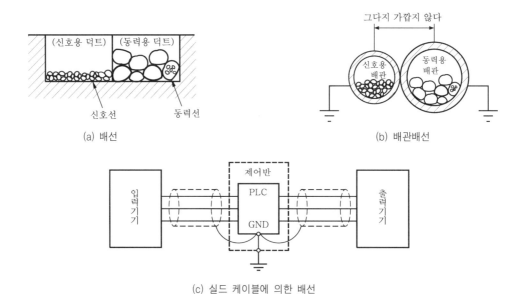

(a) 배선

(b) 배관배선

(c) 실드 케이블에 의한 배선

[그림 7-7] 제어반 외 배선의 노이즈 대책

2) 제어반 내 배선

제어반 내에서는 다음과 같은 대책을 세우는 것이 좋다. 먼저 '전원선' 관계로서는

① 전원선은 가능한 한 굵은 선을 쓰고 트위스트한다.

② 트랜스의 2차측은 트위스트로 하고 PLC와는 최단거리 배선이 되도록 한다.

③ 트랜스의 1차측과 2차측은 가능한 한 떨어뜨리고, 절대 양자를 한 묶음으로 묶어 배선하지 않는다.

④ 접지는 가능한 한 굵은 선을 쓰고, 제어반의 접지선까지의 거리는 되도록 짧게 한다.

다음은 신호선의 취급에 대한 것이다.

① AC 입출력 신호선과 DC 입출력 신호선은 별도의 덕트나 통로를 통하여 배선한다.

② 입출력 신호선은 주회로나 동력선 회로와는 별도의 덕트를 설치하고, 가능한 한(20cm 이상이 바람직하다) 떨어뜨려 배선한다. 특히, IC나 트랜지스터 입출력기기와 접속되어 있는 신호선을 조심하도록 한다.

③ 입력신호선과 출력신호선도 가능하면 따로따로 덕트를 통해 배선하는 것이 좋다.

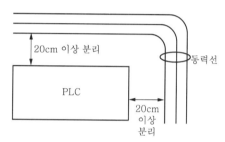

[그림 7-8] PLC와 동력선과의 거리

기타 제어반 내 배선시 주의사항으로는

① 대전류, 고전압인 주회로와는 충분히 분리하여 실장 및 배선한다.

② 전자개폐기, 전자접촉기, 파워 릴레이 등의 아크 발생원과 거리를 둔다.

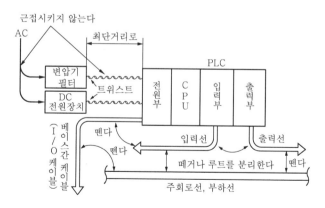

[그림 7-9] 제어반 내 배선의 주의사항

③ 전원선은 트위스트하고 다른 신호선과는 분리하며 신호선과 동일 덕트를 통하거나 한데 묶는 것은 엄금한다.

④ SSR 출력과 같은 교류신호선과 직류신호선은 혼재시키지 않는다.

⑤ 입력신호선과 출력신호선도 분리하는 것이 이상적이다.

③ 입출력부 선정과 배열에 의한 대책

1) 입출력 모듈의 선정

입출력 모듈을 노이즈면에서 보면 다음과 같이 생각할 수 있다.

① 접점 출력보다 무접점 출력(트랜지스터, 트라이액 등)이 PLC쪽에서 받는 노이즈의 영향이 적다.

② 입출력 신호와 내부회로가 비절연인 것보다 절연한 것이 노이즈 내력이 높다.

③ 입력 모듈에서는 ON 전압과 OFF 전압의 차가 큰 것일수록 노이즈에 강하다. 또 입력 응답시간이 긴 것일수록 노이즈에 강하다.

따라서 이런 점을 고려하여 입출력 모듈을 선정한다면 다음과 같이 된다.

① 노이즈가 많은 환경에서는 절연형 모듈을 사용한다.

② 제어대상에 부착하는 입출력기기의 입출력 모듈은 절연형을 사용한다.

③ 외부 노이즈가 혼입하지 않는 제어반이나 조작반 내의 입출력기기의 유닛은 비절연형이라도 좋다.

④ 코일 부하의 구동에는 접점 출력보다 트랜지스터, 트라이액 등의 무접점 출력이 좋다.

2) 입출력 모듈의 배열

사용하는 입출력 모듈의 배열은 노이즈 대책을 고려하여 배정한다. 그림 7-10에 그 일례를 나타냈다. 기본적인 방안은 CPU 모듈을 될 수 있는 대로 노이즈의 발생원으로부터 멀리하는 것이다.

전원 모듈	CPU 모듈	특수 입출력 모듈	DC 입력 모듈	트랜지스터 출력 모듈	트라이액 출력 모듈	AC 입력 모듈	접점 출력 모듈

[그림 7-10] 입출력 모듈의 배열

④ 입력기기로부터 침입하는 노이즈 대책

입력기기측에서 침입하는 노이즈에는 입력선간 노이즈(노말모드 노이즈라고 부른다)와, 내부 회로의 콘먼라인 전위를 상승시키는 입력신호선과 대지(對地)간 노이즈(콤먼모드 노이즈라고 한다), 주회로나 동력선에 흐르는 대전류에 의하여 발생하는 유도전압, 입력기기 그 자체가 발생시키는 노이즈나 서지 등이 있다.

노말모드 노이즈는 PLC 입력부의 필터 등으로 감쇠시킬 수 있고, 콤먼모드 노이즈는 접지에 의한 대책이 있다.

1) 유도전압대책

유도전압은 입력선간의 표유용량(콘덴서)이나 대전류가 흐르는 동력선과 입력신호선간에 존재하는 표유용량, 전류에 의한 전기적인 결합에 의하여 발생한다. 그 대책으로는 다음과 같은 것이 필요하다.

① 입력기기가 DC 전원을 사용할 수 있다면 입력전원을 AC에서 DC로 변경한다.
② 입력단자와 콘먼 단자간에 더미(Dummy) 저항이나 스파크 킬러를 삽입하고, 입력 임피던스를 낮추어 여기에 발생하는 전압을 낮춘다.
③ 유도전압대책의 핵심은 입력기기로부터 입력부까지의 신호배선거리를 가능한 한 짧게 하고, 대전류선을 가까이 하지 않는 것이다. 장거리 배선이 불가능하거나 유도전압이 클 때에는 실드 케이블을 채용한다. 또는 릴레이로 중계하는 것도 효과적이다.

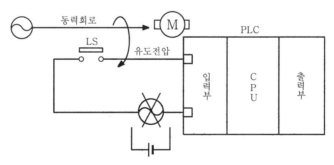

(a) 입력전원의 직류화

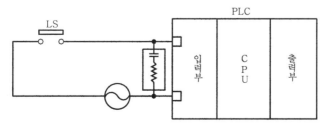

(b) 입력 임피던스의 저하

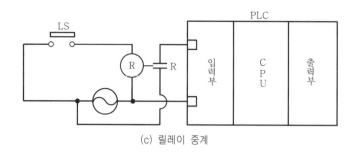

(c) 릴레이 중계

[그림 7-11] 입력부에 침입하는 유도전압대책

2) 입력기기로부터 침입하는 노이즈 대책

그림 7-12처럼 리밋 스위치로 부하를 ON-OFF함과 동시에, 부하의 동작지령을 확인하기 위해 그 신호를 PLC에 입력하는 경우가 있다(일반적으로는 LS 신호를 PLC에 입력하여, 이 입력신호에 따라 출력부에서 부하를 ON-OFF하는 경우가 많다. 그러나 출력점수 부족이나 출력회로의 형식에 따라 부하를 직접 구동할 수 없는 때에는 이 방법도 편리하다). 이때 이 부하가 유도부하인 경우에는 커다란 노이즈나 서지 전압을 발생시킨다.

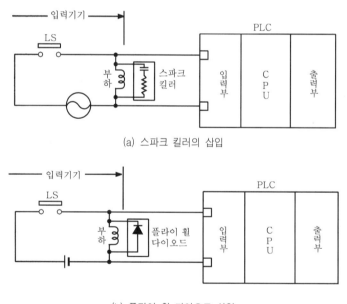

(a) 스파크 킬러의 삽입

(b) 플라이 휠 다이오드 삽입

[그림 7-12] 입력기기로부터의 노이즈 대책

그 대책은, 입력전원이 AC인 경우에는 CR식 스파크 킬러를, DC인 경우에는 다이오드(플라이 휠 다이오드라고 한다)를 삽입한다. 이때 스파크 킬러나 플라이 휠 다이오드는 부하에 직접 삽입하는 것이 원칙이다.

⑤ 출력기기로부터 침입하는 노이즈 대책

PLC 출력부와 접속하는 대부분의 출력기기는 주로 전자접촉기나 전자 밸브 등의 솔레노이드 코일과 같은 유도부하이며, 대소의 차는 있어도 돌입전류(OFF→ON)나 역기전류(ON→OFF)에 의한 노이즈를 발생시키고, 접점에서도 아크에 의한 노이즈를 발생시킨다.

PLC는 출력부가 스파크 킬러 등의 대책을 세우고 있지 않을 때는 물론이거니와 대책을 세우고 있다 해도 사용법에 따라 사용자측에서도 대책을 세울 필요가 있다. 큰 유도부하의 ON⇔OFF에 의한 노이즈는 PLC 자체는 물론 여타의 전자기기나 회로에도 영향을 미치기 때문이다.

노이즈 대책의 대원칙은 앞에서도 서술했듯이, 발생원에서 억제하는 것이다. 따라서 그림 7-13의 (a), (b)처럼 부하에 직접 CR식 서지(스파크) 킬러나 플라이 휠 다이오드를 접속한다.

접점의 아크 노이즈에 대해서는 그림 (c)와 같이 접점간에 CR식 스파크 킬러를 삽입하는데, 이 경우 누설전류에 주의하지 않으면 안 된다. 그림 (d)처럼 출력을 릴레이로 중계하는 것도 효과가 크다.

또한 그림 (c)와 같이 외부의 리밋 스위치나 릴레이, 전자개폐기 등의 접점에서 부하를 ON⇔OFF하지 않으면 안 될 때, 예컨대 비상정지시 안전조치의 하나로서 PLC에서도 OFF함과 동시에 외부에 설치된 접점에서도 OFF하는 경우, 접점이 열린(OFF) 때엔 출력회로의 접점이나 트라이액, 트랜지스터에 삽입되어 있는 CR식 스파크 킬러 등이 부하에 의해 파괴되어 버리기 때문에 유도부하(코일)에 쌓여 있는 에너지를 방출할 수 없게 된다. 이러한 경우에는 출력회로에 CR 등의 보호소자가 내장되어 있는지의 여부를 불문하고 반드시 부하측에 CR식 스파크 킬러나 플라이 휠 다이오드를 삽입, 에너지를 방출해야 한다.

마지막으로, 제어반 내에 조명용 형광등을 설치하는 경우가 있는데, 형광등은 커다란 노이즈 원이 되기 때문에 반드시 노이즈 방지 부착을 채용하는 것이 바람직하다.

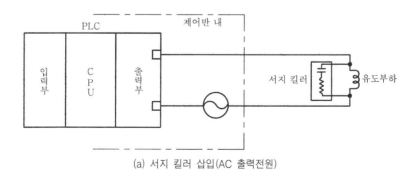

(a) 서지 킬러 삽입(AC 출력전원)

[그림 7-13] 출력기기에서 침입하는 노이즈 대책(계속)

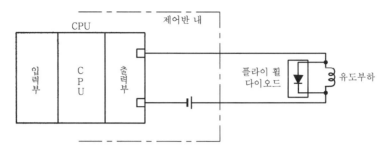

(b) 플라이 휠 다이오드 삽입(DC 출력전원)

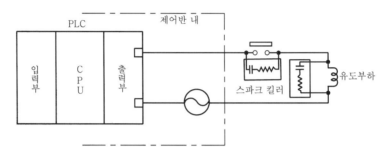

(c) 접점에 스파크 킬러 삽입

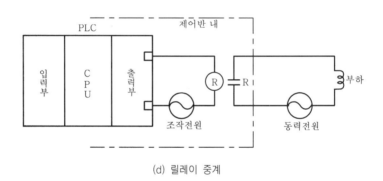

(d) 릴레이 중계

[그림 7-13] 출력기기에서 침입하는 노이즈 대책

7.5 보수

PLC는 출력 모듈의 증폭용 릴레이, RAM 메모리의 백업용 배터리 등을 교환하는 것 이외에는 보전예방차원에서 교환처리를 하지 않는 것이 일반적이다.

① 관련자료의 관리

일단 가동상태로 들어간 PLC는 제어에 관련된 모든 문서, 자료를 정리, 보관하여 언제나 찾아볼 수 있도록 하여야 한다.

예를 들면 운전도중 프로그램 내용을 변경시킬 경우가 있을 때, PLC 내의 프로그램을 변경시킴과 동시에 프로그램 작성에 기준이 되는 시퀀스 차트, 래더 다이어그램, 입출력 할당표 등도 반드시 변경해 두어야 한다. 또한 각 PLC 매뉴얼을 근거로 보수점검순서를 정리해 놓으면 편리하게 이용할 수 있다.

② 모니터 기기의 준비

PLC에는 각 입출력 상태의 표시나 CPU 등의 모듈 이상 표시가 갖추어져 있으므로 쉽게 이상상태 여부를 알 수 있다. 이 외에도 상세한 고장진단을 위한 프로그램 내용이라든가, 입출력 데이터 메모리 내용을 점검할 수 있는 기능을 갖춘 기기를 준비해 두는 것도 좋다.

③ 예비품의 확보

PLC는 기종에 따른 호환성이 거의 없기 때문에 최소한의 예비부품을 준비해 두는 것이 좋다. 특히 고장시 치명적인 트러블을 일으킬 수 있는 제어에는 반드시 예비품의 확보가 요구된다.

④ 점검

PLC는 각종 IC와 LSI에 의해 구성 무접점화되어 있지만 일부 릴레이 점검회로와 기구적 부분에 대해서는 점검할 필요가 있다. 따라서 정기적인 점검이나 교환을 실시하는 경우에는 서식을 만들어 점검일자, 점검내용, 교환일자 등을 기록하여 놓으면 후에 점검할 때 유용하게 이용할 수 있다.

① **릴레이 출력 모듈의 교환** : 출력 모듈이 릴레이 접점인 경우에는 정기적으로 릴레이를 교환할 필요가 있다. 교환시기는 릴레이의 개폐횟수, 구동부하 용량 등에 따라 다를 수 있으므로, 개폐횟수가 많은 것부터 교환하는 것이 좋다.

② **배터리 교환** : 프로그램 메모리에 RAM을 사용한 경우 백업용 배터리가 내장되어 있다. 이 때에는 메이커가 지정한 유효기간 내에 전원을 투입한 상태에서 배터리를 교환해야 한다.

③ **나사부** : 제어선 등이 접속되어 있는 단자대의 나사 등이 확실하게 고정되어 있는지를 확인한다.

④ **모듈의 취급** : 각종 모듈의 커넥터부는 손으로 만지지 않는 것이 좋다. 부득이 손을 댄 경우에는 알콜로 닦아낸다. 또 프로그래머 등의 접속 케이블 및 커넥터는 탈착빈도가 높으므로 조심하여 다루어야 한다.

실습편

(1) PLC 실습을 위한 관계지식

PLC는 컴퓨터와 달리 사용언어의 종류나 체계, 통신 네트워크 등이 PLC 모델(기종)에 따라 서로 다르기 때문에 사용자측에서는 불편하고 사용에 어려움을 겪고 있다.

국내 산업현장만 살펴보더라도 10여 개 이상의 PLC 제조 메이커가 생산 보급한 PLC 모델만도 수십 종류에 이르기 때문에 교육과정을 통해 특정의 PLC에 대해 일정수준 이상의 지식을 습득했더라도 어려움을 겪을 수밖에 없는 것이며, PLC 관련서적 또한 여러 기종에 대해 서술하기에도 어려움이 있어 특정 모델에 관한 내용 위주로 편집되어 있는 것이다.

따라서 여기서는 국내 산업현장에 많이 보급되어 있는 Master-K 기종과 GLOFA-GM 기종을 중점적으로 비교 설명하고 Goldsec-M 기종도 적용 및 실습이 가능하도록 구성하였다.

(2) Master-K PLC의 특징과 기초지식

■ 특징

1) K200/300/1000S CPU의 특징은 아래 사항과 같다.
   ① 손쉬운 프로그래밍 장치 지원(KGL-WIN, KLD-150S)
   ② 국제규격의 통신 프로토콜 채택에 의한 오픈 네트워크 지향
   ③ 연산전용 프로세서를 내장하여 고속처리 실현
   ④ PLC 응용범위 확대를 위한 다양한 특수 모듈 완비
   ⑤ RUN 중 프로그램 수정 기능

2) K200/300/1000S CPU는 아래와 같은 특징을 가진 CPU 모듈이다.
   ① 연산처리시간의 고속화 : 연산전용 마이크로 프로세서를 내장하여 $0.2\mu s$/Step의 고속 처리를 실현하였다.(K200S 시리즈는 $0.5\mu s$/Step)
   ② 자기진단기능의 강화 : 자기진단상의 에러코드를 내용별로 더욱 세분화하여 에러의 원인을 쉽게 알 수 있도록 하였다.
   ③ 디버그 운전 기능 : PLC 운전모드 중 디버그 운전모드로 설정하여 온라인 상태에서 프로그램을 디버깅할 수 있다. 디버깅 기능은 다음과 같다.

   • 한 명령씩 실행
   • 브레이크 포인트 지정에 따라 실행
   • 디바이스 상태에 따라 실행

• 지정 스캔횟수에 따라 실행

[표 8-1] MK-200S CPU의 성능사양

항 목		규 격		비 고
		K200S/300S	K1000S	
연산방식		반복연산, 정주기 연산, 인터럽트 연산		
입출력 제어방식		스캔동기 일괄처리방식(리프레시 방식), 명령어에 의한 다이렉트 방식		
프로그램 언어		래더 다이어그램(Ladder Diagram) 명령 리스트(Instruction List)		
명령어 수	기본명령	30종		
	응용명령	218종		
연산처리속도		기본명령 : 0.2μs/Step(200S : 0.5μs)		
프로그램 메모리 용량		7K Step/15K Step	30K Steps	
입출력 점수		512점	1,024점	
데이터 영역	P	P000~P31F	P000~P63F	입출력 릴레이
	M	M000~M191F		내부 릴레이
	K	K000~K31F		킵 릴레이
	L	L000~L63F		링크 릴레이
	F	F000~F63F		특수 릴레이
	T	100ms : T000~T191(192점) 10ms : T192~T255(64점)		타이머
	C	C000~C255		카운터
	S	S00.00~S99.99		스텝 릴레이
	D	D0000~D4999	D0000~D9999	데이터 레지스터
운전모드		RUN, STOP, PAUSE, DEBUG		
자기진단기능		연산지연감시, 메모리 이상, 입출력 이상, 배터리 이상, 전원 이상 등		
정전시 데이터 보존방법		기존 패러미터에서 래치 영역 설정		
최대증설단수		3단(K200S : 없음)		
내부소비전류		130/170mA(A,C), 210mA(B타입)	130mA	
중 량		0.11kg/0.25kg	0.42kg	

④ 다양한 프로그램 수행기능 : 스캔 프로그램 외에도 수행조건 설정에 따라 정주기 인터 럽트, 외부 인터럽트 및 내부접점 인터럽트 프로그램을 수행할 수 있어서 사용자가 프 로그램 수행방법을 다양하게 설정할 수 있도록 하였다.

■ CPU의 성능규격

K200S/300S/1000S CPU 모듈의 성능규격은 표 8-1과 같다.

■ 메모리 구성

CPU 모듈에는 사용자가 사용할 수 있는 두 가지 종류의 메모리가 내장되어 있다. 그중 하나는 사용자가 시스템을 구축하기 위해 작성한 사용자 프로그램을 저장하는 프로그램 메모리이고, 다른 하나는 디바이스를 저장하는 데이터 메모리이다.

Bit 데이터 영역	Word 데이터 영역	사용자 프로그램 영역

	Bit 데이터 영역		Word 데이터 영역		사용자 프로그램 영역
P000 / P512	입출력 릴레이 "P"	D000 / D4500	데이터 레지스터 "D" / 특수 데이터 레지스터		패러미터 설정영역
M000 / M189	내부 릴레이 (3,072점) "M"				User 프로그램 영역 MK200S : 7K steps MK300S : 15K steps MK1000S: 30K steps
M190 / M191	특수내부 릴레이 (512점) "M"	T000 / T255	타이머 설정치 (256words)		
K00 / K31	킵 릴레이 (1,024점) "K"	T000 / T255	타이머 현재치 (256words)		
F00 / F63	특수 릴레이 (1,024점) "F"	C000 / C255	카운터 설정치 (256words)		
L00 / L63	링크 릴레이 (1,024점) "L"	C000 / C255	카운터 현재치 (256words)		
T000 / T191	타이머(100ms) "T"	S00 / S99	스텝 릴레이 (100×100steps) S00.00~S99.99 "S"		
T192 / T255	타이머(10ms) "T"				
C000 / C255	카운터 "C"				

■ 입출력 번호 할당방법

입출력 번호의 할당이란 연산수행시 입력 모듈로부터 데이터를 읽어들인 후 출력 모듈에 데이터를 출력하기 위해 각각의 모듈에 번지를 부여하는 것이다.

입출력 번호의 할당은 기본 베이스로부터 접속되는 증설 베이스의 순서에 따라 베이스 번호가 할당되고 각 베이스의 좌측부터 슬롯번호가 할당된다.

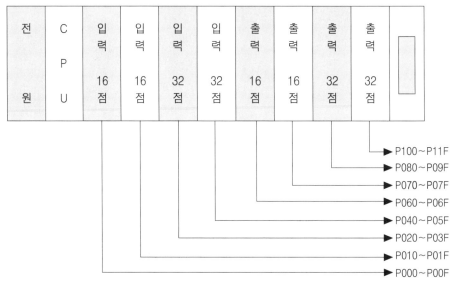

[그림 8-1] 입출력 할당 예

① 4, 6슬롯 베이스의 입출력 번호도 8슬롯 베이스와 같이 동일하게 적용된다.
② 특수 모듈의 사용시에도 모듈 장착위치, 모듈 사용개수 등의 제약은 없다.
③ 특수 모듈은 입출력 모듈처럼 장착위치에 따라 고정된 입출력 점수가 할당된다.
④ 통신 모듈은 기본 베이스에만 장착 가능하다.

■ Master-K 시리즈의 명령어 일람표

Master-K PLC에 사용되는 명령어 수는 기본명령 30종, 응용명령 218종이 있으며, 여기서는 자주 사용되는 명령만을 정리하였으므로, 기타 명령이나 자세한 내용은 카탈로그를 참조하기 바란다.

[표 8-2] 명령어 일람표

구분	명 칭	Function NO.	심 별	기 능
기 본 명 령	LOAD	–	┤├	a접점 연산개시
	LOAD NOT	–	┤╱├	b접점 연산개시
	AND	–	┤├	a접점 직렬접속
	AND NOT	–	┤╱├	b접점 직렬접속
	OR	–	┤├	a접점 병렬접속
	OR NOT	–	┤╱├	b접점 병렬접속
	OUT	–	─( )─	연산결과 출력
	NOT	–	──✳──	NOT 명령 전까지의 연산결과 반전
	SET S	–	─[SET Sxx.xx]─	순차제어(스텝 컨트롤러)
	OUT S	–	─(Sxx.xx)─	후입우선(스텝 컨트롤러)
	AND LOAD	–	┤├ A ┤├ B	A, B Block 직렬접속
	OR LOAD	–	┤├ A / ┤├ B	A, B Block 병렬접속
	MCS	010	─[MCS n]─	Master Control Set(n : 0~7)
	MCS CLR	011	─[MCSCLR n]─	Master Control Clear
	D	017	─[D ⒟]─	입력조건 상승시 1scan pulse 출력
	D NOT	018	─[D NOT ⒟]─	입력조건 하강시 1scan pulse 출력
	SET		─[SET ⒟]─	접점출력을 On으로 Set
	RST		─[RST ⒟]─	접점출력을 Off로 Reset

[표 8-2] 명령어 일람표(계속)

구분	명칭	Function NO.	심 벌	기 능
기 본 명 령	END	001	─[END]─	Program 종료
	NOP	000	래더 표현 없음	무처리 명령 (No Operation)
	MPUSH	005	MPUSH ─┤├─( )─	현재까지의 연산결과 Push
	MLOAD	006	MLOAD ─┤├─( )─	분기점에서 이전 연산결과 Read
	MPOP	007	MPOP ─┤├─( )─	분기점에서 이전 연산결과 Pop
	TON	–	┤├[TON □□□□ □□□□]├ 타이머 설정치 / 타이머 접점 번호	입력 / 출력 On Delay 타이머 t=설정시간 (가산)
	TOFF	–	┤├[TOFF □□□□ □□□□]├ 타이머 설정치 / 타이머 접점 번호	입력 / 출력 Off Delay 타이머 t=설정시간 (감산)
	TMR	–	┤├[TMR □□□□ □□□□]├ 타이머 설정치 / 타이머 접점 번호	입력 / 출력 적산 타이머 t=설정시간 (가산) (t1+t2)
	TMON	–	┤├[TMON □□□□ □□□□]├ 타이머 설정치 / 타이머 접점 번호	입력 / 출력 Monostable 타이머 t=설정시간 (감산)
	TRTG	–	┤├[TRTG □□□□ □□□□]├ 타이머 설정치 / 타이머 접점 번호	입력 / 출력 Retriggerable t=설정시간 (감산)

[표 8-2] 명령어 일람표(계속)

구분	명 칭	Function NO.	심 벌	기 능
기 본 명 령	CTU	–		
	CTD	–		
	CTUD	–		
	CTR	–		
비 교 명 령	CMP	050	CMP S₁ S₂	S1과 S2 비교 (실행결과에 대해서는 매뉴얼 참조)
	CMPP	051	CMPP S₁ S₂	
	DCMP	052	DCMP S₁ S₂	
	DCMPP	053	DCMPP S₁ S₂	
	TCMP	054	TCMP S₁ S₂	Table Compare
	TCMPP	055	TCMPP S₁ S₂	
	DTCMP	056	DTCMP S₁ S₂	
	DRCMPP	057	DTCMPP S₁ S₂	

[표 8-2] 명령어 일람표(계속)

구분	명칭	Function NO.	심 벌	기 능
전송명령	MOV	080	─[MOV S Ⓓ]─	Move
	MOVP	081	─[MOV S Ⓓ]─	
	DMOV	082	─[MOV S Ⓓ]─	
	DMOVP	083	─[MOV S Ⓓ]─	
	CMOV	084	─[CMOV S Ⓓ]─	Complement Move
	CMOVP	085	─[BCMOVP S Ⓓ]─	
	DCMOV	086	─[DCMOV S Ⓓ]─	
	DCMOVP	087	─[DCMOVP S Ⓓ]─	
	GMOV	090	─[GMOV S Ⓓ]─	Group Move
	GMOVP	091	─[GMOVP S Ⓓ]─	
	BMOV	100	─[BMOV S Ⓓ]─	Bit Move
	BMOVP	101	─[BMOVP S Ⓓ]─	
이동명령	BSFT	074	─[BSFT S Ⓓ]─	Bit Shift
	BSFTP	075	─[BSFTP S Ⓓ]─	
	WSFT	070	─[WSFT S Ⓓ]─	Word Shift
	WSFTP	071	─[WSFTP S Ⓓ]─	
분기명령	JMP	012	─[JMP n]─	Jump
	JME	013	─[JME n]─	Jump End
	CALL	014	─[CALL n]─	Subroutine Call
	CALLP	105	─[CALLP n]─	
	SBRT	106	─[SBRT n]─	Subroutine
	RET	004	─[RET]─	Return
	FOR	206	─[FOR n]─	For
	NEXT	207	─[NEXT]─	Next
	BREAK	220	─[BREAK]─	For~Next Loop를 빠져나옴

(3) GLOFA-GM PLC의 특징과 기초지식

■ 특징

그동안 PLC 고객은 메이커마다 사용언어와 통신 네트워크가 서로 달라 많은 불편함을 겪어 왔다. 이러한 불편을 해소하고, PLC 고객에게 편리를 도모하고자 IEC(International Electrotechnical Commission : 국제 전기 표준 회의)에서 PLC 국제 표준화 규격이 제정되었다.

국제 표준화 규격(IEC1131)은 크게 5Parts로 구성되어 있는데

- Part 1은 PLC의 기본기능 및 용어정의
- Part 2는 설비의 요구기능 및 시험조건
- Part 3은 프로그램 언어
- Part 4는 사용자 지침
- Part 5는 통신 네트워크

이다. GLOFA PLC는 이 IEC 규격에 의해 개발되었으며, 주요 특징은 다음과 같다.

1) 국제 표준화 규격 채택

IEC 언어에서 새로 도입한 가장 중요한 특징은 다음과 같다.
- 다양한 데이터 타입(Type)을 지원한다.
- 펑션, 펑션블록, 프로그램과 같은 프로그램 구성요소가 도입되어 상향식 또는 하향식 설계가 가능하며, 프로그램을 구조적으로 작성할 수 있다.
- 사용자가 작성한 프로그램을 라이브러리화하여 다른 프로젝트에서도 소프트웨어를 재사용할 수 있다.
- 다양한 언어를 지원하므로 사용자는 최적의 언어를 선택하여 사용할 수 있다.

① 도형식(Graphic) 언어
- LD(Ladder Diagram) : 릴레이 로직 표현방식의 언어
- FBD(Function Block Diagram): 블록화한 기능을 서로 연결하여 프로그램을 표현하는 언어

② 문자식(Text) 언어
- IL(Instruction List): 어셈블리 언어 형태의 언어
- ST(Structured Text): 파스칼 형식의 고수준 언어

③ SFC(Sequential Function Chart)

2) 국제규격의 통신 프로토콜

- Open 네트워크를 지향하여 이기종, 밀티 밴더간의 통신이 가능하나.
- 상위 네트워크로 Mini-MAP(5Mbps), Ethernet을 채용
- 하위 네트워크로 Fieldbus(1Mbps), Device net을 채용

3) 윈도우 환경의 프로그래밍 도구(GMWIN) 지원

- GMWIN(Programming & Debugging Tool)의 윈도우 환경 채용으로 프로그램 작성, 수정시 윈도우의 장점을 모두 이용할 수 있다.
- MDI(Multiple Document Interface) 지원 : 하나의 화면에 각기 다른 언어를 사용하여 동시에 프로그램 작성 및 수정, 모니터링이 가능하다.

4) 프로그램 작성 용이

- 프로그램의 구조화, 모듈화에 의해 프로그램 작성이 매우 편리하다.
- 입출력 식별자명을 실제 접속되는 기기명(한글/한자 또는 영문)만으로 프로그래밍이 가능하다.

■ CPU의 성능규격

GM3/4 CPU의 성능규격은 표 8-3과 같다.

■ 변수의 종류와 표현형식

변수란 프로그램 안에서 사용하는 데이터로서 값을 가지고 있다. 이는 PLC의 입력이나 출력, 내부 메모리 등과 같이 변할 수 있는 대상을 가리킨다.

- 변수의 표현에는 2가지가 있는데 하나는 식별자에 의해 변수에 이름을 부여하는 것(식별자에 의한 변수)이고, 다른 하나는 데이터 요소에 PLC 입출력 또는 기억장소에 대한 물리적 또는 논리적인 장소를 직접적으로 표현하는 것(직접 변수)이다.
- 식별자에 의한 변수는 다른 변수들과 구별하기 위하여 그 이름이 변수의 유효영역(변수가 선언된 프로그램 구성요소 영역) 안에서 유일해야 한다.
- 직접변수의 표현은 퍼센트 문자(%)를 시작으로 위치를 나타내는 접두어와 데이터의 크기를 나타내는 접두어 그리고 마침표로 분리되는 하나 이상의 부호 없는 정수순으로 표현할 수 있다.

[표 8-3] GLOFA-GM3/4 CPU의 성능규격

항 목		규 격		비 고
		GM3	GM4	
연산방식		반복연산, 정주기 연산, 인터럽트 연산		
입출력 제어방식		스캔동기 일괄처리 방식(리프레시 방식)		
프로그램 언어		● 래더 다이어그램(Ladder Diagram) ● 명령 리스트(Instruction List) ● 시퀀셜 기능 차트(Sequential Function Chart)		
명령어 수	연산자	21		
	기본 펑션	194		
	기본 펑션블록	11		
	전용 펑션블록	82	62	
연산처리속도		0.2μs/Step		
프로그램 메모리 용량		256Kbyte	128Kbyte	
입출력 점수		2,048점	1,024점	
데이터 메모리	직접 변수영역	4~32Kbyte	2~16Kbyte	
	심벌릭 변수영역	116Kbyte-직접 변수영역	52Kbyte-직접 변수영역	
타이머		● 점수 제한없음 ● 시간범위 : 0.001초~4,294,967.295초(1,193시간)		1점당 심벌릭 변수영역의 20바이트 점유
카운터		● 점수 제한없음 ● 계수범위 : -32,768~+32,768		1점당 심벌릭 변수영역의 8바이트 점유
프로그램 종류	프로그램 블록수	180개		
	초기화 프로그램	2개(_INT, _H_INT)		
	태스크 프로그램 - 정주기 태스크	32개	8개	
	태스크 프로그램 - 외부접점 태스크	16개		
	태스크 프로그램 - 내부접점 태스크	16개		
운전 모드		RUN, STOP, PAUSE, DEBUG		
리스타트 모드		콜드, 웜, 핫 리스타트		
자기진단기능		연산 지연감시, 메모리 이상, 입출력 이상, 배터리 이상, 전원 이상 등		
정전시 데이터 보존방법		데이터의 정의시 리테인(Retain) 변수로 설정		
최대증설단수		3단		
내부소비전류		130mA		
중 량		0.42kg	0.25kg	

[표 8-4] 위치 접두어

번호	접두어	의 미
1	I	입력위치(Input Location)
2	Q	출력위치(Output Location)
3	M	내부 메모리 위치(Memory Location)

[표 8-5] 크기 접두어

번호	접두어	의 미
1	X	1비트의 크기
2	None	1비트의 크기
3	B	1바이트(8비트)의 크기
4	W	1워드(16비트)의 크기
5	D	1더블워드(32비트)의 크기
6	L	1롱워드(64비트)의 크기

[표 8-6] 표현형식

번호	I, Q	의 미
n1	베이스 번호(0부터 시작)	'크기 접두어'에 따른 n3번째 데이터(0부터 시작)
n2	슬롯 번호(0부터 시작)	n1번째 데이터상의 n2번째 비트(0부터 시작) : 생략 가능
n3	'크기 접두어'에 따른 n3번째 데이터(0부터 시작)	사용하지 않음

▶ **표현순서 : %[위치 접두어] [크기 접두어] n1, n2, n3**

예 %QX3. 1.4 또는 %Q3.1.4 3번 베이스의 1번 슬롯의 4번 출력(1비트)

　　%IW2.4.1　　　　　　　　2번 베이스의 4번 슬롯의 워드 단위로 1번 입력(16비트)

　　%MD48　　　　　　　　　48의 위치에 있는 더블워드 단위의 메모리

　　%MW40.3　　　　　　　　40의 위치에 있는 워드 단위의 메모리 중 3번 비트

　　　　　　　　　　　　　　　(내부 메모리는 베이스, 슬롯 등의 개념이 없음)

■ 입출력 번호 할당방법

1) 입출력 번호의 할당이란 연산수행시 입력 모듈로부터 데이터를 읽어 출력 모듈에 데이터를 출력하기 위해 각각의 모듈에 번지를 부여하는 것이다.

2) 입출력 점수는 각 모듈당 64점 고정으로 할당된다.

3) 모듈의 장착 여부 및 종류에 관계없이 64점 고정으로 할당된다.

4) 입출력 번호를 할당하는 방법은 다음과 같다.

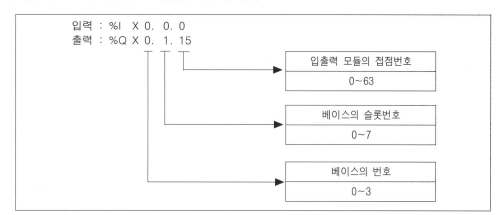

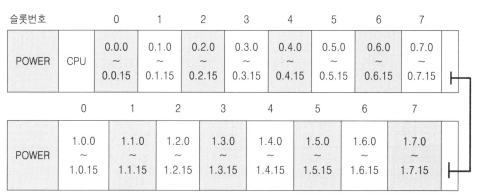

(입출력 번호는 16점 모듈을 장착한 경우의 예입니다)

[그림 8-2] 입출력 할당의 예

■ GLOFA-GM PLC의 명령어 일람표

　GLOFA-GM4 PLC에 사용되는 명령의 종류와 그 수는 연산자 21종, 기본 평션 194종, 기본 평션블록 11종, 전용 평션블록 62종이 있으며, 여기서는 실습을 위해 자주 사용되는 명령만을 정리하였으므로 자세한 내용은 GLOFA-GM PLC의 매뉴얼을 참고한다.

1) 기본 연산자 : 기본 연산자는 표 8-7과 같다.

[표 8-7] 기본 연산자

번호	연산자	변경자	피연산자	의　미
1	LD	N	데이터	피연산자를 현재값(CR)에 넣는다.
2	ST	N	데이터	현재값을 피연산자에 저장한다.
3	S R		BOOL BOOL	현재값이 BOOL 1이면 BOOL 피연산자를 1로 한다. 현재값이 BOOL 1이면 BOOL 피연산자를 0으로 한다.

[표 8-7] 기본 연산자(계속)

번호	연산자	변경자	피연산자	의 미
4	AND	N,(	데이터	로직 AND 연산
5	OR	N,(	데이터	로직 OR 연산
6	XOR	N,(	데이터	로직 XOR 연산
7	ADD	(	데이터	산술 더하기 연산
8	SUB	(	데이터	산술 빼기 연산
9	MUL	(	데이터	산술 곱하기 연산
10	DIV	(	데이터	산술 나누기 연산
11	GT	(	데이터	비교연산 : >(크다)
12	GE	(	데이터	비교연산 : >=(같거나 크다)
13	EQ	(	데이터	비교연산 : =(같다)
14	NE	(	데이터	비교연산 : <>(같지 않다)
15	LE	(	데이터	비교연산 : <=(같거나 작다)
16	LT	(	데이터	비교연산 : <(작다)
17	JMP	C,N	레이블	레이블로 점프
18	CAL	C,N	이름	펑션블록 호출
19	RET	C,N		펑션이나 펑션블록에서 복귀
20	)			'(' 변경자와 같이 사용하여 지연된 연산을 행함

2) 접점 : 접점은 왼쪽에 있는 가로연결선의 상태와 현 접점과 연관된 BOOL 입력, 출력 또는 메모리 변수간의 논리곱(Boolean AND)을 한 값을 오른쪽에 위치한 가로연결선에 전달한다. 접점과 관련된 변수값 자체는 변화시키지 않는다. 표준접점기호는 표 8-8과 같다.

[표 8-8] 접점의 종류

▶ 정적 접점

No.	기호	설 명
1	★★★ —┤ ├—	• 평상시 열린 접점(Normally Open Contact) • BOOL 변수("★★★"로 표시된 것)의 상태가 ON일 때 왼쪽의 연결선 상태는 오른쪽 연결선으로 복사된다. 그렇지 않을 경우 오른쪽의 연결선 상태가 Off이다.
2	★★★ —┤/├—	• 평상시 닫힌 접점(Normally Closed Contact) • BOOL 변수("★★★"로 표시된 것)의 상태가 Off일 때 왼쪽의 연결선 상태는 오른쪽 연결선으로 복사된다. 그렇지 않을 경우 오른쪽의 연결선 상태가 Off이다.

▶ 상태변환 검출접점

No.	기호	설 명
3	★★★ ——| P |——	• 양변환 검출접점(Positive Transition–Sensing Contact) • BOOL 변수("★★★"로 표시된 것)의 값이 전 스캔에서 Off였던 것이 현재 스캔에서 On으로 되고, 왼쪽 연결선 상태가 On되어 있는 경우에 한해 오른쪽 연결선 상태는 현재 스캔 동안 On이 된다.
4	★★★ ——| N |——	• 음변환 검출접점(Negative Transition–Sensing Contact) • BOOL 변수("★★★"로 표시된 것)의 값이 전 스캔에서 On이었던 것이 현재 스캔에서 Off되고 왼쪽 연결선 상태가 On되어 있는 경우에 한해 오른쪽 연결선 상태는 현재 스캔 동안 On이 된다.

3) 코일 : 코일은 왼쪽 연결선 상태 또는 상태변환에 대한 처리결과를 연관된 BOOL 변수에 저장시킨다. 표준 코일 기호는 표 8-9와 같다.

[표 8-9] 코일의 종류

▶ 임시 코일(Momentary Coils)

No.	기호	설 명
1	★★★ ——( )——	• 코일(Coil) • 왼쪽에 있는 연결선 상태를 관련된 BOOL 변수("★★★"로 표시된 것)에 넣는다.
2	★★★ ——(/)——	• 역코일(Negated Coil) • 왼쪽에 있는 연결선 상태의 역(Negated)값을 관련된 BOOL 변수("★★★"로 표시된 것)에 넣는다. 즉, 왼쪽 연결선 상태가 Off이면 관련된 변수를 On시키고, 왼쪽 연결선 상태가 On이면 관련된 변수를 Off시킨다.

▶ 래치 코일(Latched Coils)

No.	기호	설 명
3	★★★ ——(S)——	• Set(Latch) Coil • 왼쪽의 연결선 상태가 On이 되었을 경우 관련된 BOOL 변수("★★★"로 표시된 것)는 On이 되고, Reset 코일에 의해 Off되기 전까지는 On되어 있는 상태로 유지된다.
4	★★★ ——(R)——	• Reset(Unlatch Coil) • 왼쪽의 연결선 상태가 On이 되었을 경우 관련된 BOOL 변수("★★★"로 표시된 것)는 Off가 되고, Set 코일에 의해 On되기 전까지는 Off되어 있는 상태로 유지된다.

▶ 상태변환 검출코일(Transition-Sensing Coils)

No.	기호	설　　　명
5	★★★ ——(P)——	• 양변환 검출고일(Positive Transition-Sensing Coil) • 왼쪽 연결선 상태가 바로 전 스캔에서 Off였던 것이 현재 스캔에서 On이 되어 있는 경우 관련된 BOOL 변수("★★★"로 표시된 것)의 값은 현재 스캔 동안만 On이 된다.
6	★★★ ——(N)——	• 음변환 검출접점(Negative Transition-Sensing Coil) • 왼쪽 연결선 상태가 바로 전 스캔에서 On이었던 것이 현재 스캔에서 Off되어 있는 경우 관련된 BOOL 변수("★★★"로 표시된 것)의 값은 현재 스캔 동안만 On이 된다.

• 코일은 LD의 가장 오른쪽에만 올 수 있다. 즉, 코일의 우측에는 언제나 오른쪽 모선만 있다.

[표 8-10] 펑션 명령어의 종류

구분	명령어	기호	기능 설명	비고
전송명령	MOVE	MOVE EN ENO IN1 OUT	데이터 전송 INI : 전송원(모든 형식) OUT : 전송선(모든 형식)	
변환명령	***_TO_***	_TO_ EN ENO IN1 OUT	데이터 형식 변환 펑션 INI : 전송원 OUT : 전송선 변환 명령 펑션의 종류 SINT_TO_INT 외 14종 INT_TO_SINT 외 14종 DINT_TO_SINT 외 14종 LINT_TO_SINT 외 14종 USINT_TO_SINT 외 14종 UINT_TO_SINT 외 14종 UDINT_TO_SINT 외 14종 ULINT_TO_SINT 외 14종 BYTE_TO_SINT 외 14종 WORD_TO_SINT 외 14종 DWORD_TO_SINT 외 14종 LWORD_TO_SINT 외 14종 BCD_TO_SINT 외 7종 REAL_TO_SINT 외 7종 LREAL_TO_SINT 외 7종 STRING_TO_SINT 외 7종 NUM_TO_STRING TIME_TO_UDINT 외 2종 DATE_TO-UNIT 외 2종 TOD_TO_UDINT 외 2종 DT_TO_DATE 외 2종	LINT ULINT LWORD REAL LREAL 관련 펑션은 GM1과 GM2만 가능

[표 8-10] 펑션 명령어의 종류(계속)

구분	명령어	기호	기능 설명	비고
이동명령	SHL	SHL EN ENO IN OUT N	비트열 왼쪽으로 이동 IN : 전송원(Any_BIT) N : 이동할 비트수(INT) OUT : 전송선(Any_BIT)	
	SHR	SHR EN ENO IN OUT N	비트열 오른쪽으로 이동 IN : 전송원(Any_BIT) N : 이동할 비트수(INT) OUT : 전송선(Any_BIT)	
회전명령	ROL	ROL EN ENO IN OUT N	비트열 왼쪽으로 이동 IN : 전송원(Any_BIT) N : 이동할 비트수(INT) OUT : 전송선(Any_BIT)	
	ROR	ROR EN ENO IN OUT N	비트열 오른쪽으로 이동 IN : 전송원(Any_BIT) N : 이동할 비트수(INT) OUT : 전송선(Any_BIT)	
논리연산	AND	AND EN ENO IN1 OUT IN2	논리곱 IN1~IN8 : 연산원(Any_BIT) OUT : 결과값(Any_BIT)	
	OR	OR EN ENO IN1 OUT IN2	논리합 IN1~IN8 : 연산원(Any_BIT) OUT : 결과값(Any_BIT)	

[표 8-10] 펑션 명령어의 종류(계속)

구분	명령어	기호	기능 설명	비고
논리연산	XOR	XOR EN　ENO IN1　OUT IN2	배타적 논리합 IN1~IN8 : 연산원(Any_BIT) OUT : 결과값(Any_BIT)	
	NOT	NOT EN　ENO IN1　OUT	논리 반전 IN1~IN8 : 연산원(Any_BIT) OUT : 결과값(Any_BIT)	

[표 8-11] 펑션블록의 종류

구분	명령어	기호	기능 설명	비고
타이머 펑션블록	TON	TON IN　Q PT　ET	On 딜레이 타이머 IN : 동작개시신호(BOOL) PT : 설정시간(TIME) Q : 출력(BOOL) ET : 현재값	
	TOF	TOF IN　Q PT　ET	Off 딜레이 타이머 IN : 동작개시신호(BOOL) PT : 설정시간(TIME) Q : 출력(BOOL) ET : 현재값	
	TP	TP IN　Q PT　ET	펄스 타이머 IN : 동작개시신호(BOOL) PT : 설정시간(TIME) Q : 출력(BOOL) ET : 현재값	
카운터 펑션블록	CTU	CTU CU　Q R　CV PV	가산 카운터 CU : 펄스 입력(BOOL) R : 현재값 리셋(BOOL) PV : 설정값(INT) Q : 출력(BOOL) CV : 현재값(INT)	

[표 8-11] 펑션블록의 종류(계속)

구분	명령어	기호	기능 설명	비고
카운터 펑션 블록	CTD	CTD CD Q LD CV PV	감산 카운터 CD : 펄스 입력(BOOL) LD : 설정값 Read(BOOL) PV : 설정값(INT) Q : 출력 (BOOL) CV : 현재값(INT)	
	CTUD	CTUD CU QU CD QD R CV LD PV	가감산 카운터 CU : 가산펄스 입력(BOOL) SD : 감산펄스 입력(BOOL) R : 현재값 리셋(BOOL) LD : 설정값 Read(BOOL) PV : 설정값(INT) QU : 가산 카운트 출력 (BOOL) QD : 감산 카운트 출력(BOOL) CV : 현재값(INT)	
펑션 블록	R_TRIG	R_TRIG CLK Q	상승 에지 검출 CLK : 입력(BOOL) Q : 출력(BOOL)	
	F_TRIG	F_TRIG CLK Q	하강 에지 검출 CLK : 입력(BOOL) Q : 출력(BOOL)	

(4) 실험 Kit의 구성과 특징

PLC 실험실습을 위한 교육훈련장비에는 PLC Trainer나 전기-공압 범용 실습장치, PLC 응용실험실습장치 등이 있으며, 어느 장비로 실험실습을 하여도 큰 무리는 없으나 여기서는 휴대하기 간편하여 어느 장소에서도 PLC 실험실습이 가능하도록 개발된 콤팩트형 PLC-공압제어 Trainer(DYES-2101)에 대해 설명한다.

또한 이후의 모든 실습과제는 이 실습장비로 실험실습이 가능하도록 되어 있다.

■ PLC-공압제어 Trainer의 특징

[사진 8-1] 콤팩트 PLC-공압제어 Kit

① 콤팩트한 소형교육장비로서 휴대하기 간편하고 어느 장소에서도 실험실습이 가능하다.

② 압축공기 발생장치에서부터 액추에이터의 작동까지 공압의 전 과정을 이해하고 PLC 프로그램 작성 및 시뮬레이션이 가능하다.

③ 각 모듈에는 밸브 및 기기기호가 인쇄되어 있어 기호숙지와 기기선별이 용이하다.

④ 프로파일 보드로 된 실습판 위에 모듈들을 자유롭게 부착할 수 있어 전개된 회로도와 같이 모듈을 설치할 수 있으며, 원터치 방식으로 부품착탈이 쉽다.

⑤ 알루미늄 가방으로 제작되어 보관 및 휴대가 용이하다.

⑥ 무소음 미니 컴프레서가 있어 어떤 장소에서도 실습이 가능하다.

⑦ 위치검출 센서로 산업현장에서 실제로 많이 사용되는 리밋 스위치, 근접센서, 광전센서, 리드 스위치 등을 채용하여 현장실무 적응능력 향상에 역점을 두었다.

⑧ 실장되는 PLC에는 MASTER-K200이나 GLOFA-GM6이 실장된다.

⑨ 모든 기기의 동작전압을 DC24V로 하여 전기안전에 배려하였다.

■ PLC-공압제어 Trainer의 구성

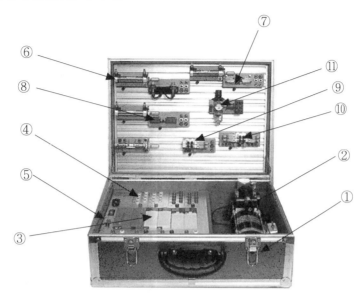

[그림 8-3] 콤팩트 PLC-공압 Kit의 구성도

① 본체 : 휴대하기 용이하면서 외관이 미려한 알루미늄 케이스 가방이다.

② 미니 컴프레서 : 다이어프램 방식의 공기압축기로서 저소음이기 때문에 사무실이나 교
육장 환경에 영향을 끼치지 않는다.

③ PLC : 기본적으로 MASTER-K200이나 GLOFA-GM6가 실장되며, 입력점수는 16
점이며, 32점까지 확장 가능하고, 출력점수는 16점이다.

④ 입력 시뮬레이터 : 16 ϕ 누름 버튼 스위치 4개와 비상정지용 버튼 스위치 1개로 구성
되어 있다.

⑤ 출력 시뮬레이터 : 파일럿 램프 4개로 구성되어 PLC 논리회로 실습시 동작확인이 가
능하다.

⑥ 에어 실린더 : 튜브내경 16mm, 행정거리 50mm의 복동 실린더로 총 4개로 구성되며,
스피드 컨트롤러가 부착되어 있고, 로드 끝단에는 센서감지용 도그가 장착되어 있다.
실린더의 장착은 수직 및 수평으로 임의 위치에 설치 가능하고 고정은 원터치 레버방식
으로 용이하다. 4개의 실린더 중 1개는 리드 스위치 부착형식이다.

⑦ 리밋 스위치 유닛 : 롤러레버 작동 c접점 형식의 소형 마이크로 스위치로 실린더 위치
를 검출하는 용도로 사용된다.

⑧ 근접 센서와 광전 센서 : 고주파 발진형 근접 센서 1개와 직접 반사형 광전 센서 1개로
구성, 실린더 위치를 검출할 수 있다. 동작전압은 DC24V로 PLC 전원장치에서 공급받
아 사용된다.

⑨ 5포트 편측(Single) 전자 밸브 : 5포트 2위치 편측작동 스프링 복귀형식의 전자 밸브 2개로 구성되어 있다. 동작전압은 DC24V이며, 동작표시등, 서지전압 보호회로가 내장되이 있다.

⑩ 5포트 양측(Double) 전자 밸브 : 5포트 2위치 양측 전자 밸브 2개로 구성되어 있다. 동작전압은 DC24V이며, 동작표시등, 서지전압 보호회로가 내장되어 있다.

⑪ 에어 유닛 및 공기분배기 : 여과도 $10\mu m$의 에어 필터와 $0 \sim 9.9 kgf/cm^2$ 조절범위의 압력조절 밸브로 구성된 에어 유닛과 6구의 공기분배기 및 에어 차단용 핸드 슬라이드 밸브로 구성되어 있다.

⑫ 부속품 : 4ϕ의 에어 호스, 에어 피팅, 전기배선용 리드선이 케이스 안에 수납되어 별도의 공구나 부속기기 없이 실험실습이 가능하다.

1-1. ON 회로와 OFF 회로

(1) 기능

① 입력신호가 ON되면 출력이 ON되는 회로를 ON 회로라 한다.

② 입력신호가 ON되면 출력이 OFF되고, 입력이 OFF되면 출력이 ON되는 회로를 OFF 회로라고 한다.

(2) 회로도

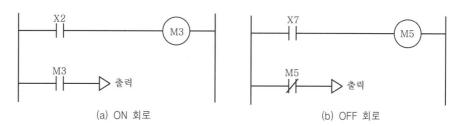

(a) ON 회로   (b) OFF 회로

[회로 8-1] ON 회로와 OFF 회로

(3) 타임차트

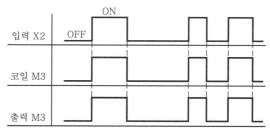

(a) ON 회로 타임차트

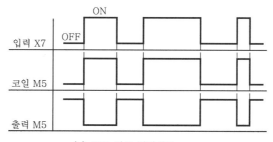

(b) OFF 회로 타임차트

[그림 8-4] ON 회로와 OFF 회로의 타임차트

(4) 동작설명

① ON 회로는 입력신호 X2를 ON시키면 M3 코일이 ON되고 그 결과 M3 a접점을 닫아
출력을 ON시키게 된다.

② a접점을 이용하므로 ON 회로를 a접점회로라고도 한다.

③ OFF 회로는 M5의 b접점을 출력회로로 이용하였으므로 입력신호 X7이 OFF일 때 M5
코일이 OFF이므로 출력이 존재하고, 입력신호 X7이 ON되면 코일 M5가 ON되어 M5
의 b접점을 열어 출력을 OFF시킨다.

④ OFF 회로는 b접점을 이용하므로 b접점회로라고도 한다.

🕰 실습 1 ON·OFF 회로

(1) **요구사항** : 입력 스위치 PB1이 ON되면 운전 표시등 PL1이 점등되고, 정지 표시등 PL2
는 소등(OFF)되어야 한다. 단, PL2는 PB1 신호가 OFF일 때 점등되어야 한다.

(2) **실습목표** : ① PLC의 제어 프로그램 작성방법을 익힌다.
　　　　　　② 입출력기기의 배선방법을 익힌다.
　　　　　　③ ON 회로와 OFF 회로의 기능을 익힌다.

(3) **입출력 배선도**

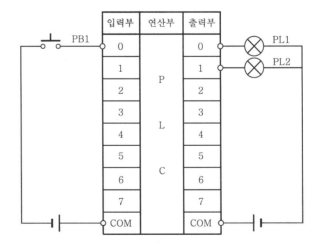

[그림 8-5] 입출력 배선도

(4) 회로도

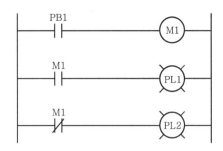

[회로 8-2] ON · OFF 회로

(5) 실습시 유의사항

① 전기배선 및 배선해체는 반드시 전원이 차단된 상태에서 실시한다.

② 실습에 사용되는 모든 부품은 실습판에 완전하게 고정한다.

③ 전원공급시 쇼트가 발생되면 즉시 전원을 차단하고 배선을 확인한다.

④ PLC와 컴퓨터간의 통신 케이블이나 핸디 로더 등을 접속하거나 분리할 때는 전원이 차단된 상태에서 실시한다.

(6) 실습순서

1) 요구사항을 정확하게 이해하고 실습목표를 숙지한다.

2) 실습장치를 준비한다.

① PLC-공압장치(DYES-2101)와 프로그래밍용 컴퓨터를 설치한다.

② PLC와 컴퓨터 사이의 통신 케이블을 접속한다.

③ 입출력 배선도와 같이 전기배선을 실시한다.

ⓐ DC24V ⊕전원단자와 입력부 COM 단자 및 출력부 COM 단자를 각각 배선한다.

ⓑ DC24V ⊖전원단자는 입력 스위치 PB1의 a접점단자에 접속한다.

ⓒ PB1 스위치의 a접점단자와 PLC 입력단자 P00에 접속한다.

ⓓ PLC 출력단자 P10과 파일럿 램프 PL1의 ⊕단자와 접속한다.

ⓔ PL1의 ⊖단자를 DC24V의 ⊖단자에 접속한다.

ⓕ PLC의 출력단자 P11과 파일럿 램프 PL2의 ⊕단자와 접속한다.

ⓖ PL2의 ⊖단자를 DC24V 전원 ⊖와 접속한다.

④ 실제 배선도는 다음과 같다.

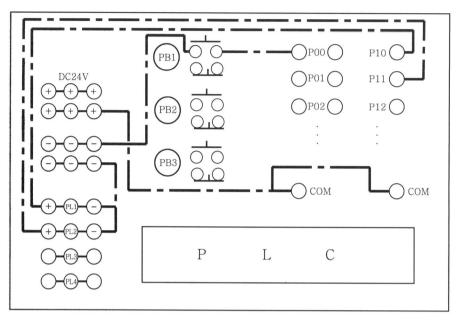

[그림 8-6] 실제 배선도

3) 프로그램을 작성한다.

① 입출력을 할당한다.

입 력			출 력		
입력기기명	기 호	할당번호	출력기기명	기 호	할당번호
입력 스위치	PB1	P00	파일럿 램프 〃	PL1 PL2	P10 P11

② 프로그래밍용 소프트웨어를 실행하여 PLC 모델을 선택하고 프로그램 언어방식을 선택한다.

③ 제어 프로그램을 검토하고 프로그램을 입력한다.

④ 입력된 프로그램을 PLC로 전송한다.

⑤ 명령어에 따른 입력 프로그램은 다음과 같다.

스텝번호	명령어
0	LOAD P00
1	OUT M1
2	LOAD M1
3	OUT P10
4	LOAD NOT M1
5	OUT P11
6	END

(a) 니모닉 언어에 의한 프로그램

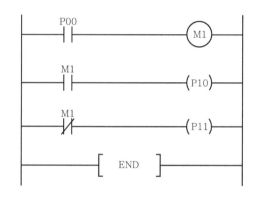

(b) 래더 다이어그램에 의한 프로그램

[그림 8-7] 래더 다이어그램에 의한 프로그램

4) 동작시험을 한다.

① PLC 전원을 공급한다.

② 모드 스위치를 실행(RUN)위치로 한다.

③ 누름 버튼 스위치 PB1을 눌러 램프의 동작상태를 관찰하며, 요구사항대로 동작하는
  지 확인한다.

5) 실습장치를 정리정돈한다.

① 전원을 차단한다.

② 배선을 제거하여 정리한다.

③ 부품을 정리한다.

※ 이상의 실습시 유의사항 및 실습순서의 세부사항 등은 이후 실습에서도 동일하다.

1-2. 신호의 직렬접속

(1) 기능

① 한 개 이상의 입력조건으로 회로를 진행시키거나 인터록을 거는 경우 등에 신호의 직렬 접속이 필요하다.

② 신호의 직렬 접속은 불 대수로는 AND 회로 또는 논리적 회로라고 말한다.

(2) 회로도

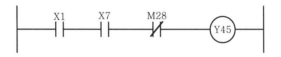

[회로 8-3] 직렬회로

(3) 타임차트

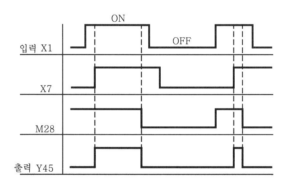

[그림 8-8] 타임차트

(4) 동작설명

① a접점인 입력신호 X1과 X7이 ON되고, M28이 OFF 상태(b접점이므로 신호는 ON)일 때 출력 Y45가 ON된다.

② 불 대수식으로 나타내면 다음과 같다.

$$Y45 = X1 \cdot X7 \cdot \overline{M28}$$

(5) 용도 및 주의사항

① 직렬회로는 기동조건이나 진행조건 회로에서 다수 입력조건이 성립될 때 시퀀스를 진행하는 경우에 적용된다.

② 직렬접속되는 신호에는 지령신호, 조건신호, 인터록 신호, 완료신호가 있다.

③ 지령신호란 제어의 타이밍이나 기동을 명령하는 신호를 말한다.

④ 조건신호란 제어의 신뢰성과 안전을 위한 신호로 PLC에서 전 단계 동작의 내부 릴레이 신호나 검출기 등의 외부신호가 있다.

⑤ 인터록 신호란 기계나 작업자의 안전을 도모하기 위해 출력을 금지하는 신호이다.

⑥ 완료신호란 출력신호에 의한 동작의 완료를 지시하는 신호로서 출력을 OFF시킨다.

⑦ 직렬회로에서 신호의 배열은 다음과 같이 한다.

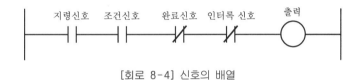

[회로 8-4] 신호의 배열

1-3. 신호의 병렬접속

(1) 기능

① 다수의 입력신호를 독립적으로 제어하거나 자기유지회로에 의한 신호의 기억 등을 위해 신호의 병렬접속이 필요하다.

② 신호의 병렬접속은 불 대수로 OR 회로 또는 논리합 회로라고 말한다.

(2) 회로도

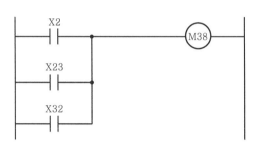

[회로 8-5] 병렬회로

(3) 타임차트

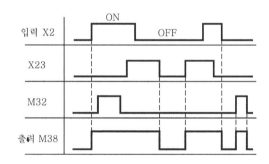

[그림 8-9] 타임차트

(4) 동작설명

① 3개의 입력신호 X2, X23, M32 중 어느 신호가 ON되어도 출력 M38이 ON된다.

② 출력 M38이 OFF 상태는 모든 입력신호가 OFF일 때만이다.

③ 불 대수식으로 나타내면 다음과 같다.

$$M38 = X2 + X23 + M32$$

(5) 용도 및 주의사항

① 병렬접속회로는 동일 레벨로 취급되는 복수의 신호로서 동일 동작을 실현할 때 이용된다.

② 병렬접속 되는 어느 신호가 ON되어도 출력이 ON된 것을 검출하는 회로에 이용된다.

 실습 2 | **직·병렬회로 실습**

(1) 요구사항 : PB1, PB2, PB3의 입력 스위치 중 PB1과 PB2가 동시에 눌려지면(ON하면) 램프 PL1이 점등되어야 한다. 또는 PB3만 눌러도 PL1이 점등되어야 한다. 단, PB1, PB2, PB3가 모두 눌려지면 램프 PL1은 소등(OFF)되어야 한다.

(2) 실습목표 : ① PLC 논리회로의 기능을 익힌다.
② 입출력기기의 배선방법을 익힌다.
③ 직렬회로와 병렬회로의 기능과 동작원리를 이해한다.

(3) 입출력 배선도

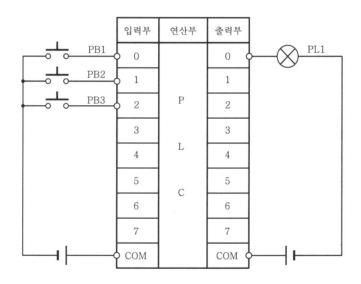

[그림 8-10] 입출력 배선도

(4) 회로도

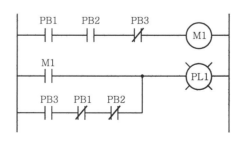

[회로 8-6] 직·병렬 회로

(5) 실습순서

1) 요구사항과 실습목표를 이해한다.
2) 실습장치를 준비한다.
3) 전기배선을 실시한다.
4) 프로그램을 작성한다.
   ① 입출력 할당표를 작성한다.

[표 8-12] 입출력 할당표(K-200S의 경우)

입 력			출 력		
입력기기명	기 호	할당번호	출력기기명	기 호	할당번호
입력 스위치	PB1	P00	파일럿 램프	PL1	P10
〃	PB2	P01			
〃	PB3	P02			

   ② 제어 프로그램을 검토하고 프로그램을 입력한다.
   ③ 프로그램을 PLC로 전송한다.

5) 동작시험을 한다.
   ① 전원을 투입한다.
   ② 운전 모드를 실행(RUN)위치로 한다.
   ③ PB1 스위치만 눌러 램프의 동작상태를 확인한다.
   ④ PB2 스위치만 눌러 램프의 동작상태를 확인한다.
   ⑤ PB3 스위치만 눌러 램프의 동작상태를 확인한다.
   ⑥ PB1과 PB2 스위치를 동시에 눌러 램프의 동작상태를 확인한다.
   ⑦ PB1, PB2, PB3 스위치를 모두 눌러 램프의 동작상태를 확인한다.

6) 실습장치를 정리정돈한다.

1-3. 신호의 반전

(1) 기능

① 신호의 ON과 OFF를 반전시킨다. 즉, 입력이 OFF일 때 출력을 ON시키고 입력이 ON일 때 출력을 OFF시킨다.

② 신호의 반전은 불 대수로는 부정의 논리다.

(2) 회로도

1) 입력접속도

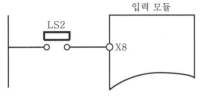

[그림 8-11] 입력접속도

2) 회로도

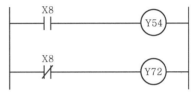

[회로 8-7] 반전회로

(3) 타임차트

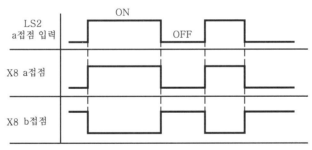

[그림 8-12] 타임차트

(4) 동작설명

① PLC의 외부 입력기기 LS2가 a접점 접속인 경우, 그 입력신호 X8의 a접점은 '비반전' 신호, b접점은 '반전' 신호라 한다.

② 한번 접속된 외부기기 신호는 a, b접점과 관계없이 무제한 사용할 수 있으며, a, b접점 중 어느 한쪽이 ON되면 다른 쪽은 OFF로 되는, 상호 반전의 관계이다.

(5) 용도 및 주의사항

① 반전신호는 지령신호를 무효로 하는 조건신호나, 출력을 무효로 하는 인터록 신호 등에 사용된다.

1-4. 자기유지(Self Holding)회로

(1) 기능

① 기동신호가 ON되면 출력을 ON시키고, 기동신호가 OFF되어도 정지신호가 ON될 때까지 출력을 유지시키는 회로를 자기유지회로라 한다.

② 자기유지회로는 출력의 a접점신호를 기동신호와 병렬로 접속하면 가능하다.

③ 기동과 정지신호가 동시에 ON될 때 기동신호가 우선하여 출력을 ON하면 기동우선회로라 하고, 정지신호가 우선하여 출력을 OFF시키면 정지우선회로라 한다.

(2) 회로도

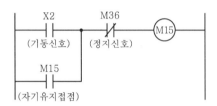

[회로 8-8] 자기유지회로

(3) 타임차트

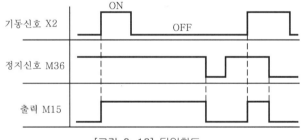

[그림 8-13] 타임차트

(4) 동작설명

① 정지신호 M36이 OFF 상태(b접점 ON)에서 기동신호 X2가 ON되면 출력 M15가 ON된다.

② 출력 M15가 ON된 후 기동신호 X2가 OFF되어도 출력 M15의 a접점이 이미 ON되어 있어 동작유지가 가능하다.

③ 기동신호 X2와 병렬로 접속된 M15의 a접점을 자기유지접점이라 한다.

④ 출력이 ON된 상태에서 정지신호 M36이 ON(b접점은 OFF)하면 출력 M15가 OFF된다.

(5) 용도 및 주의사항

① 지속되지 않는 신호나 짧은 기동신호의 기억을 위해 자기유지회로가 사용된다.

② 자기유지회로는 반드시 정지신호가 있어야 한다.

③ 기동과 정지신호가 동시에 ON될 때 기동을 우선으로 작용시킬 때에는 다음과 같이 회로를 구성한다.

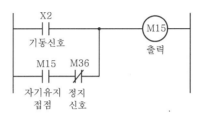

[회로 8-9] 기동우선 자기유지회로

1-5. 세트와 리셋

(1) 기능

① 기동을 지령하는 세트 신호로 출력을 ON하여 기억하고, 정지를 지령하는 리셋 신호의 입력으로 출력을 OFF시킨다.

② PLC의 세트와 리셋 기능은 자기유지접점을 접속하지 않고도 동작신호를 기억하는 자기유지회로와 기능이 동일하다.

(2) 회로도

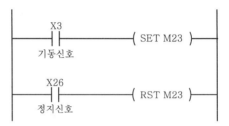

[회로 8-10] 세트 · 리셋 회로

(3) 타임차트

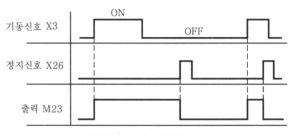

[그림 8-14] 타임차트

(4) 동작설명

① 리셋신호 X26이 OFF 상태에서 세트 지령신호 X3이 ON되면 출력 M23이 ON된다.

② 출력 M23이 ON되면 기동신호 X3이 OFF되어도 출력 M23은 출력상태를 지속하며, 리셋 지령신호 X26이 ON되면 출력 M23이 OFF된다.

③ 세트 지령신호 X3과 리셋 지령신호 X26이 동시에 ON되면 리셋신호가 우선하며, 출력은 OFF이다.

(5) 용도 및 주의사항

① 세트와 리셋 명령은 지속되지 않은 순간 입력신호의 기억회로에 사용된다.

② 세트와 리셋은 쌍으로 사용하여야 한다.

③ RST 명령은 적산 타이머나 카운터의 초기화 명령으로 사용되기도 한다.

실습 3　　자기유지회로 실습

(1) 요구사항 : 시동 스위치 PB1을 누르면 램프 PL1이 점등되어야 하고, PB1에서 손을 떼
　　　　　　도 램프 PL1은 정지 스위치 PB2를 누를 때까지 점등되어야 한다. 또한
　　　　　　PB1과 PB2를 동시에 누르면 램프는 소등상태이어야 한다.

(2) 실습목표 : ① 자기유지회로의 구성과 기능을 익힌다.
　　　　　　② 입출력기기의 배선방법을 익힌다.
　　　　　　③ 기동우선회로와 정지우선회로의 원리를 익힌다.

(3) 입출력 할당표

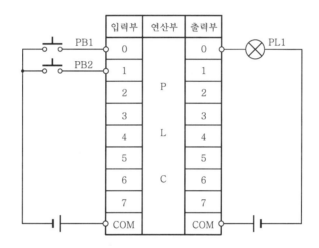

[그림 8-15] 입출력 배선도

(4) 회로도

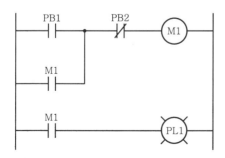

[회로 8-11] 정지 우선의 자기유지회로

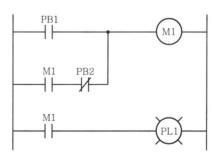

[회로 8-12] 기동 우선의 자기유지회로

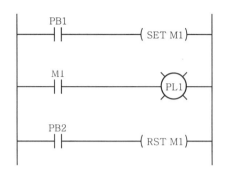

[회로 8-13] 세트와 리셋 명령에 의한 자기유지회로

(5) 실습순서

1) 요구사항과 실습목표를 이해한다.

2) 실습장치를 준비한다.

3) 전기배선을 실시한다.

4) 프로그램을 작성한다.

① 입출력 할당표를 작성한다.

[표 8-13] 입출력 할당표(K-200S의 경우)

입 력			출 력		
입력기기명	기 호	할당번호	출력기기명	기 호	할당번호
입력 스위치	PB1	P00	파일럿 램프	PL1	P10
〃	PB2	P01			

② 제어 프로그램을 검토하고 프로그램을 입력한다. 정지 우선의 자기유지회로를 래더 다이어그램 언어로 입력하면 다음과 같다.

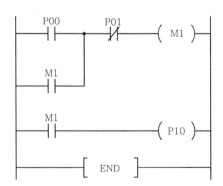

③ 입력된 프로그램을 PLC로 전송한다.

5) 동작시험을 한다.

6) 기동 우선의 자기유지회로를 입력하고 동작시험을 한다. 기동 우선의 자기유지회로를 니모닉 언어로 프로그램하면 다음과 같다.

스텝 번호	명령어
0	LOAD P00
1	LOAD M1
2	AND NOT P01
3	OR LOAD
4	OUT M1
5	LOAD M1
6	OUT P10
7	END

7) 세트와 리셋 명령에 의한 자기유지회로를 입력하고 동작시험을 한다.

8) 실습장치를 정리정돈한다.

1-6. 상호 인터록 회로

(1) 기능

① 정회전, 역회전이나 전진, 후진과 같이 상반된 동작이 동시에 발생되지 않도록 어느 한쪽 신호가 동작중일 때 상대측 동작을 규제하는 회로를 상호 인터록 회로라 한다.

② 인터록 회로는 안전기능의 회로이다.

(2) 회로도

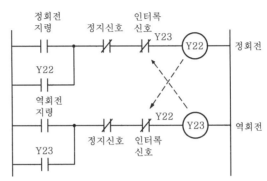

[회로 8-14] 인터록 회로

(3) 동작설명

① 정회전 지령신호가 ON되면 정회전 출력 Y22가 ON되어 자기유지되고 Y23 출력 앞의 Y22 b접점을 열기 때문에 역회전 지령신호가 ON되어도 Y23이 ON될 수 없다.

② 역회전 동작중에도 마찬가지로 정회전 신호가 입력되어도 동작신호를 무효로 한다.

(4) 용도 및 주의사항

① 상반된 동작의 경우 상호 인터록은 안전회로로서 반드시 필요하다.

② 상호 인터록은 동작의 규제뿐만 아니라 기기의 보호에도 필요하다.

③ 프로그램상에서 상호 인터록을 실시해도 만일 PLC가 고장이면 인터록은 무효된다. 따라서 중요한 출력에서는 외부 인터록도 고려해야 한다.

④ 외부 인터록은 다음과 같이 PLC 외부에서 처리한다.

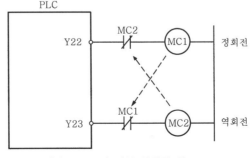

[회로 8-15] 외부 인터록 회로

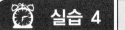
실습 4 　인터록 회로 실습

(1) 요구사항 : 정회전 지령 스위치 PB1을 누르면 정회전 표시용 램프 PL1이 점등되어야 하고, 역회전 지령 스위치 PB2를 누르면 역회전 표시용 램프 PL2가 점등되어야 한다. 단, PB1이나 PB2가 먼저 입력되면 나중에 입력된 신호는 동작할 수 없도록 상호 인터록이 걸려야 한다.

(2) 실습목표 : ① 논리회로의 기능을 이해한다.
② 입출력기기의 배선방법을 익힌다.
③ 상호 인터록 회로의 기능과 회로구성방법을 익힌다.

(3) 입출력 배선도

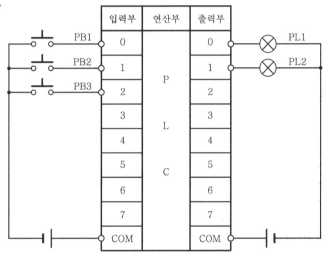

[그림 8-16] 입출력 배선도

(4) 회로도

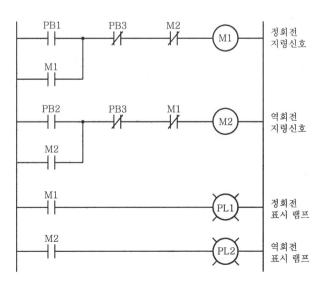

[회로 8-16] 인터록 회로

(5) 실습순서

1) 요구사항과 실습목표를 이해한다.

2) 실습장치를 준비한다.

3) 입출력 배선도와 같이 전기배선을 실시한다.

4) 프로그램을 작성한다.

① 입출력 할당표를 작성한다.

[표 8-14] 입출력 할당표

입 력			출 력		
입력기기명	기 호	할당번호	출력기기명	기 호	할당번호
입력 스위치	PB1		파일럿 램프	PL1	
"	PB2		"	PL2	
"	PB3				

② 제어 프로그램을 검토하고 프로그램을 입력한다.

③ 입력된 프로그램을 PLC로 전송한다.

5) 동작시험을 한다.

① PB1 스위치를 눌러 정회전 표시등이 점등되는지 확인한다.

② 정회전 표시등이 점등된 상태에서 역회전 지령 스위치(PB2)를 눌러 동작되는지 확인한다. 인터록이 걸려 있으므로 동작되지 않아야 정상이다.

③ 정지 스위치 PB3를 누른 후 PB2를 다시 눌러 역회전 표시등이 점등되는지 확인한다.

④ 역회전 표시등이 점등된 상태에서 정회전 지령 스위치(PB1)를 눌러 인터록 회로가 정상적으로 작용되는지 확인한다.

6) 실습장치를 정리정돈한다.

1-7. OFF → ON 변화검출회로

(1) 기능

① 신호의 상태가 OFF에서 ON으로 변화되는 것을 검출하고, 1스캔타임의 출력을 발생시킨다.

② 이 회로는 일명 펄스 출력회로라고도 한다.

(2) 회로도

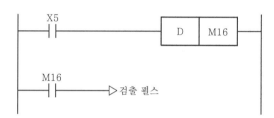

[회로 8-17] OFF→ON 변화검출회로(1)

(3) 타임차트

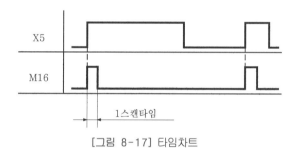

[그림 8-17] 타임차트

(4) 동작설명

① 신호 X5가 OFF 상태에서 ON으로 변화될 때 D 명령에 의해 1스캔타임 폭의 검출 펄스를 발생시키고 그 이외에는 OFF된다.

② 출력에는 내부 릴레이 M을 지정하고 외부 출력 릴레이는 의미가 없다.

(5) 용도 및 주의사항

① 신호가 OFF에서 ON으로 변화될 때 1회만 연산하는 처리의 지령신호로서 사용된다.

② 주된 용도로는 시프트 처리, 수치연산, 데이터 처리의 지령신호 등이 있다.

③ 신호의 지속시간에 대하여 출력의 동작시간이 길 때 펄스화된 신호로 변환하여 기동지령신호로 사용한다.

④ 신호의 명령으로는 "D" 명령이나 "PLS" 명령 등이 사용된다.

(6) 회로도 2

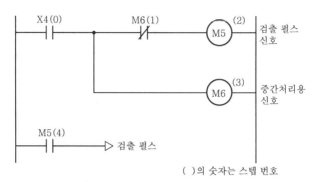

[회로 8-18] OFF → ON 변화검출회로(2)

(7) 회로도 2의 타임차트

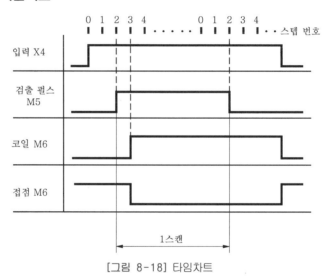

[그림 8-18] 타임차트

(8) 동작설명

① 입력신호 X4가 OFF에서 ON될 때, 1번 스텝의 M6이 b접점이므로 2번 스텝의 M5 코일이 ON되어 4번 스텝에서 출력을 발생시킨다.

② 이어서 3번 스텝 연산시 중간처리용 신호 릴레이 M6이 ON된다.

③ 다음 스캔시 M6 코일이 ON되었기 때문에 M6 b접점이 OFF(a접점)로 되며, 그 결과 M5 코일이 OFF되어 출력을 OFF시킴으로써 펄스 출력을 발생시키는 것이다.

④ 이 회로는 PLC 기종에 관계없이 적용할 수 있다.

1-8. ON → OFF 변화검출회로

(1) 기능

① 신호의 상태가 ON에서 OFF로 변화될 때 1스캔타임의 출력을 발생시킨다.

② 신호의 OFF시 One-Shot 회로라고도 한다.

(2) 회로도

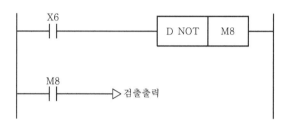

[회로 8-19] ON → OFF 변화검출회로(1)

(3) 타임차트

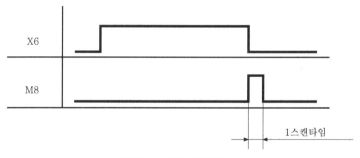

[그림 8-19] 타임차트

(4) 동작설명

① 입력신호 X6이 ON에서 OFF로 변화될 때 1스캔타임의 펄스를 검출출력으로 발생시킨다.

(5) 용도 및 주의사항

① 신호가 ON에서 OFF로 되는 타이밍으로 다음 동작제어의 지령을 내는 트리거 신호로 사용된다.

② 신호의 OFF 시점에서 상태를 검출하여 제어조건으로 사용한다.

③ 신호의 명령으로는 "D NOT" 명령이나 "PLF" 명령 등이 사용된다.

(6) 회로도 2

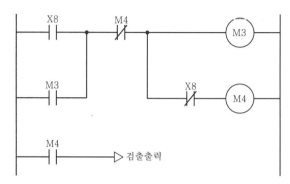

[회로 8-20] ON→OFF 변화검출회로(2)

(7) 회로 2의 타임차트

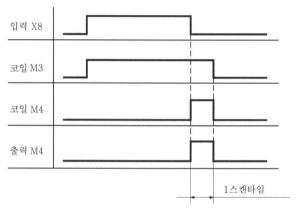

[그림 8-20] 타임차트

(8) 동작설명

① 입력신호 X8이 ON되면 M4가 b접점이므로 M3 내부 릴레이가 ON되고 자기유지된다.

② X8이 OFF되면 M4 내부 릴레이가 ON되며, M4의 a접점에 의해 출력이 나온다.

③ M4가 ON된 다음 스캔에서 M4의 b접점이 열려 있어 M3 내부 릴레이가 OFF되고 자기유지가 해제됨에 따라 M4 릴레이도 OFF되어 검출출력이 OFF된다.

④ 이 회로는 PLC 기종에 관계없이 적용할 수 있다.

1-9. Push ON-Push OFF 회로

(1) 기능

① 1개의 입력신호를 한번 누르면(ON시키면) 출력이 ON하고, 또다시 입력을 ON시키면 출력이 OFF되어야 한다.

② 일명 교번작동회로라고도 한다.

(2) 회로도

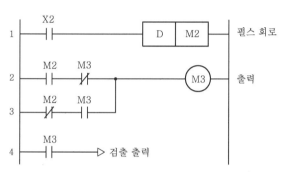

[회로 8-21] 푸시 ON-푸시 OFF 회로

(3) 타임차트

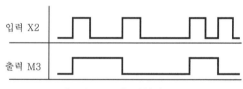

[그림 8-21] 타임차트

(4) 동작설명

① 입력 X2가 ON되면 M2 내부 릴레이가 1스캔 동안 ON된다.

② 이때 M3의 코일이 OFF되어 있기 때문에 2열의 M2 a접점과 M3 b접점의 직렬회로에 의해 코일 M3이 ON되고 4열의 M3의 a접점에 의해 출력이 ON된다.

③ 다음 스캔에서 코일 M2가 OFF되기 때문에 출력 코일 M3는 3열의 M2 b접점과 M3 a 접점의 직렬회로에 의해 동작유지가 가능하다.

④ 다음에 다시 입력 X2가 ON되면 M2 코일이 펄스 출력된다. 이때 M3 코일이 ON되어 있기 때문에 2열의 M2 a접점은 ON하지만 M3 b접점이 열려 있어 직렬회로가 만족하지 못하고, 또한 3열의 M2 b접점이 OFF되기 때문에 직렬회로가 OFF되어 M3 코일이 OFF되고 출력이 OFF되게 된다.

⑤ 이 동작은 입력 X2의 OFF-ON시마다 반복된다.

(5) 용도 및 주의사항

① 1개의 스위치로 동작을 ON-OFF시킬 때 적용된다.

⏰ 실습 5 교번작동회로(Push-ON, Push-OFF 회로) 실습

(1) 요구사항 : 1개의 입력 스위치를 한 번 누르면 에어 실린더가 전진운동을 하고, 다시 한 번 누르면 후진되어야 한다. 즉, 스위치를 한 번 누를 때마다 실린더가 전진, 후진운동을 교번 작동되어야 한다.

(2) 실습목표 : ① 입출력기기의 배선방법을 익힌다.
　　　　　　　② 에어 실린더의 제어원리를 익힌다.
　　　　　　　③ Push-ON, Push-OFF 회로의 기능과 원리를 이해한다.

(3) 입출력 배선도

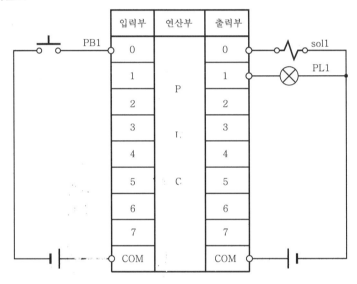

[그림 8-22] 입출력 배선도

(4) 공압회로 구성도

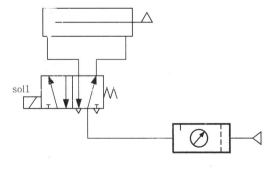

[그림 8-23] 공압회로도

(5) 회로도

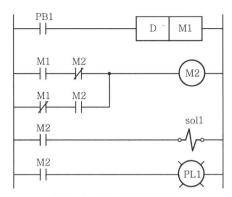

[회로 8-22] 교번작동회로

(6) 실습순서

1) 요구사항과 실습목표를 이해하고 실습장치를 준비한다.

2) 공압기기를 공압회로 구성도와 같이 배치고정하고 배관을 실시한다.

3) 입출력 배선도와 같이 전기배선을 실시한다.

4) 프로그램을 작성한다.

① 입출력 할당표를 작성한다.

[표 8-15] 입출력 할당표(K-200S의 경우)

입　　력			출　　력		
입력기기명	기　호	할당번호	출력기기명	기　호	할당번호
입력 스위치	PB1	P00	솔레노이드 파일럿 램프	sol1 PL1	P10 P11

② 제어 프로그램을 검토하고 프로그램을 입력한다. 니모닉 언어로 프로그램하면 다음과 같다.

```
스텝 번호        명령어
0              LOAD P00
1              FUN 017(D명령 지정)
2                 M1
3              LOAD M1
4              AND NOT M2
5              LOAD NOT M1
6              AND M2
7              OR LOAD
8              OUT M2
9              LOAD M2
10             OUT P10
11             LOAD M2
12             OUT P11
13             END
```

③ 입력된 프로그램을 PLC로 전송한다.

5) 동작시험을 한다.

1-10. 플리커 회로

(1) 기능

① 입력지령신호의 ON으로 출력을 ON · OFF 반복동작(플리커)을 한다.

② 출력의 ON 시간과 OFF 시간은 타이머의 설정치로 지정한다.

(2) 회로도

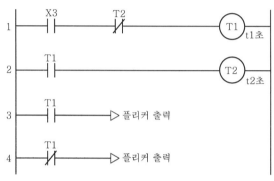

[회로 8-23] 플리커 회로

(3) 타임차트

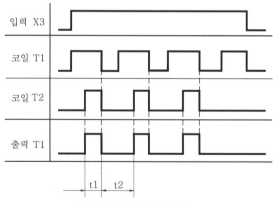

[그림 8-24] 타임차트

(4) 동작설명

① 입력신호 X3이 ON되면 T2가 b접점이므로 타임 릴레이 코일 T1이 구동하기 시작한다.

② 타이머 코일 T1이 t1초 후에 타임업되면 출력이 ON되며 동시에 타이머 코일 T2가 구동하기 시작한다.

③ 타이머 코일 T2의 설정시간 t2초 후에 타임업되면 1열의 T2 b접점이 열리게 되어 T1 코일이 OFF되고 그 결과출력도 OFF된다.

④ 동시에 2열의 T2 코일도 OFF되기 때문에 입력신호 X3이 계속 ON되어 있다면 상기동작을 반복한다.

⑤ 동작중에 입력신호 X3을 OFF시키면 플리커 동작을 즉시 정지한다.

(5) 용도 및 주의사항

① 일정주기로 ON-OFF를 반복하는 트리거 신호용이다.

② 이상 발생시 비상 램프의 점멸표시나 부저의 간헐 작동 신호용이다.

③ 카운터 레지스터를 사용한 장시간 타이머의 클럭 신호 발생용이다.

④ 플리커 동작의 ON 시간은 타이머 코일 T2의 t2 시간으로 세팅하고 OFF 시간은 T1 코일의 t1 시간이다.

실습 6   플리커 회로 실습

(1) **요구사항** : 시동 스위치(PB1)를 누르면 정지 스위치(PB2)를 누를 때까지 파일럿 램프가 점등과 소등을 반복해야 하며, 점등시간은 2초, 소등시간은 1초이어야 한다.

(2) **실습목표** : ① 타이머 회로의 기능을 이해한다.
② 플리커 회로의 기능과 회로구성방법을 익힌다.
③ 입출력기기의 배선방법을 익힌다.

(3) **입출력 배선도**

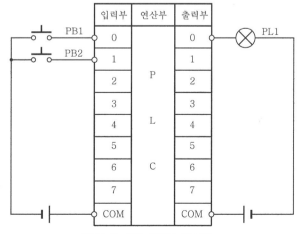

[그림 8-25] 입출력 배선도

(4) 회로도

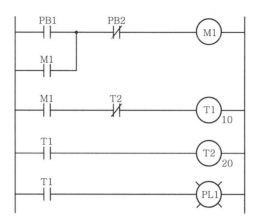

[회로 8-24] 플리커 회로

(5) 실습순서

1) 요구사항과 실습목표를 이해하고 실습장치를 준비한다.

2) 입출력 배선도와 같이 전기배선을 실시한다.

3) 프로그램을 작성한다.

① 입출력 할당표를 작성한다.

[표 8-16] 입출력 할당표

입 력			출 력		
입력기기명	기 호	할당번호	출력기기명	기 호	할당번호
입력 스위치 입력 스위치	PB1 PB2	P00 P01	파일럿 램프	PL1	P10

② 제어 프로그램을 검토하고 프로그램을 입력한다.

③ 입력된 프로그램을 PLC로 전송한다.

4) 동작시험을 한다.

5) 실습장치를 정리정돈한다.

실습 7 　온 딜레이(ON Delay) 회로 실습

(1) 요구사항 : 시동 스위치를 누르고 3초 후에 출력이 ON(파일럿 램프 점등)되어야 하고,
정지 스위치를 누르면 출력이 바로 OFF되어야 한다.

(2) 실습목표 : ① 시간지연회로의 종류와 기능을 이해한다.
② 온 딜레이 회로의 회로구성방법을 익힌다.
③ 입출력기기의 배선방법을 익힌다.

(3) 입출력 배선도

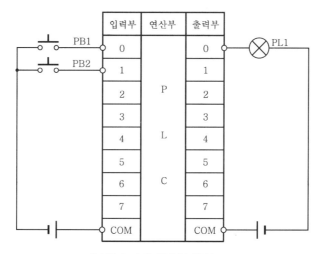

[그림 8-26] 입출력 배선도

(4) 회로도

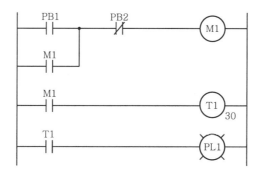

[회로 8-25] 온 딜레이 회로

(5) 실습순서

1) 요구사항과 실습목표를 정확히 이해한다.

2) 실습상지를 순비한다.

3) 전기배선을 실시한다.

4) 제어 프로그램을 작성한다.

① 입출력 할당표를 작성한다.

[표 8-17] 입출력 할당표

입 력			출 력		
입력기기명	기 호	할당번호	출력기기명	기 호	할당번호
입력 스위치 입력 스위치	PB1 PB2		파일럿 램프	PL1	

② 제어 프로그램을 검토하고 프로그램을 입력한다.

③ 입력된 프로그램을 PLC로 전송한다.

5) 동작시험을 한다.

입력 스위치 PB1과 PB2를 다음의 시퀀스 차트와 같이 동작시켜 내부 릴레이 M1과 외부 출력 PL1이 어떻게 동작되는지 실습하고 타임차트를 완성한다.

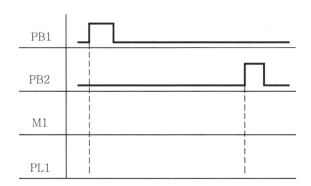

참고

1. 온 딜레이 회로란 입력이 ON되고 나서 일정시간 후에 출력이 ON되는 회로를 말한다.
2. 온 딜레이 회로는 입력신호의 지연, 입력신호 지연에 의한 출력신호의 지연, 또는 입력신호의 지속시간이 일정시간 이상 ON하는 것을 검출하는 용도 등에 사용된다.

🕰 실습 8 | 오프 딜레이(OFF Delay) 회로 실습

(1) 요구사항 : 시동 스위치를 누르면 동시에 출력이 ON(파일럿 램프 점등)되어야 하고, 시동 스위치에서 손을 떼면(OFF시키면) 2.5초 후에 출력이 OFF되어야 한다.

(2) 실습목표 : ① 시간지연회로의 종류와 기능을 이해한다.
　　　　　　　② 오프 딜레이 회로의 회로구성방법을 익힌다.
　　　　　　　③ 입출력기기의 배선방법을 익힌다.

(3) 입출력 배선도

입력부	연산부	출력부
0		0
1		1
2	P	2
3		3
4	L	4
5		5
6	C	6
7		7
COM		COM

PB1 — 0, PL1 — 0

[그림 8-27] 입출력 배선도

(4) 회로도

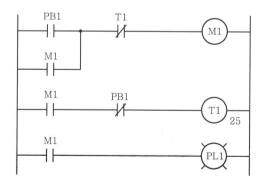

[회로 8-26] 오프 딜레이 회로

195

(5) 실습순서

1) 요구사항과 실습목표를 정확히 이해한다.

2) 실습상치를 준비한나.

3) 전기배선을 실시한다.

4) 제어 프로그램을 작성한다.

① 입출력 할당표를 작성한다.

[표 8-18] 입출력 할당표

입 력			출 력		
입력기기명	기 호	할당번호	출력기기명	기 호	할당번호
입력 스위치	PB1		파일럿 램프	PL1	

② 제어 프로그램을 검토하고 프로그램을 입력한다.

③ 입력된 프로그램을 PLC로 전송한다.

5) 동작시험을 한다.

입력 스위치 PB1을 다음의 시퀀스 차트와 같이 동작시켜 내부 릴레이 M1과 외부 출력 PL1의 동작관계를 타임차트에 작성한다.

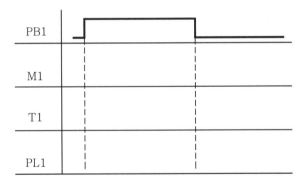

참고

1. 오프 딜레이 회로란 복귀신호가 주어지고 나서 계획된 시간 후에 부하(출력)가 개방되는 회로를 말한다.

2. 오프 딜레이 회로는 온 딜레이 타이머 b접점을 이용하거나 오프 딜레이 타이머의 a접점을 이용하여 구성할 수 있다.

3. 오프 딜레이 회로는 짧은 시간 동안만 ON하는 신호의 지속시간을 연장시키는 회로나, 동작 후 ON 출력을 지연시키는 회로(예로 모터 정지 후 일정시간 동안 냉각 팬을 운전하는 경우) 등에 적용된다.

실습 9 일정시간 동작(ONE Shot) 회로

(1) 요구사항 : 시동 스위치를 누르면 동시에 출력이 ON되고, 일정시간이 경과되면 출력이
스스로 OFF되어야 한다.

(2) 실습목표 : ① 시간지연회로의 종류와 기능을 이해한다.

② 일정시간 동작회로의 회로구성방법을 익힌다.

③ 입출력기기의 배선방법을 익힌다.

(3) 입출력 배선도

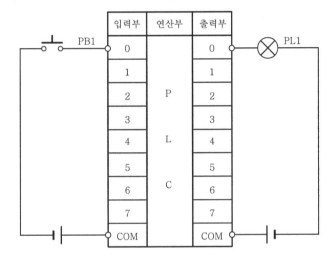

[그림 8-28] 입출력 배선도

(4) 회로도

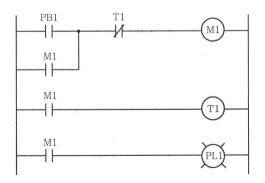

[회로 8-27] ONE Shot 회로

197

(5) 실습순서

1) 요구사항과 실습목표를 정확히 이해한다.

2) 실습장치를 준비한다.

3) 전기배선을 실시한다.

4) 제어 프로그램을 작성한다.

　① 입출력 할당표를 작성한다.

[표 8-19] 입출력 할당표

입　　력			출　　력		
입력기기명	기　호	할당번호	출력기기명	기　호	할당번호
입력 스위치	PB1		파일럿 램프	PL1	

　② 제어 프로그램을 검토하고 프로그램을 입력한다.

　③ 입력된 프로그램을 PLC로 전송한다.

5) 동작시험을 한다.

　입력 스위치 PB1을 다음의 시퀀스 차트와 같이 동작시켜 M1, T1, PL1의 동작관계를
타임차트에 작성한다.

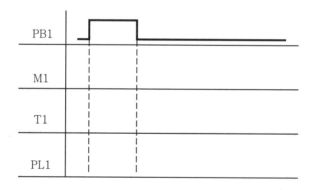

실습 10 | 에어 실린더의 기본회로실습(Ⅰ)

(1) 요구사항 : 5포트 2위치 편측 전자 밸브(Single Solenoid)에 의해 제어되는 에어 실린더
가 스타트 스위치 버튼을 누르면 전진하고, 전진 끝단에 도달되면 리밋 스위
치 신호에 의해 곧바로 후진되어야 한다. 또한 실린더가 전후진될 때에는 동
작표시등이 점등되어야 한다.

(2) 실습목표 : ① 편측 전자 밸브에 의한 에어 실린더의 제어원리를 익힌다.
② 입출력 배선도 작성법과 배선방법을 익힌다.

(3) 구성기기 : ① PLC-공압 트레이너(DYES-2101) - 1셋
② 프로그래밍용 컴퓨터 - 1셋

(4) 공압회로 구성도

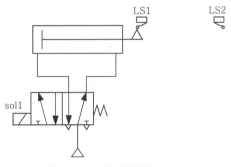

[그림 8-29] 공압회로도

(5) 입출력 배선도

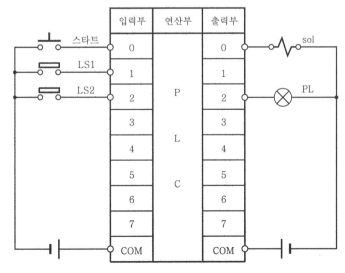

[그림 8-30] 입출력 배선도

(6) 제어회로도

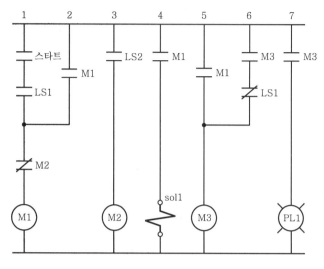

[회로 8-28]

(7) 동작설명

회로 8-28은 실린더가 후진완료한 상태, 즉 LS1 리밋 스위치가 ON된 상태에서 스타트 스위치 버튼을 누르면 1열의 내부 메모리 M1이 세트되고 2열에 의해 자기유지된다. 동시에 4열의 M1 a접점이 닫혀 솔레노이드 코일을 구동시키므로 실린더는 전진운동을 시작하며, 또한 5열의 M1 a접점이 닫혀 M3 코일을 세트시킴에 따라 7열의 M3 접점에 의해 동작 램프 PL1이 점등된다.

실린더가 전진운동을 완료하여 전진 끝단의 LS2 리밋 스위치를 ON시키면 3열의 M2 코일이 세트되어 1열의 M2 b접점에 의해 M1 코일이 OFF된다. 이에 따라 2열의 자기유지회로가 끊기고, 4열의 솔레노이드 코일 구동회로가 OFF되어 방향제어 밸브는 원위치되고 실린더는 복귀(후진)운동을 시작한다.

M1 a접점에 의해 세트되었던 5열의 M3 코일은 자기유지되어 있어서 실린더가 복귀운동중이라도 실린더 동작램프 PL1은 계속 점등되어 있으며, 실린더가 복귀완료되어 LS1 리밋 스위치가 ON되면 6열의 LS1 b접점에 의해 자기유지가 끊기고 M3 코일이 OFF되어 PL1도 소등된다.

(8) 실습순서 및 방법

① 요구사항, 실습목표를 이해하고 PLC-공압 트레이너와 프로그래밍용 컴퓨터를 세트시킨다.

② **(4) 공압회로 구성도**와 같이 공압회로를 구성한다. 이때 실린더 운동 전면에는 간섭이 발생되지 않도록 주의하며, 공기누설이 없도록 공압배관을 확실하게 실시한다.

③ (5) 입출력 배선도와 같이 공압기기와 PLC 배선의 경우 리드선으로 실시한다.

④ 컴퓨터 내의 소프트웨어를 실행시켜 회로 8-28을 프로그램한다.

⑤ 작성된 프로그램을 PLC에 로딩(Loading)하고 시운전하여 동작을 확인한다.

(9) 실습시 주의사항

① 공압기기 모듈을 실험보드에 고정할 때는 배관이 용이하도록 하고, 실린더 운동시 상호 간섭이 발생하지 않도록 충분한 간격을 띄워서 배치한다.

② 배관은 공기압력이 작용될 때 빠지지 않도록 확실히 고정한다.

③ 배관작업을 할 때나 실험실습이 끝나고 배관을 해체할 때는 반드시 공압분배기의 차단 밸브를 닫고 실시한다.

④ 전기배선을 하거나 해체할 때도 전원을 OFF시킨 채 실시한다.

⑤ PLC와 컴퓨터간의 통신 케이블을 접속할 때나 분리할 때는 반드시 PLC 전원을 OFF 시킨 후 실시한다.

⑥ PLC나 공압장치에 큰 충격을 가하거나 떨어뜨리지 않도록 주의한다.

⑦ PLC 기종이 다를 때엔 입출력 할당표, 입출력 배선도 등을 요구사항대로 작성한 후 실습한다.

⑧ 프로그래밍 언어가 래더 다이어그램이 아닌 니모닉(Mnemonic) 언어를 사용하여 프로그램할 경우엔 코딩표를 작성한 후 프로그램한다.

Master-K PLC를 사용할 경우 회로 8-28의 코딩표는 표 8-20과 같다.

[표 8-20] 회로 8-28의 코딩표

스텝 NO	명령어 & 데이터		스텝 NO	명령어 & 데이터	
0	LOAD	P00	8	OUT	P10
1	AND	P01	9	LOAD	M1
2	OR	M1	10	LOAD	M3
3	AND NOT	M2	11	AND NOT	P01
4	OUT	M1	12	OR LOAD	
5	LOAD	P02	13	OUT	M3
6	OUT	M2	14	LOAD	M3
7	LOAD	M1	15	OUT	P12
			16	END	

실습 11 에어 실린더의 기본회로실습(Ⅱ)

(1) 요구사항 : 5포트 2위치 양측 전자 밸브(Double Solenoid)에 의해 제어되는 에어 실린더
가 시동 버튼을 누르면 전진과 후진 운동을 반복한다. 동시에 운전 표시등 PL1
이 점등되며, 정지 버튼을 누르면 실린더는 후진위치에서 정지되어야 한다.

(2) 실습목표 : ① 양측 전자 밸브에 의한 에어 실린더의 제어원리를 익힌다.
② 실린더 제어의 기본회로를 익힌다.

(3) 구성기기 : ① PLC-공압 트레이너(DYES-2101) - 1셋
② 프로그래밍용 컴퓨터 - 1셋

(4) 공압회로 구성도

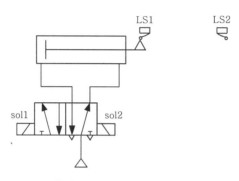

[그림 8-31] 공압회로도

(5) 입출력 배선도

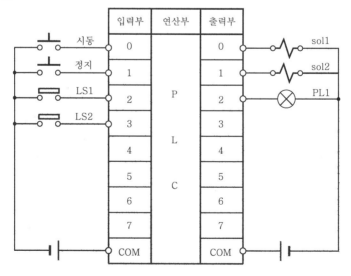

[그림 8-32] 입출력 배선도

(6) 제어회로도

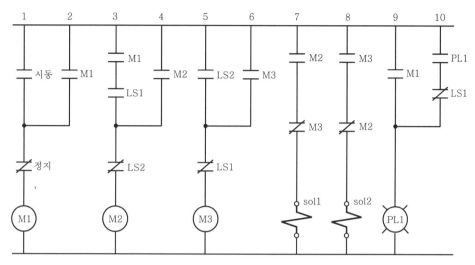

[회로 8-29]

(7) 동작설명

회로 8-29는 (4)의 공압회로 구성도를 (1)의 요구사항과 같이 동작되도록 구성한 회로이다. 동작원리는 1열의 시동 스위치를 누르면 M1이 세트되어 2열의 M1 a접점에 의해 자기유지되고 3열의 M1과 9열의 M1 접점을 닫아 운전 표시등 PL1이 점등된다.

이때 실린더가 후진위치에서 LS1이 ON되어 있다면 코일 M2가 세트되어 자기유지되고, 7열의 M2가 닫혀 sol1 코일을 구동시키므로 실린더가 전진운동을 한다. 실린더가 전진완료하면 LS2가 ON되고 3열의 LS2 b접점은 열려 M2 코일은 OFF되고 5열의 LS2 a접점은 닫혀 M3 코일이 세트된다. 따라서 8열의 M3 a접점에 의해 sol2가 구동되므로 실린더는 후진운동을 한다.

실린더가 후진완료되어 LS1 리밋 스위치가 ON되면 3열의 LS1 a접점이 닫히고 상기동작을 반복하며, 정지 스위치를 누르면 코일 M1이 OFF되어 3열의 M1 a접점이 열리므로 실린더는 후진위치에서 정지된다.

실습 12 　 에어 실린더의 기본회로실습(Ⅲ)

(1) 요구사항 : 에어 복동 실린더가 시동 스위치를 누르면 정지 스위치를 누를 때까지 전진과 후진
운동을 반복하는데, 처음 5회는 전진 끝단에서 2초 정지 후 후진되어야 하고, 다
음 5회는 3초 정지 후 후진되어야 한다. 즉, 시동 스위치를 누를 때부터 5회 왕복
운동할 때는 전진 끝단에서 2초 정지하고 다음 5회는 3초 정지, 그 다음 5회는
2초 정지 순으로 정지 스위치가 입력될 때까지 반복 동작한다.

(2) 실습목표 : ① 에어 실린더의 왕복작동회로의 원리를 익힌다.
② 타이머의 사용법과 시간지연회로의 동작원리를 익힌다.

(3) 구성기기 : ① PLC-공압 트레이너(DYES-2101) - 1셋
② 프로그래밍용 컴퓨터 - 1셋

(4) 공압회로 구성도

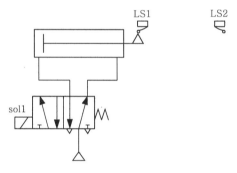

[그림 8-33] 공압회로도

(5) 입출력 배선도

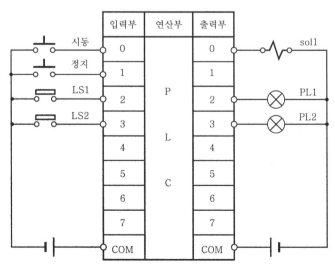

[그림 8-34] 입출력 배선도

(6) 제어회로도

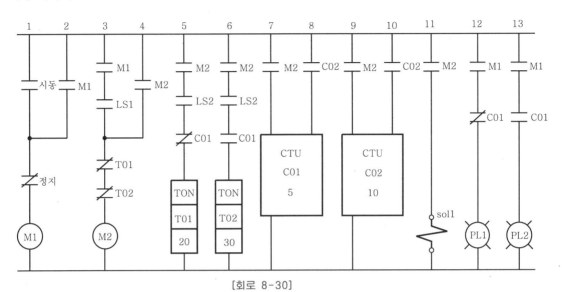

[회로 8-30]

(7) 동작설명

회로 8-30은 (4)의 공압회로를 (1)의 요구사항과 같이 작동되도록 구성된 PLC 회로로서 타이머 T01은 처음 5회 동작의 2초 시간 설정용이고, T02는 다음 5회 동작의 3초 시간 설정용 타이머이다. 또한 카운터 C01은 처음 5회 작업을 계수(計數)하여 타이머 T01과 T02에 선택신호를 주기 위한 것이고, 카운터 C02는 10회가 되면 C01 카운터를 리셋시켜 다시 다음 5회 동작을 2초 시간으로 작업하도록 한 것이다. 그리고 출력 표시등 PL1은 전진 끝단에서 2초 정지하는 5회 동안 점등되고, PL2는 3초 동안 정지하는 5회 점등된다.

이 회로는 PLC의 비교명령을 사용하면 다음 회로 8-31과 같이 표시할 수 있다.

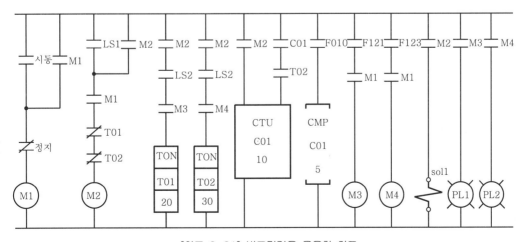

[회로 8-31] 비교명령을 응용한 회로

실습 13 　에어 실린더의 기본회로실습(Ⅳ)

(1) 요구사항 : 에어 복동 실린더가 시동 스위치 PB1을 누르면 1회 전후진되어 정지하고, 연동사이클 선택 스위치 PB2를 누른 후 시동 스위치 PB1을 누르면 정지 스위치 PB3를 누를 때까지 전후진되어야 한다. 또한 연동 사이클 운전시에는 동작횟수 카운팅이 이루어져야 하며, 총 10회 동작하면 연동 사이클 운전이 스스로 정지되어야 한다.

(2) 실습목표 : ① 단동 사이클과 연동 사이클 선택운전회로의 기능을 익힌다.
　　　　　　　② 실린더 제어의 기본회로를 익힌다.

(3) 구성기기 : ① PLC-공압 트레이너(DYES-2101) - 1셋
　　　　　　　② 프로그래밍용 컴퓨터 - 1셋

(4) 공압회로 구성도

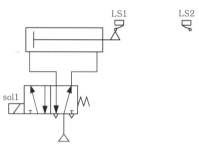

[그림 8-35] 공압회로도

(5) 입출력 배선도

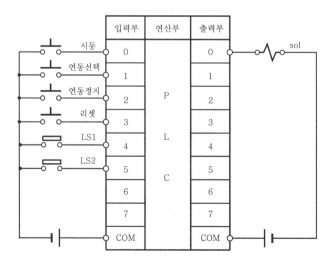

[그림 8-36] 입출력 배선도

(6) 제어회로도

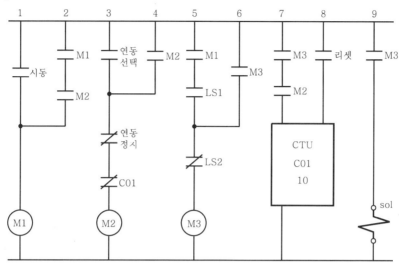

[회로 8-32]

(7) 동작설명

  회로 8-32는 단동 사이클 운전과 연동 사이클 운전을 선택운전할 수 있는 기능을 가진 회로로, 먼저 단동 사이클 운전은 시동 스위치를 1회 ON-OFF하면 코일 M1이 세트되어 5열의 M1 접점을 닫음으로써 후진상태에 있는 실린더로 인해 LS1이 ON되어 있으므로 M3 코일이 세트된다. 동시에 6열의 M3에 의해 자기유지되고 9열의 M3에 의해 sol 코일을 구동하므로 실린더가 전진한다. 실린더가 전진완료되어 LS2가 ON되면 M3 코일 위의 LS2 b접점이 열려 M3 코일이 복귀되고, 9열의 M3 접점도 열리므로 솔레노이드가 복귀되어 실린더가 후진함으로써 정지하게 된다.

  연동 사이클 운전을 하려면 연동선택 스위치를 먼저 ON시킨 후 시동 스위치를 누르면 된다. 즉, 3열의 연동선택 스위치를 누르면 M2 코일이 ON되어 자기유지되고 2열과 7열의 M2 a접점을 닫는다. 이어서 시동 스위치를 누르면 코일 M1이 세트되어 2열에 의해 자기유지되고, 5열의 M1을 ON시켜 실린더를 전후진시키는 것이다. 또한 7열의 M2 접점이 닫힌 상태, 즉 연동 사이클 운전시 M3 코일이 ON-OFF될 때마다 카운팅 신호가 ON되어 동작횟수 계수가 이루어지며, 총 10회 동작하면 카운터 접점 C01이 3열의 M2 코일을 OFF 시켜 1열의 M1 코일의 자기유지를 해제시킴으로써 운전을 정지하게 된다.

실습 14 두 개 실린더의 A+B+B-A- 회로

(1) 요구사항 : 두 개의 에어 실린더가 시동신호를 주면 A+B+B-A- 순서로 동작되어야 한다. 또한 실린더가 동작중일 때에는 동작 표시등 PL1이 점등되어야 한다.

(2) 실습목표 : ① 순차작동회로의 설계원리를 익힌다.
　　　　　　　 ② 순차작동회로의 제어방법을 익힌다.

(3) 구성기기 : ① PLC-공압 트레이너(DYES-2101) - 1셋
　　　　　　　 ② 프로그래밍용 컴퓨터 - 1셋

(4) 공압회로 구성도

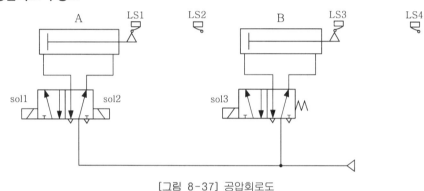

[그림 8-37] 공압회로도

(5) 시퀀스 차트

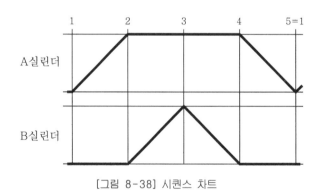

[그림 8-38] 시퀀스 차트

(6) 입출력 배선도

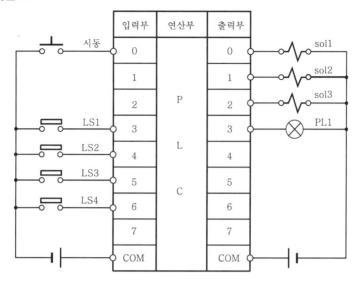

[그림 8-39] 입출력 배선도

(7) 제어회로도

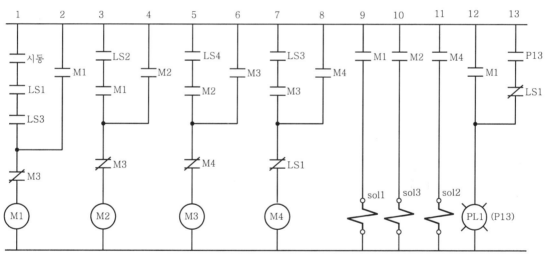

[회로 8-33]

(8) 동작설명

회로 8-33은 시동 스위치를 누를 때마다 2개의 에어 실린더가 A실린더 전진, B실린더 전진, B실린더 후진, A실린더 후진의 순으로 이어서 1회 동작되도록 설계된 순차작동회로이다.

회로의 설계원리 및 동작순서는 먼저 두 개의 실린더가 모두 후진된 준비상태에서 1열의 시동 스위치를 누르면 후진 끝단 검출 스위치 LS1과 LS3이 모두 ON된 상태이기 때문에 내부 릴레이 M1이 세트된다. M1이 세트되면 2열의 M1 a접점에 의해 자기유지되고 9열의 M1 접점을 닫아 sol1을 구동시킴으로써 실린더 A를 전진시킨다. 동시에 12열의 M1 접점도 닫혀 P13 출력을 ON으로 함으로써 동작 표시등 PL1을 점등시킨다.

실린더 A가 전진완료되어 전진 끝단 검출 스위치 LS2가 ON되면 3열의 LS2가 닫혀 전 단계 동작신호 M1과 AND로 M2 코일을 세트시킨다. 즉, 회로의 전개순서는 전 단계 동작 완료의 검출 스위치 신호와 전 단계 동작신호(내부 릴레이의 a접점)를 AND로 접속하여 내부 릴레이를 세트시키는 방법으로 진행시킨다.

M2 릴레이가 ON되면 4열에 의해 자기유지되고 10열의 sol3을 구동시켜 두 번째 단계로 B실린더를 전진시킨다.

B실린더가 전진완료되어 LS4 리밋 스위치가 ON되면 전 단계 동작신호 M2와 AND로 된 5열의 M3 릴레이가 ON되고 자기유지된다. 그리고 M2 코일 위의 M3 b접점이 열려 M2코일을 OFF시키게 된다. 그 결과 10열의 sol3 구동전원이 끊겨 sol3의 여자신호로 전진상태를 유지하는 B실린더가 후진된다.

또한 M3 b접점은 1열의 M1 코일도 OFF시키게 되는데 이것은 다음 단계의 A-동작시 A+동작신호를 미리 끊어 신호중복을 방지하기 위한 것이다.

세 번째 운동의 B-가 완료되면 LS3 리밋 스위치가 ON되고, 이 신호로 M3 a접점과 AND를 통해 7열의 M4 내부 릴레이를 세트시켜 자기유지시킨다. 그리고 11열의 M4 a접점을 닫아 sol2를 구동시켜 네 번째 운동인 A실린더를 후진시키게 된다. 또한 M3 코일 위의 M4 b접점이 열려 M3 코일을 리셋시킴으로써 다음 사이클 동작을 가능하게 하고, A실린더가 후진 완료되어 LS1 리밋 스위치가 ON되면 7열과 13열의 LS1 b접점이 열려 동작신호인 M4가 OFF되고 동작 표시등 PL1을 OFF시키며 정지하게 된다. 이로써 1사이클 동작을 완료한 후 정지하며, 시동 스위치를 다시 누르면 동일하게 상기의 동작순서를 반복한다.

실습 15   비상정지기능이 부가된 순차작동회로

(1) 요구사항 : 시동신호를 주면 두 개의 에어 실린더가 A+B+A-B- 순서로 작동되어야 한다. 또한 실린더의 동작중에 비상정지 스위치가 눌려지면 B실린더가 즉시 복귀되어야 하고, B실린더가 복귀된 후 2초가 경과하면 A실린더가 복귀되어야 한다.

(2) 실습목표 : ① 순차작동회로의 설계원리를 익힌다.
　　　　　　　② 비상정지기능과 회로의 동작원리를 익힌다.

(3) 구성기기 : ① PLC-공압 트레이너(DYES-2101) - 1셋
　　　　　　　② 프로그래밍용 컴퓨터 - 1셋

(4) 공압회로 구성도

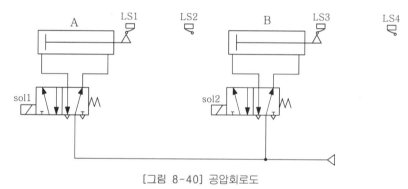

[그림 8-40] 공압회로도

(5) 시퀀스 차트

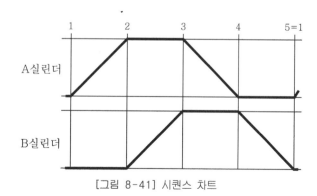

[그림 8-41] 시퀀스 차트

(6) 입출력 배선도

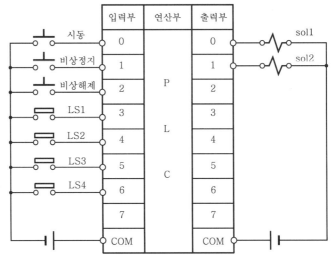

[그림 8-42] 입출력 배선도

(7) 제어회로도

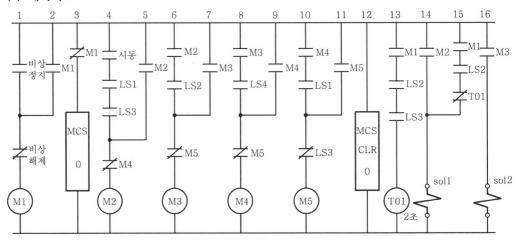

[회로 8-34]

(8) 동작설명

회로 8-34는 정상상태에서 시동신호를 주면 두 개의 에어 실린더가 A전진, B전진, A후진, B후진의 순서로 순차작동되는 회로이다. 실린더의 동작중에 이상이 발생되어 비상정지 스위치를 누르면 1열의 내부 릴레이 M1이 세트되고 자기유지됨에 따라 3열의 M1 b접점이 열려 공통 직렬접속 명령의 MCS 명령을 OFF시키게 되고 MCS에서부터 MCS CLR까지, 즉 4열에서부터 11열까지의 제어회로가 동작상태와 관계없이 모두 OFF되게 된다. 따라서 A, B실린더가 모두 전진한 상태라면 B실린더는 즉시 복귀되나 A실린더는 15열의 회로에 의해 전진상태를 유지한다. 그리고 B실린더가 후진완료되면 13열의 회로인 타이머가 가동되어 설정된 2초 시간 후에 타임업됨으로써 15열의 T01 b접점을 열어 A실린더를 복귀시키게 된다.

실습 16 | 두 개 실린더의 A+A-B+B- 회로

(1) 요구사항 : 시동신호를 주면 두 개의 에어 실린더가 A+A-B+B- 순서로 작동되고, 연동 사이클 선택 스위치를 ON-OFF한 후 시동신호를 주면 정지 스위치가 입력될 때까지 A+A-B+B- 순서로 반복동작되어야 한다.

(2) 실습목표 : ① 순차작동회로의 설계원리를 익힌다.
② 입출력기기의 배선방법을 익힌다.

(3) 구성기기 : ① PLC-공압 트레이너(DYES-2101) - 1셋
② 프로그래밍용 컴퓨터 - 1셋

(4) 공압회로 구성도

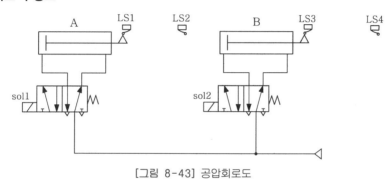

[그림 8-43] 공압회로도

(5) 시퀀스 차트

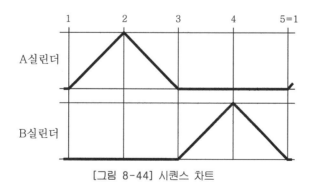

[그림 8-44] 시퀀스 차트

(6) 입출력 배선도

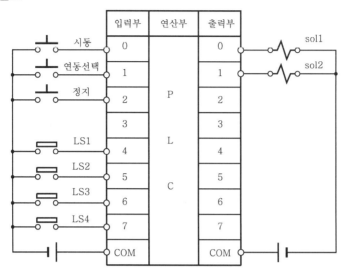

[그림 8-45] 입출력 배선도

(7) 제어회로도

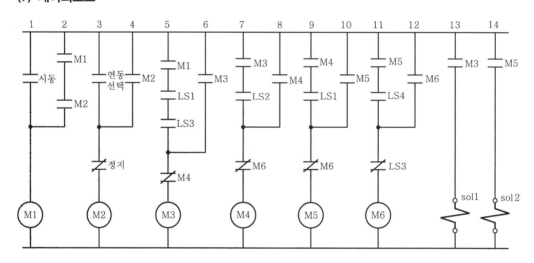

[회로 8-35]

(8) 코딩 : 회로 8-35를 Master-K PLC 명령어를 사용하여 코딩하면 표 8-21과 같다.

[표 8-21] 회로 8-35의 코딩표

스텝 NO	명령어 & 데이터		스텝 NO	명령어 & 데이터	
0	LOAD	M1	17	AND NOT	M6
1	AND	M2	18	OUT	M4
2	OR	P00	19	LOAD	M4
3	OUT	M1	20	AND	P04
4	LOAD	P01	21	OR	M5
5	OR	M2	22	AND NOT	M6
6	AND NOT	P02	23	OUT	M5
7	OUT	M2	24	LOAD	M5
8	LOAD	M1	25	AND	P07
9	AND	P04	26	OR	M6
10	AND	P06	27	AND NOT	P06
11	OR	M3	28	OUT	M6
12	AND NOT	M4	29	LOAD	M3
13	OUT	M3	30	OUT	P10
14	LOAD	M3	31	LOAD	M5
15	AND	P05	32	OUT	P11
16	OR	M4	33	END	

(8) 동작설명

회로 8-35의 동작원리는 1열의 시동 스위치를 누르면 M1 코일이 세트되어 5열의 M1 a 접점을 닫으므로 M3가 세트된다. 그 결과 6열의 M3 a접점에 의해 자기유지되고 13열의 a 접점으로 sol1 코일을 구동시켜 첫 단계로 실린더 A를 전진시킨다.

실린더 A가 전진완료되면 리밋 스위치 LS2가 ON되어 7열의 M4 코일을 세트시키고 자 기유지시킨다. 그로 인해 5열의 M4 b접점이 열려 M3 코일을 OFF시키게 되고 sol1 구동 신호가 OFF되어 두 번째 동작단계인 실린더 A가 후진된다.

그리고 실린더 A가 후진완료되어 LS1 리밋 스위치가 ON되면 9열의 M5 코일이 세트되 어 자기유지되며, 14열의 M5 a접점으로 sol2를 구동시키게 되므로 세 번째 동작단계로 B 실린더가 전진된다. B실린더가 전진완료되어 LS4가 ON되면 11열의 M6 코일이 ON되고 자기유지되며, M5 코일 위의 M6 b접점이 열려 M5 코일을 OFF시킴에 따라 M5 a접점으 로 구동신호를 준 14열의 sol2가 복귀되어 실린더 B를 후진시키게 된다. B실린더가 후진완 료되어 LS3가 ON되면 M6 코일 위의 LS3 b접점이 열려 M6 코일을 OFF시킴으로써 모 든 기기가 초기 준비상태로 환원한다.

한편 연동 사이클 운전을 하기 위해 3열의 연동선택 스위치를 누르면 M2 코일이 세트되어 자기유지되고 2열의 M2 a접점을 닫아놓음으로써 연동 사이클 운전준비상태가 된다. 이 상태에서 시동 스위치를 누르면 M1 코일이 세트되고 2열에 의해 자기유지된다. 동시에 5열의 M1 신호로서 실린더를 상기의 동작원리에 따라 전진시키고 1사이클이 완료되어 리밋 스위치 신호가 다시 작업 준비상태가 되면 다음 사이클 운전을 계속하는 원리이다. 연속 사이클 운전의 정지는 M1 코일의 자기유지를 해제하기 위해 정지 스위치를 누르면 M2 코일이 OFF되고 그 결과 M1 코일도 OFF되어 시동신호가 없어지기 때문에 실린더는 초기 작업 준비상태에서 정지하는 것이다.

다만 코딩표에서 알 수 있듯이 회로의 2열부터 프로그래밍한 것은 프로그램의 스텝수를 절약하기 위한 대책의 일종이며, 만일 정상적으로 1열부터 프로그래밍한다면 프로그램은 총 34스텝이 된다.

실습 17 ┃ 자동운전과 스텝 운전의 선택기능회로

(1) 요구사항 : 2개의 에어 실린더가 자동운전 모드에서 시동신호를 주면 A+B+B-A-B+B-
순서로 동작되어야 하고, 스텝 운전 모드에서 스텝 동작 스위치를 1회
ON-OFF할 때마다 A+A-B+B- 순서로 한 스텝씩 동작되어야 한다. 단, 자동
운전 모드에서는 스텝 동작 스위치를 ON-OFF해도 스텝 동작이 되어서는 안
되고, 스텝 운전 모드에서는 시동신호를 주어도 자동운전이 되어서는 안 된다.

(2) 실습목표 : ① 운전선택회로의 기능과 회로설계법을 익힌다.
② 스텝 운전의 기능과 회로설계법을 익힌다.

(3) 구성기기 : ① PLC-공압 트레이너(DYES-2101) - 1셋
② 프로그래밍용 컴퓨터 - 1셋

(4) 공압회로 구성도

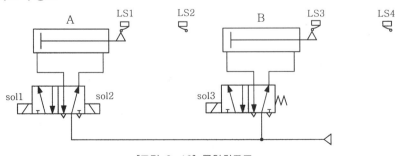

[그림 8-46] 공압회로도

(5) 시퀀스 차트

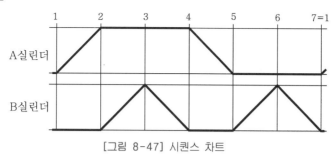

[그림 8-47] 시퀀스 차트

(6) 입출력 배선도

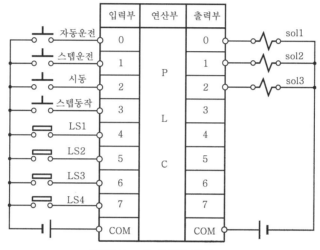

[그림 8-48] 입출력 배선도

(7) 제어회로도

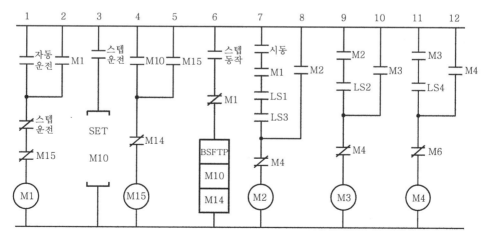

[회로 8-36] 제어회로도

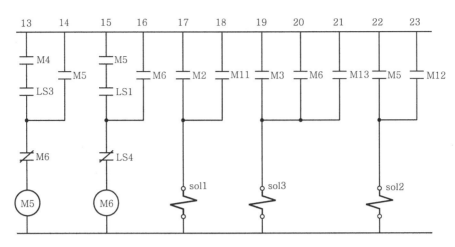

[회로 8-36] 제어회로도(계속)

(8) 동작설명

회로 8-36은 자동운전과 스텝 동작기능이 있는 회로로, 자동운전을 위해서는 1열의 자동운전 선택 스위치를 누른 후 7열의 시동 스위치를 누르면 리밋 스위치 신호조합에 의해 두 개의 실린더가 A+B+B-A-B+B- 순서로 자동운전된다.

또한 액추에이터가 한 스텝씩 운전되는 스텝 작동을 위해서는 3열의 스텝 운전 스위치를 먼저 누른 후 스텝 동작 스위치를 ON-OFF할 때마다 6열의 데이터 이동명령에 의해 A+A-B+B- 순서로 1회 작동되도록 되어 있다.

자동운전이 선택되면 M1 릴레이가 ON되어 6열의 M1 b접점을 OFF시키므로 스텝 동작 스위치를 눌러도 스텝 운전이 불가능하며, 또한 스텝 운전을 하기 위해 스텝 운전 스위치를 누르면 M15 릴레이가 ON되어 1열의 M15 b접점을 OFF시키므로 시동 스위치를 눌러도 자동운전이 이루어지지 않는다.

회로 8-37은 PLC의 순차제어기능인 스텝 컨트롤러를 이용하여 요구사항의 조건에 맞도록 설계된 회로이다.

동작원리는 자동운전인 경우 스텝 컨트롤러의 S00조를 이용했고, 스텝 운전인 경우 스텝 컨트롤러 S01조를 이용했다. 또한 자동운전회로는 1열의 M1 릴레이로 공통 직렬접속명령인 MSC를 적용하였기 때문에 자동운전 선택 스위치를 눌러 M1 내부 릴레이가 ON된 상태에서만 동작신호가 유효해 시동 스위치를 누를 때 A+B+B-A-B+B- 순서로 실린더가 순차작동된다.

스텝 운전을 위해 먼저 스텝 운전 선택 스위치를 누르면 12열의 M2 내부 릴레이가 ON되어 14열의 M2 접점을 ON시키므로 스텝 동작 스위치를 ON-OFF할 때마다 스텝 컨트롤러 S01조의 스텝을 한 단계씩 진행하도록 되어 있어 A+A-B+B-······ 순서로 동작된다.

14열에서 D 명령은 1스캔 On하는 펄스 명령이어서 반드시 스텝 동작 스위치가 ON-OFF되어야만 한 스텝씩 진행하도록 한다.

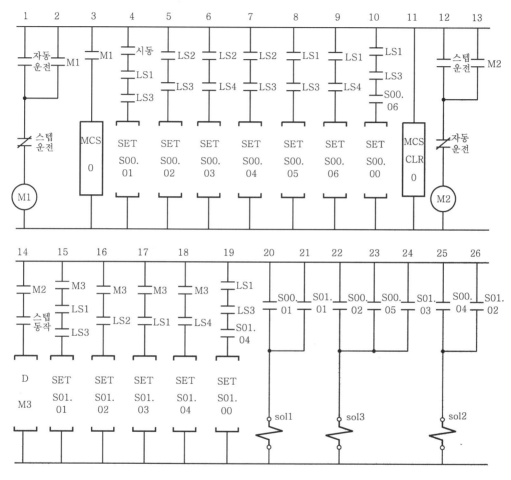

[회로 8-37]

실습 18 세 개 실린더의 순차작동회로

(1) 요구사항 : 세 개의 에어 실린더가 시동신호를 주면 A+B+C+ 순서로 차례로 전진하고, C실린더가 전진완료되면 2초 정지 후 C-B-A- 순서로 복귀되어야 한다.

(2) 실습목표 : ① 순차작동회로의 설계원리와 동작원리를 이해한다.
② 타이머의 기능과 회로구성법을 익힌다.

(3) 구성기기 : ① PLC-공압 트레이너(DYES-2101) - 1셋
② 프로그래밍용 컴퓨터 - 1셋

(4) 공압회로 구성도

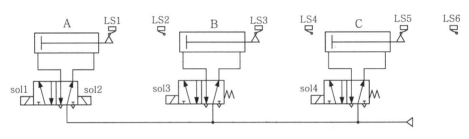

[그림 8-49] 공압회로도

(5) 시퀀스 차트

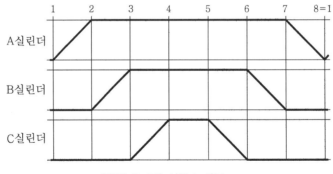

[그림 8-50] 시퀀스 차트

(6) 입출력 배선도

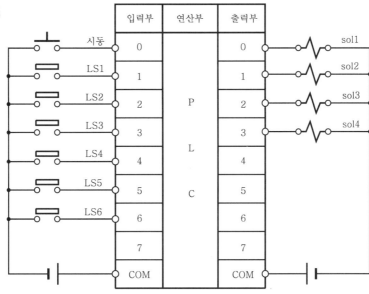

[그림 8-51] 입출력 배선도

(7) 제어회로도

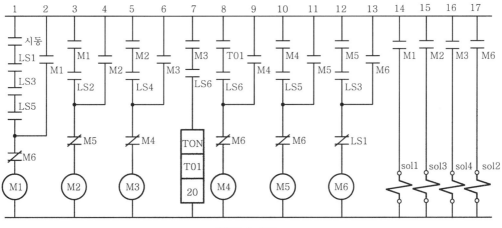

[회로 8-38]

(8) 동작설명

회로 8-38은 (4)의 공압회로 시스템을 시동 스위치를 누를 때마다 A전진, B전진, C전진, C전진을 완료한 후 2초가 지나 C후진, B후진, A후진의 순서로 순차작동되도록 PLC 내부 릴레이를 이용하여 설계한 회로이다.

설계원리 및 동작순서는 먼저 초기 작업준비 상태에서 3개의 실린더가 모두 후진상태임을 검출하는 리밋 스위치 LS1, LS3, LS5와 시동 스위치를 직렬로 하여 1, 2열과 같이 내부 릴레이 M1을 세트시키고 자기유지한다. 이 신호로 첫 번째 운동 스텝인 A+를 위해 14열과 같이 M1의 a접점으로 sol1 구동회로를 만든다. 두 번째 운동 스텝의 B+ 회로는 첫 번째 운동 스텝이 완료되었다는 리밋 스위치 LS2와 전 단계 동작의 내부신호 M1 접점을 직렬로 하여 3열과 같이 내부 릴레이 M2를 세트시키고 자기유지시킨 다음, M2의 a접점으로 B+를 위한 sol3 구동회로를 15열과 같이 구성한다.

이와 같은 방법으로 3번째 운동 스텝인 C+ 회로도 5, 6열과 같이 동작회로를 만들고 16열의 구동회로를 만들면 된다.

C실린더가 전진완료된 후 2초가 지나면 복귀되어야 하므로 7열과 같이 시간지연회로를 만들고 8, 9열의 동작회로를 만든 다음 이 신호로써 C실린더 구동 솔레노이드 sol4의 동작신호인 M3 내부 릴레이를 리셋시킨다. C실린더가 복귀완료되면 B실린더가 복귀되어야 하므로 같은 방법으로 10, 11열의 동작회로를 만든 다음, 이 신호로써 B실린더 동작신호인 M2 릴레이를 리셋시키고, B실린더가 복귀완료되면 A실린더가 복귀되어야 하므로 B-완료신호인 LS3와 전 단계 내부신호인 M5를 이용하여 12, 13열과 같이 동작회로를 만든다.

여기서 A실린더를 제어하는 전자 밸브는 양측 작동형이므로 먼저 전진측 솔레노이드 코일을 OFF시키기 위해 동작신호인 M1 내부 릴레이를 리셋시키고, 17열과 같이 후진측 sol2의 구동회로를 만든다. 그리고 마지막 운동 스텝이 완료되면 모든 기기가 초기화되어야 하므로 자기유지가 해제 안 된 M4, M5 내부 릴레이는 마지막 운동 스텝의 동작신호인 M6의 b접점으로 리셋시키고, M6의 자기유지는 마지막 운동스텝이 완료될 때 작동되는 리밋 스위치 LS1으로 리셋시킴으로써 1사이클 자동회로가 완료된다.

🕐 실습 19 | 스텝 컨트롤러를 이용한 순차작동회로

(1) 요구사항 : 세 개의 에어 실린더가 시동신호를 주면 A+B+B-A-C+C- 순서로 동작되어야 한다.

(2) 실습목표 : ① 스텝 컨트롤러의 기능과 회로설계방법을 익힌다.
② 순차작동회로의 동작원리를 익힌다.

(3) 구성기기 : ① PLC-공압 트레이너(DYES-2101) - 1셋
② 프로그래밍용 컴퓨터 - 1셋

(4) 공압회로 구성도

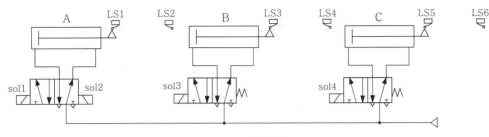

[그림 8-52] 공압회로도

(5) 시퀀스 차트

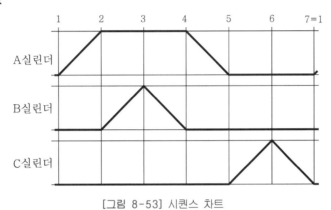

[그림 8-53] 시퀀스 차트

(6) 입출력 배선도

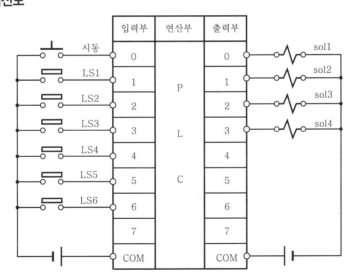

[그림 8-54] 입출력 배선도

(7) 제어회로도

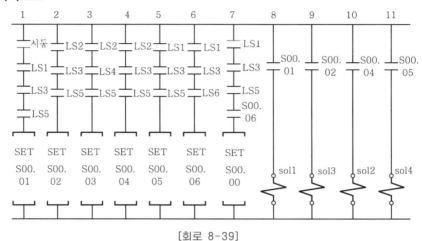

[회로 8-39]

(8) 동작설명

PLC의 스텝 컨트롤러는 순차제어를 목적으로 하는 기능명령으로, Master-K PLC에는 100개조의 스텝 컨트롤러 기능이 내장되어 있으며 다음과 같은 특징이 있다.

① 동일조 내의 스텝 컨트롤러는 바로 이전 스텝번호가 ON되었을 때 현재 스텝번호가 ON된다.

② 현재 스텝번호가 ON되면 자기유지시켜 입력이 OFF되어도 ON 상태를 유지한다.

③ 입력조건이 동시에 ON되어도 한 조 내에서는 오직 한 스텝번호만이 ON된다.

④ 스텝 컨트롤러의 초기화, 즉 클리어에는 Sxx.00을 ON시킴으로써 해당조가 모두 OFF 된다.

회로 8-39는 실린더가 동작될 때 작동되는 리밋 스위치의 신호조합으로 스텝 컨트롤러를 제어하여 에어 실린더의 순차작동회로에 적용한 것으로, 먼저 1열의 시동 스위치와 작업 준비상태에서 작동되는 3개의 리밋 스위치 LS1, LS3, LS5를 직렬로 하여 스텝 컨트롤러 00 조의 01스텝을 ON시킨 것이다. 그리고 8열에서 S00.01의 a접점으로 첫 번째 운동 스텝인 A+를 위해 sol1 구동회로를 만들었고, 이어서 A가 전진완료되었을 때의 리밋 스위치 조합으로 2열과 같이 스텝 컨트롤러 S00조의 02스텝을 ON시키고, 이 신호로 두 번째 운동 스텝인 B+를 위해 9열과 같이 sol3 구동회로를 만든 것이다. 이와 같은 원리로 마지막 운동 스텝인 C- 동작회로를 6열과 같이 만들고, 마지막 운동 스텝이 완료되면 스텝 컨트롤러 S00조를 리셋시키기 위해 7열의 리셋 회로를 만들어 자동 1사이클 회로를 완성시킨다.

이와 같이 스텝 컨트롤러 명령을 이용하여 순차작동시키는 회로는 전 단계 동작이 진행되어야만 현재 스텝이 진행할 수 있으며, 여러 개의 운동 스텝 중 오직 1스텝만이 동작되므로 신호 중복이 발생될 염려가 없어 안전하게 순차제어회로에 적용할 수 있다.

실습 20 | 비상정지회로가 부가된 순차작동회로

(1) 요구사항 : 시동신호를 주면 세 개의 에어 실린더가 스텝 컨트롤러 명령에 의해 A+B+
A-C+C-B- 순서로 순차작동되어야 하며, 실린더의 동작중에 비상정지 스위치
를 누르면 A와 C 실린더가 복귀완료하고 2초 후 B실린더가 복귀되어야 한다.

(2) 실습목표 : ① 스텝 긴트롤러의 명령을 응용한 순차제어 기능을 익힌다.
② 비상정지회로의 기능과 설계원리를 익힌다.

(3) 구성기기 : ① PLC-공압 트레이너(DYES-2101) - 1셋
② 프로그래밍용 컴퓨터 - 1셋

(4) 공압회로 구성도

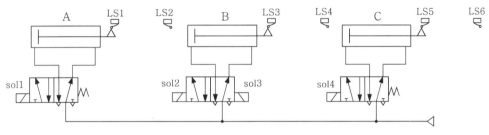

[그림 8-55] 공압회로도

(5) 시퀀스 차트

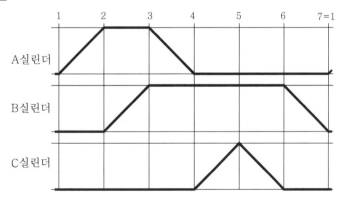

[그림 8-56] 시퀀스 차트

(6) 입출력 배선도

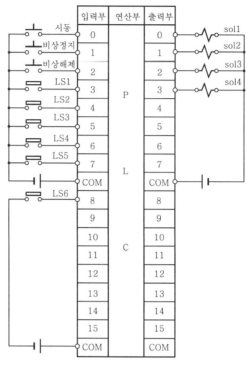

[그림 8-57] 입출력 배선도

(7) 제어회로도

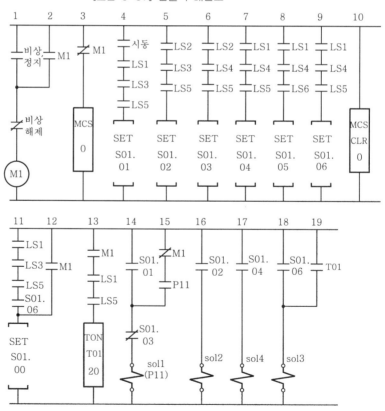

[회로 8-40]

(8) 동작설명

회로 8-40은 (1)의 요구사항대로 동작되도록 스텝 컨트롤러를 이용하여 설계된 제어회로이다. 공통 직렬접속명령인 MCS 명령을 이용하였으므로 비상정지 스위치를 누르지 않은 상태, 즉 M1이 OFF된 상태에서는 제어회로 구간인 4열부터 9열까지가 정상동작되지만 비상정지 스위치가 눌려져 M1 내부 릴레이가 세트되면 MCS와 MCS CLR 사이는 입력신호와 관계없이 모두 강제 OFF된다.

동작원리는 초기상태에서 시동 스위치를 누르면 4열의 S01.01 스텝이 ON되고 자기유지된다(스텝 컨트롤러 기능에 의해 자기유지되는 것임). 그리고 15열에서 sol1을 구동하여 A실린더가 전진되며, A실린더가 전진완료되면 5열의 신호조합으로 02번 스텝이 세트되고 자기유지되며, 01번 스텝은 리셋시키게 된다.

따라서 02번 스텝으로 B실린더를 전진시키기 위해 16열과 같이 구동회로를 만들고, A실린더를 제어하는 전자 밸브가 스프링 복귀식(Single)이므로 01번 스텝이 OFF되어도 전진상태를 유지하기 위해 15열과 같이 출력접점으로 자기유지시켰다.

두 번째 운동 스텝인 B+가 완료된 리밋 스위치 조합으로 6열과 같이 03번 스텝을 세트시키고, 이 신호로 세 번째 운동 스텝인 A-를 실행하기 위해 14열 회로에서 sol1 구동회로에 자기유지시켰던 신호를 OFF시키기 위해 S01.03의 b접점을 연결한 것이다.

A-가 완료된 리밋 스위치의 조합으로 7열의 동작회로를 만들어 네 번째 운동 스텝인 C+를 위해 17열의 구동회로를 만들고, C+가 완료된 신호조합으로 8열의 동작회로를 만들어 7열의 04번 스텝을 리셋시킴으로써 다섯 번째 운동 스텝인 C-가 이루어진다.

이어서 C-가 완료된 리밋 스위치의 조합으로 9열의 동작회로와 같이 S01.06 스텝을 세트시키고, 이 신호로써 B-를 실현하기 위해 18열의 구동회로를 만들었다. 이로써 시동 스위치를 누를 때마다 세 개의 실린더가 A+B+A-C+C-B- 순서로 동작되는 1사이클 자동회로가 완성되며, 실린더의 동작중에 비상정지 스위치가 눌려지면 4열부터 9열까지의 동작회로가 모두 OFF되고 12열에 의해 스텝 컨트롤러 S01조가 클리어된다. 따라서 편측 전자밸브로 구동되는 A와 C실린더는 즉시 복귀되고, A와 C실린더가 복귀완료되면 13열의 타이머 회로가 구동을 시작한다. 타이머 T01이 2초 후에 타임업되면 19열의 T01 접점이 ON되어 sol3에 복귀신호를 주게 되므로 B실린더가 복귀되어 정지하게 된다.

실습 21 연/단속 사이클 기능이 부가된 4개 실린더의 동작회로

(1) 요구사항 : 4개의 에어 실린더가 단동 사이클 신호를 주면 A+B+B-C+D+D-(C- · A-) 순서로 1회 순차작동되어야 하고, 연속 사이클 운전을 선택하고 시동신호를 주면 정지 스위치를 누를 때까지 반복동작되어야 한다.

또한 연속 사이클 운전시에는 동작횟수 카운팅이 이루어져야 하며, 10회 동작하면 연속 사이클 운전이 스스로 정지되어야 하고, 실린더가 동작중일 때엔 운전 표시등이 점등되어야 한다.

(2) 실습목표 : ① 순차작동회로의 설계원리를 익힌다.
② 단속 및 연속 사이클 선택운전회로의 설계원리를 익힌다.

(3) 구성기기 : ① PLC-공압 트레이너(DYES-2101) - 1셋
② 프로그래밍용 컴퓨터 - 1셋

(4) 공압회로 구성도

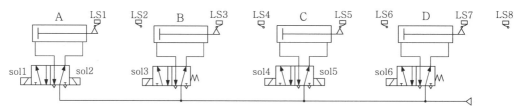

[그림 8-58] 공압회로도

(5) 시퀀스 차트

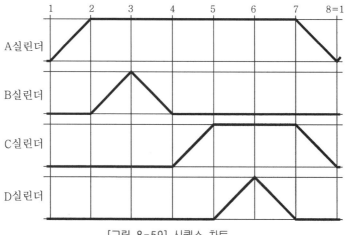

[그림 8-59] 시퀀스 차트

(6) 입출력 배선도

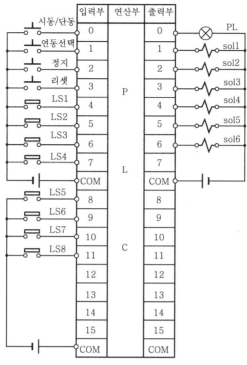

[그림 8-60] 입출력 배선도

(7) 제어회로도

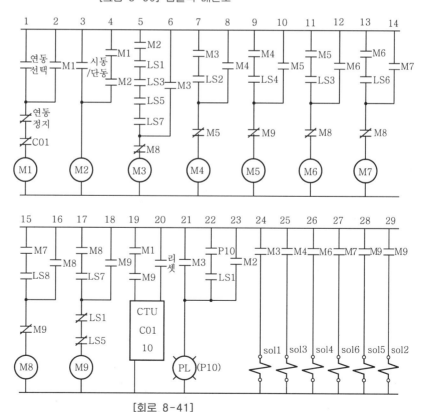

[회로 8-41]

(8) 동작설명

회로 8-41은 (4)의 공압 시스템을 시동 스위치를 누를 때마다 A+B+B-C+D+D-(C-·A-) 순서로 작동되며, A실린더가 전진을 시작하여 복귀완료 후 정지될 때까지 운전 표시등 PL을 점등시키도록 설계한 회로이다. 또한 연속 사이클 운전을 위해 1열의 연속 사이클 운전선택 스위치를 누른 후 3열의 시동 스위치를 누르면 상기 동작 시퀀스를 계속 반복하며, 실린더의 동작중에 정지 스위치를 누르면 동작중인 사이클을 종료하고 정지한다.

연동 사이클 운전시에는 19, 20열의 카운터 회로에 의해 동작 횟수 카운팅을 실시하며, 카운터 설정치인 10회를 동작하면 1열의 C01 b접점에 의해 연동 사이클 선택신호를 리셋시켜 연동 사이클 운전을 자동으로 종료시킨다.

⏰ 실습 22 | 부가조건회로가 부가된 4개 실린더의 순차제어회로

(1) 요구사항 : 시동 스위치를 누르면 4개의 에어 실린더가 (5)의 시퀀스 차트와 같이 A+B+C+C-B-C+C-A-D+D- 순서로 작동되어야 하고, 다음의 작업조건을 만족해야 한다.

① 단동 사이클 및 연동 사이클 운전이 PB 스위치에 의해 선택 가능해야 한다.
② 실린더의 동작중에는 운전 표시등 PL1이 점등되어야 한다.
③ 동작횟수 카운팅이 이루어져야 한다. 단, 연동 사이클 운전시에만 카운팅이 이루어져야 하고 총 10회 동작하면 연동 사이클 운전이 스스로 정지되며, 동시에 카운터 표시등 PL2가 점등되어야 한다.
④ 비상정지기능이 부가되어야 한다. A, B, C실린더의 동작중에 비상정지 스위치가 눌러지면 C-, B- 2초 후 A-순서로 복귀되어야 하며, D실린더만 동작중이라면 즉시 복귀되어야 한다. 동시에 비상 정지등(PL3)이 점등되어야 하며, 5초가 경과되면 비상정지 해제가 자동으로 이루어져야 한다.
⑤ 스텝 운전 기능이 부가되어야 한다. 즉, 스텝 운전을 선택하고 스텝 동작 스위치를 1회 ON-OFF할 때마다 동작 시퀀스대로 1스텝씩 작동되어야 한다.

(2) 실습목표 : ① 순차작동회로의 설계원리를 익힌다.
② 제어에서의 부가조건의 종류와 기능을 익힌다.
③ 부가조건회로의 적용방법을 익힌다.

(3) 구성기기 : ① PLC-공압 트레이너(DYES-2101) - 1셋
② 신호입력 유닛(DYES-5911) - 1셋
③ 프로그래밍용 컴퓨터 - 1셋

(4) 공압회로 구성도

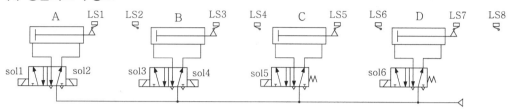

[그림 8-61] 공압회로도

(5) 시퀀스 차트

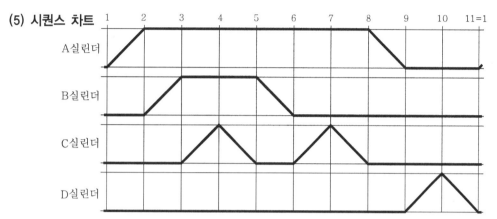

[그림 8-62] 시퀀스 차트

(6) 입출력 배선도

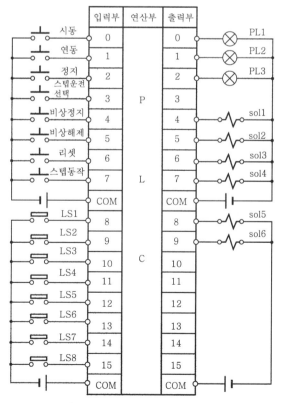

[그림 8-63] 입출력 배선도

(7) 제어회로도

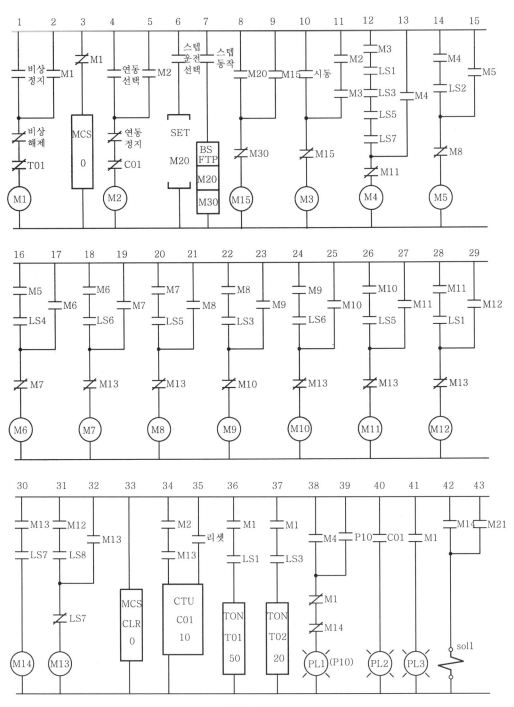

[회로 8-42]

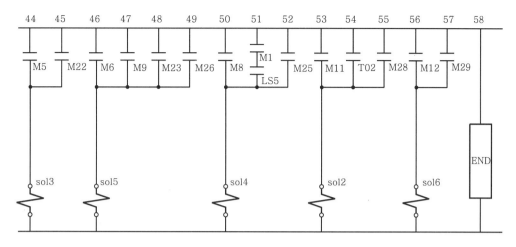

[회로 8-42] (계속)

(8) 동작설명

회로 8-42는 시동 스위치를 누르면 (4)의 공압 시스템이 (5)의 시퀀스 차트와 같이 1회 동작되도록 PLC 내부 릴레이와 리밋 스위치 신호조합으로 설계한 회로이다.

연동 사이클 운전은 4열의 선택 스위치를 누르면 M2 내부 릴레이가 ON되어 자기유지되고 11열의 M2 접점을 ON시켜 연동 사이클 운전을 선택시킨다. 이 상태에서 시동 스위치를 누르면 M3 내부 릴레이가 ON되어 11열에 의해 자기유지되고 12열의 시동신호를 계속 ON시키게 되므로, 실린더는 1사이클 운전이 종료되어 12열의 리밋 스위치 조합이 되면 다시 다음 사이클 운전을 계속하게 된다.

연동 사이클 운전시에는 마지막 운동 스텝의 동작신호인 M13이 ON-OFF될 때마다 34, 35열 카운터 회로의 카운팅이 이루어지고, 카운터 설정치인 10회가 동작되면 4열의 연동 사이클 선택회로를 OFF시켜 연동 사이클 운전을 스스로 정지시킨다.

또한 40열의 회로에 의해 카운터 표시등을 점등시키며, 카운터 리셋 스위치를 누르면 카운터 현재값은 0이 되고 카운터 표시등 PL2도 OFF된다.

A실린더가 전진하기 시작하면 38, 39열에 의해 동작 표시등 PL1이 점등되어 자기유지되고, 마지막 운동 스텝인 D실린더가 복귀완료되면 M14 내부 릴레이가 ON되어 동작 표시등 PL1을 OFF시킨다.

실린더 동작중에 비상정지 스위치를 누르면 1열의 M1 코일이 ON되어 3열의 공통 직렬접속 명령의 시작점과 33열의 해제점 사이의 모든 동작신호가 OFF되고 41열에 의해 비상 정지등이 점등된다.

이때 실린더 A, B, C가 모두 전진되었다면 편측 전자 밸브로 제어되는 C실린더는 즉시 복귀되고, C실린더가 복귀완료되어 LS5 리밋 스위치가 ON되면 51열에 의해 B실린더가 복귀된다. B실린더가 복귀완료되어 LS3 리밋 스위치가 ON되면 37열의 타이머 T02가 기동되어 2초 후 54열의 접점을 ON시킴으로써 실린더 A를 후진시키게 된다.

A실린더가 후진완료되면 36열의 T01 회로가 동작되고 5초가 경과되면 타임업되어 1열의 T01 b접점을 열으므로써 비상정지 해제 스위치를 누르지 않아도 자동으로 비상정지를 해제시키게 된다.

실린더가 한 스텝씩만 작동되는 스텝 운전을 하기 위해서는 6열의 스텝 운전 선택 스위치를 누른 후 7열의 스텝 동작 스위치를 한번 ON-OFF할 때마다 시퀀스 차트의 순서대로 실린더가 동작된다.

부록편

본 부록은 PLC 실습 및 응용 학습을 위해 국내에 많이
보급되어 있는 Master-K PLC와 GLOFA-GM PLC에
명령어 설명과 PLC 프로그래밍용 소프트웨어에 대한
사용 설명서를 수록한 것이다.
다만 지면관계로 매뉴얼의 일부만 편집 수록하였으므로
보다 자세한 내용은 메이커(LG 산전)의 매뉴얼을
참고하기 바란다.

제1장

Master-K PLC 명령어의 개요 및 분류

1.1 기본명령

1.1.1 접점 명령

명 칭	Function No.	심 벌	기 능
LOAD	-		a접점 연산개시
LOAD NOT	-		b접점 연산개시
AND	-		a접점 직렬 접속
AND NOT	-		b접점 직렬 접속
OR	-		a접점 병렬 접속
OR NOT	-		b접점 병렬 접속

1.1.2 결합 명령

명 칭	Function No.	심 벌	기 능
AND LOAD	-		A, B 블록 직렬접속
OR LOAD	-		A, B 블록 병렬접속
MPUSH	005		현재까지의 연산결과 Push
MLOAD	006		분기점에서 이전 연산결과 Load
MPOP	007		분기점에서 이전 연산결과 Pop

1.1.3 반전 명령

명 칭	Function No.	심 벌	기 능
NOT	-		NOT 명령 전까지의 연산결과를 반전

1.1.4 마스터 콘트롤 명령

명 칭	Function No.	심 벌	기 능
MCS	010	─[MCS n]─	마스터 콘트롤 Set (n : 0 ~ 7)
MCSCLR	011	─[MCSCLR n]─	마스터 콘트롤 Clear (n : 0 ~ 7)

1.1.5 출력 명령

명 칭	Function No.	심 벌	기 능
D	017	─[D Ⓓ]─	입력조건 상승시 1 스캔 Pulse 출력
D NOT	018	─[D NOT Ⓓ]─	입력조건 하강시 1 스캔 Pulse 출력
SET	-	─[SET Ⓓ]─	접점출력 On 유지(Set)
RST	-	─[RST Ⓓ]─	접점출력 Off 유지(Reset)
OUT	-	─( )─	연산결과 출력

1.1.6 순차/후입 우선 명령

명 칭	Function NO.	심 벌	기 능
SET S	-	─[SET Sxx.xx]─	순차제어 (스텝콘트롤러)
OUT S	-	─(Sxx.xx)─	후입우선 (스텝콘트롤러)

1.1.7 종료 명령

명 칭	Function No.	심 벌	기 능
END	001	─[END]─	Program 의 종료

1.1.8 무처리 명령

명 칭	Function No.	심 별	기 능
NOP	000	래더 표현 없음	무처리명령(No Operation), 니모닉에서 사용

1.1.9 타이머 명령

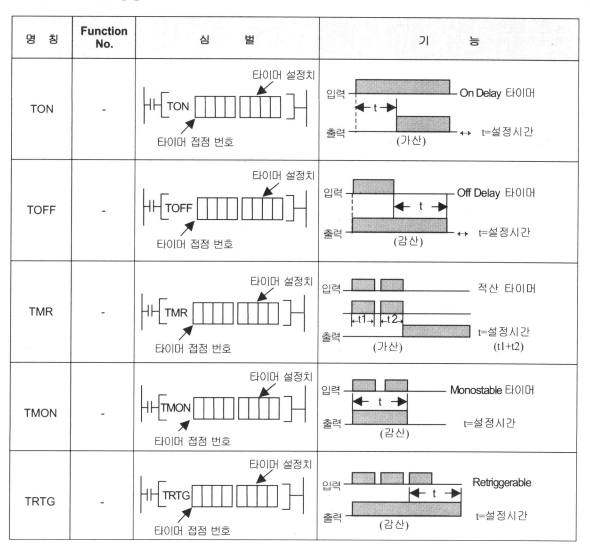

명 칭	Function No.	심 별	기 능
TON	-		On Delay 타이머
TOFF	-		Off Delay 타이머
TMR	-		적산 타이머
TMON	-		Monostable 타이머
TRTG	-		Retriggerable

1.1.10 카운터 명령

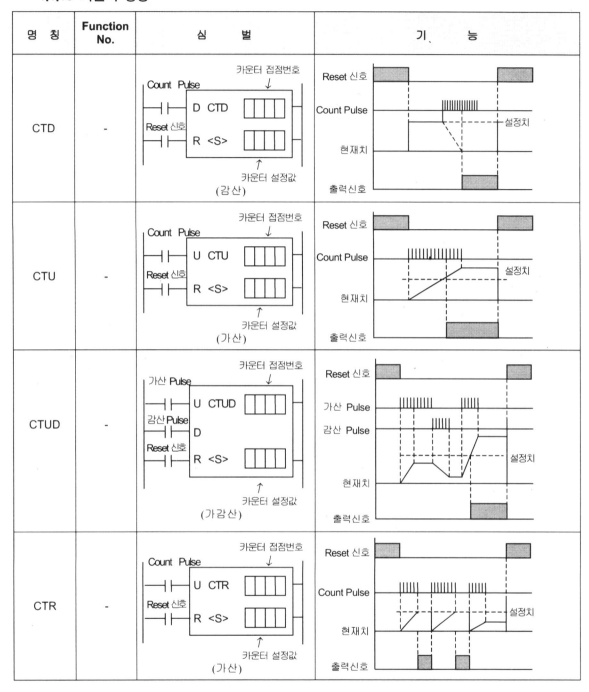

명 칭	Function No.	심 벌	기 능
CTD	-		
CTU	-		
CTUD	-		
CTR	-		

1.2 응용명령

1.2.1 데이터 전송 명령

명 칭	Function No.	심 별	기 능
MOV	080	─[MOV S Ⓓ]─	
MOVP	081	─[MOVP S Ⓓ]─	Move
DMOV	082	─[DMOV S Ⓓ]─	S ────────▶ Ⓓ
DMOVP	083	─[DMOVP S Ⓓ]─	
CMOV	084	─[CMOV S Ⓓ]─	Complement Move
CMOVP	085	─[BCMOVP S Ⓓ]─	S | 1 | 0 | 1 | 0 | ··· | 1 | 0 | 1 |
DCMOV	086	─[DCMOV S Ⓓ]─	↓
DCMOVP	087	─[DCMOVP S Ⓓ]─	Ⓓ | 0 | 1 | 0 | 1 | ··· | 0 | 1 | 0 |
GMOV	090	─[GMOV S Ⓓ Z]─	Group Move
GMOVP	091	─[GMOVP S Ⓓ Z]─	
FMOV	092	─[FMOV S Ⓓ Z]─	File Move
FMOVP	093	─[FMOVP S Ⓓ Z]─	
BMOV	100	─[BMOV S Ⓓ CW]─	비트 Move
BMOVP	101	─[BMOVP S Ⓓ CW]─	S ☐☐ → ☐☐☐ D

1.2.2 변환 명령

명 칭	Function No.	심 벌	기 능
BCD	060	—[BCD S ⒟]—	
BCDP	061	—[BCDP S ⒟]—	BIN BCD
DBCD	062	—[DBCD S ⒟]—	S ——————▶ ⒟
DBCDP	063	—[DBCDP S ⒟]—	BCD 변환
BIN	064	—[BIN S ⒟]—	
BINP	065	—[BINP S ⒟]—	BCD BIN
DBIN	066	—[DBIN S ⒟]—	S ——————▶ ⒟
DBINP	067	—[DBINP S ⒟]—	BIN 변환

1.2.3 비교 명령

명 칭	Function No.	심 벌	기 능
CMP	050	—[CMP S_1 S_2]—	
CMPP	051	—[CMPP S_1 S_2]—	S_1과 S_2를 비교
DCMP	052	—[DCMP S_1 S_2]—	(실행결과에 대하여는 교재 본문 참조)
DCMPP	053	—[DCMPP S_1 S_2]—	
TCMP	054	—[TCMP S_1 S_2]—	
TCMPP	055	—[TCMPP S_1 S_2]—	Table Compare
DTCMP	056	—[DTCMP S_1 S_2]—	
DTCMPP	057	—[DTCMPP S_1 S_2]—	
LOAD= LOADD=	028 029	—[= S_1 S_2]—	
LOAD> LOADD>	038 039	—[> S_1 S_2]—	S_1과 S_2의 내용을 비교하여 결과를
LOAD< LOADD<	048 049	—[< S_1 S_2]—	Result Bit (BR)에 저장
LOAD>= LOADD>=	058 059	—[>= S_1 S_2]—	(Signed 연산)
LOAD<= LOADD<=	068 069	—[<= S_1 S_2]—	
LOAD<> LOADD<>	078 079	—[< > S_1 S_2]—	※MASTER-K 80S 이상 기종에만 적용됨

명 칭	Function No.	심 벌	기 능
AND= ANDD=	094 095	─┤ = ├─ S₁ S₂ ├─	S₁과 S₂의 내용 비교결과와 BR을 AND 하여 Result Bit(BR)에 저장 (Signed 연산)
AND> ANDD>	096 097	─┤ > ├─ S₁ S₂ ├─	
AND< ANDD<	098 099	─┤ < ├─ S₁ S₂ ├─	
AND>= ANDD>=	106 107	─┤ >= ├─ S₁ S₂ ├─	
AND<= ANDD<=	108 109	─┤ <= ├─ S₁ S₂ ├─	
AND<> ANDD<>	118 119	─┤ < > ├─ S₁ S₂ ├─	
OR= ORD=	188 189	└─┤ = ├─ S₁ S₂ ├─	S₁과 S₂의 내용을 비교결과와 BR을 OR 하여 Result Bit(BR)에 저장 (Signed 연산)
OR> ORD>	196 197	└─┤ > ├─ S₁ S₂ ├─	
OR< ORD<	198 199	└─┤ < ├─ S₁ S₂ ├─	
OR>= ORD>=	216 217	└─┤ >= ├─ S₁ S₂ ├─	
OR<= ORD<=	218 219	└─┤ <= ├─ S₁ S₂ ├─	
OR<> ORD< >	228 229	└─┤ < > ├─ S₁ S₂ ├─	

1.2.4 증감 명령

명 칭	Function No.	심 벌	기 능
INC	020	─┤ INC Ⓓ ├─	Increment Ⓓ + 1 → Ⓓ
INCP	021	─┤ INCP Ⓓ ├─	
DINC	022	─┤ DINC Ⓓ ├─	
DINCP	023	─┤ DINCP Ⓓ ├─	
DEC	024	─┤ DEC Ⓓ ├─	Decrement Ⓓ − 1 → Ⓓ
DECP	025	─┤ DECP Ⓓ ├─	
DDEC	026	─┤ DDEC Ⓓ ├─	
DDECP	027	─┤ DDECP Ⓓ ├─	

1.2.5 회전 명령

명 칭	Function No.	심 별	기 능
ROL	030	ROL Ⓓ	좌회전
ROLP	031	ROLP Ⓓ	CY ← Ⓓ ←
DROL	032	DROL Ⓓ	
DROLP	033	DROLP Ⓓ	
ROR	034	ROR Ⓓ	우회전
RORP	035	RORP Ⓓ	Ⓓ → CY
DROR	036	DROR Ⓓ	
DRORP	037	DRORP Ⓓ	
RCL	040	RCL Ⓓ	Carry Flag 포함 좌회전
RCLP	041	RCLP Ⓓ	CY ← Ⓓ ←
DRCL	042	DRCL Ⓓ	
DRCLP	043	DRCLP Ⓓ	
RCR	044	RCR Ⓓ	Carry Flag 포함 우회전
RCRP	045	RCRP Ⓓ	Ⓓ → CY
DRCR	046	DRCR Ⓓ	
DRCRP	047	DRCRP Ⓓ	

1.2.6 이동 명령

명 칭	Function No.	심 별	기 능
BSFT BSFTP	074 075	BSFT S E BSFTP S E	비트 Shift
WSFT WSFTP	070 071	WSFT S E WSFTP S E	워드 Shift
SR	237	SR D N	Shift

1.2.7 교환 명령

명 칭	Function No.	심 별	기 능
XCHG	102	─[XCHG D₁ D₂]─	교환
XCHGP	103	─[XCHGP D₁ D₂]─	
DXCHG	104	─[DXCHG D₁ D₂]─	D₁ ◄────────► D₂
DXCHGP	105	─[DXCHGP D₁ D₂]─	

1.2.8 BIN 사칙 연산

명 칭	Function No.	심 별	기 능
ADD	110	─[ADD S₁ S₂ Ⓓ]─	Binary Add
ADDP	111	─[ADDP S₁ S₂ Ⓓ]─	
DADD	112	─[DADD S₁ S₂ Ⓓ]─	S₁ + S₂ ─────► Ⓓ
DADDP	113	─[DADDP S₁ S₂ Ⓓ]─	
SUB	114	─[SUB S₁ S₂ Ⓓ]─	Binary Subtract
SUBP	115	─[SUBP S₁ S₂ Ⓓ]─	
DSUB	116	─[DSUB S₁ S₂ Ⓓ]─	S₁ - S₂ ─────► Ⓓ
DSUBP	117	─[DSUBP S₁ S₂ Ⓓ]─	
MUL	120	─[MUL S₁ S₂ Ⓓ]─	Binary Multiply
MULP	121	─[MULP S₁ S₂ Ⓓ]─	
DMUL	122	─[DMUL S₁ S₂ Ⓓ]─	S₁＊S₂ ─────► Ⓓ (하위)
DMULP	123	─[DMULP S₁ S₂ Ⓓ]─	Ⓓ +1(상위)
DIV	124	─[DIV S₁ S₂ Ⓓ]─	Binary Divide
DIVP	125	─[DIVP S₁ S₂ Ⓓ]─	
DDIV	126	─[DDIV S₁ S₂ Ⓓ]─	S₁÷ S₂ ─────► Ⓓ (몫)
DDIVP	127	─[DDIVP S₁ S₂ Ⓓ]─	Ⓓ +1(나머지)

명 칭	Function No.	심 벌	기 능
MULS	072	—[MULS S_1 S_2 Ⓓ]—	$S1 * S2$ ⟶ Ⓓ (하위)
MULSP	073	—[MULSP S_1 S_2 Ⓓ]—	Ⓓ + 1 (상위)
DMULS	076	—[DMULS S_1 S_2 Ⓓ]—	(signed 연산)
DMULSP	077	—[DMULSP S_1 S_2 Ⓓ]—	
DIVS	088	—[DIVS S_1 S_2 Ⓓ]—	$S1 * S2$ ⟶ Ⓓ (몫)
DIVSP	089	—[DIVSP S_1 S_2 Ⓓ]—	Ⓓ + 1 (나머지)
DDIVS	128	—[DDIVS S_1 S_2 Ⓓ]—	(signed 연산)
DDIVSP	129	—[DDIVSP S_1 S_2 Ⓓ]—	

1.2.9 BCD 사칙 연산

명 칭	Function No.	심 벌	기 능
ADDB	130	—[ADDB S₁ S₂ Ⓓ]—	BCD Add
ADDBP	131	—[ADDBP S₁ S₂ Ⓓ]—	
DADDB	132	—[DADDB S₁ S₂ Ⓓ]—	$S_1 + S_2 \longrightarrow$ Ⓓ
DADDBP	133	—[DADDBP S₁ S₂ Ⓓ]—	
SUBB	134	—[SUBB S₁ S₂ Ⓓ]—	BCD Subtract
SUBBP	135	—[SUBBP S₁ S₂ Ⓓ]—	
DSUBB	136	—[DSUBB S₁ S₂ Ⓓ]—	$S_1 - S_2 \longrightarrow$ Ⓓ
DSUBBP	137	—[DSUBBP S₁ S₂ Ⓓ]—	
MULB	140	—[MULB S₁ S₂ Ⓓ]—	BCD Multiply
MULBP	141	—[MULBP S₁ S₂ Ⓓ]—	$S_1 * S_2 \longrightarrow$ Ⓓ (하위)
DMULB	142	—[DMULB S₁ S₂ Ⓓ]—	Ⓓ+1(상위)
DMULBP	143	—[DMULBP S₁ S₂ Ⓓ]—	
DIVB	144	—[DIVB S₁ S₂ Ⓓ]—	BCD Divide
DIVBP	145	—[DIVBP S₁ S₂ Ⓓ]—	
DDIVB	146	—[DDIVB S₁ S₂ Ⓓ]—	$S_1 \div S_2 \longrightarrow$ Ⓓ (몫)
DDIVBP	147	—[DDIVBP S₁ S₂ Ⓓ]—	Ⓓ+1(나머지)

1.2.10 논리 연산

명 칭	Function No.	심 벌	기 능
WAND	150	—[WAND S₁ S₂ Ⓓ]—	Word AND
WANDP	151	—[WANDP S₁ S₂ Ⓓ]—	
DWAND	152	—[DWAND S₁ S₂ Ⓓ]—	S_1 AND $S_2 \longrightarrow$ Ⓓ
DWANDP	153	—[DWANDP S₁ S₂ Ⓓ]—	

명 칭	Function No.	심 별	기 능
WOR	154	─[WOR S₁ S₂ ⓓ]─	
WORP	155	─[WORP S₁ S₂ ⓓ]─	Word OR
DWOR	156	─[DWOR S₁ S₂ ⓓ]─	
DWORP	157	─[DWORP S₁ S₂ ⓓ]─	S₁ OR S₂ ⟶ ⓓ
WXOR	160	─[WXOR S₁ S₂ ⓓ]─	
WXORP	161	─[WXORP S₁ S₂ ⓓ]─	Word Exclusive OR
DWXOR	162	─[DWXOR S₁ S₂ ⓓ]─	
DWXORP	163	─[DWXORP S₁ S₂ ⓓ]─	S₁ XOR S₂ ⟶ ⓓ
WXNR	164	─[WXNR S₁ S₂ ⓓ]─	
WXNRP	165	─[WXNRP S₁ S₂ ⓓ]─	Word Exclusive NOR
DWXNR	166	─[DWXNR S₁ S₂ ⓓ]─	
DWXNRP	167	─[DWXNRP S₁ S₂ ⓓ]─	S₁ XNR S₂ ⟶ ⓓ

1.2.11 표시 명령

명 칭	Function No.	심 별	기 능
SEG	174	─[SEG S ⓓ CW]─	
SEGP	175	─[SEGP S ⓓ CW]─	7 Segment 표시 출력
ASC	190	─[ASC S ⓓ CW]─	ASCII 코드로 변환
ASCP	191	─[ASCP S ⓓ CW]─	

1.2.12 시스템 명령

명 칭	Function No.	심 벌	기 능
FALS	204	─[FALS n]─	자기진단 (고장표시)
DUTY	205	─[DUTY Ⓓ n1 n2]─	n1 스캔동안 On, n2 스캔동안 Off
WDT	202	─[WDT]─	Watch Dog Timer Clear
WDTP	203	─[WDT P]─	
OUTOFF	208	─[OUTOFF]─	전출력 Off
STOP	008	─[STOP]─	PLC 운전을 종료

1.2.13 처리 명령

명 칭	Function No.	심 벌	기 능
BSUM	170	─[BSUM S Ⓓ]─	
BSUMP	171	─[BSUMP S Ⓓ]─	Bit Summary
DBSUM	172	─[DBSUM S Ⓓ]─	Word 내의 Data 중 "1"의 개수 Count
DBSUMP	173	─[DBSUMP S Ⓓ]─	
ENCO	176	─[ENCO S Ⓓ Z]─	Encode
ENCOP	177	─[ENCOP S Ⓓ Z]─	
DECO	178	─[DECO S Ⓓ Z]─	Decode
DECOP	179	─[DECOP S Ⓓ Z]─	
FILR	180	─[FILR S Ⓓ Z]─	
FILRP	181	─[FILRP S Ⓓ Z]─	File Table Read
DFILR	182	─[DFILR S Ⓓ Z]─	
DFILRP	183	─[DFILRP S Ⓓ Z]─	
FILW	184	─[FILW S Ⓓ Z]─	
FILWP	185	─[FILWP S Ⓓ Z]─	File Table Write
DFILW	186	─[DFILW S Ⓓ Z]─	
DFILWP	187	─[DFILWP S Ⓓ Z]─	

명 칭	Function No.	심 벌	기 능
DIS	194	─[DIS S Ⓓ Z]─	데이터 Distribution (분산)
DISP	195	─[DISP S Ⓓ Z]─	• Nibble 단위 (4 비트)
UNI	192	─[UNI S Ⓓ Z]─	데이터 Union (결합)
UNIP	193	─[UNIP S Ⓓ Z]─	• Nibble 단위 (4 비트)
IORF	200	─[IORF S₁ S₂]─	I/O Refresh
IORFP	201	─[IORFP S₁ S₂]─	

1.2.14 분기 명령

명 칭	Function No.	심 벌	기 능
JMP	012	─[JMP n]─	Jump
JME	013	─[JME n]─	Jump End
CALL	014	─[CALL n]─	Subroutine Call
CALLP	015	─[CALLP n]─	
SBRT	016	─[SBRT n]─	Subroutine
RET	004	─[RET]─	Return

1.2.15 Loop 명령

명 칭	Function No.	심 벌	기 능
FOR	206	─[FOR n]─	반복실행
NEXT	207	─[NEXT]─	
BREAK	220	─[BREAK]─	For ~ Next Loop 를 빠져 나옴

1.2.16 캐리 플래그 관련 명령

명 칭	Function No.	심 벌	기 능
STC	002	─[STC]─	Set 캐리 플래그
CLC	003	─[CLC]─	클리어 캐리 플래그

1.2.17 에러 플래그 리셋 명령

명 칭	Function No.	심 벌	기 능
CLE	009	─┤ CLE ├─	에러 래치 플래그인 F115 를 클리어

1.2.18 특수 모듈 관련 명령

명 칭	Function No.	심 벌	기 능
GET GETP	230 231	─[GET n N D n]─ ─[GETP n N D n]─	특수 모듈 공용 RAM 으로 데이터 Read (CPU ← 공용 RAM) ↑ 데이터
PUT PUTP	234 235	─[PUT n N S n]─ ─[PUTP n N S n]─	특수 모듈 공용 RAM 으로 데이터 Write (CPU ← 공용 RAM) ↑ 데이터

1.2.19 데이터 링크 관련 명령

명 칭	Function No.	심 벌	기 능
READ	244	─[READ t s D S n X]─	FUEA 모듈을 이용하여 지정국번 모듈 데이터를 Read
WRITE	245	─[WRITE t s S D n X]─	FUEA 모듈을 이용하여 지정국번 모듈에 데이터를 Write
RGET	232	─[RGET t s D S n X]─	FUEA 모듈을 이용하여 Remote 국에 장착된 모듈 데이터를 Read
RPUT	233	─[RPUT t s S D n X]─	FUEA 모듈을 이용하여 Remote 국에 장착된 모듈 데이터를 Write
CONN (MINI MAP)	246	─[CONN t s X]─	[MiniMap 전용명령] 통신국과의 통신채널 설립을 위해서 사용
STATUS	247	─[STATUS t s D X]─	상대국의 상태를 알고자 할 때 사용

1.2.20 인터럽트 관련 명령

명 칭	Function No.	심 벌	기 능
EI	238	─┤ EI n ├─	인터럽트 허가 (채널별)
DI	239	─┤ DI n ├─	인터럽트 금지 (채널별)
EI	221	─┤ EI ├─	인터럽트 허가 (전채널)
DI	222	─┤ DI ├─	인터럽트 금지 (전채널)
TDINT n	226	─┤ TDINT n ├─	정주기 인터럽트
INT n	227	─┤ INT n ├─	외부입력 인터럽트
IRET	225	─┤ IRET ├─	인터럽트 루틴(Routine) 종료 표시

1.2.21 부호 반전 명령

명 칭	Function No.	심 벌	기 능
NEG	240	─┤ NEG ⒟ ├─	⒟ 로 지정된 영역의 내용을 2 의 보수값을 ⒟ 영역에 저장
NEGP	241	─┤ NEGP ⒟ ├─	
DNEG	242	─┤ DNEG ⒟ ├─	
DNEGP	243	─┤ DNEGP ⒟ ├─	

1.2.22 데이터 레지스터(D) 영역 비트 제어 명령

명 칭	Function No.	심 별	기 능
BLD	248	—[B D N]—	Device D 영역의 N 번째 비트를 현재의 연산 결과로 한다.
BLDN	249	—[BN D N]—	Device D 영역의 N 번째 비트를 반전하여 현재의 연산결과로 한다.
BAND	250	—||—[B D N]—	Device D 영역의 N 번째 비트를 현재의 연산결과와 AND 한다.
BANDN	251	—||—[BN D N]—	Device D 영역의 N 번째 비트를 반전하여 현재의 연산결과와 AND 한다.
BOR	252	[B D N]	Device D 영역의 N 번째 비트를 현재의 연산 결과와 OR 한다.
BORN	253	[BN D N]	Device D 영역의 N 번째 비트를 반전하여 현재의 연산결과와 OR 한다.
BOUT	236	—[BOUT D N]—	Device D 영역의 N 번째 비트를 현재의 연산 결과를 출력한다.
BSET	223	—[BSET D N]—	조건 만족 시 Device D 영역의 N 번째 비트를 Set 한다.
BRST	224	—[BRST D N]—	조건 만족 시 Device D 영역의 N 번째 비트를 Reset 한다.

1.2.23 내장 고속 카운터, PID 명령어

명 칭	Function No.	심 별	기 능
HSC	215	EN HSC PV< > U/D SV< > PR	EN 신호가 On 되면 내장 고속카운터 기능을 수행합니다.
HSCNT	210	HSCNT	파라미터에 설정된 고속카운터 기능을 수행합니다.
PIDCAL	139	PIDCAL D	D 로 지정된 영역의 설정대로 내장 PID 연산 명령을 수행합니다.
PIDTUN	138	PIDTUN D	D 로 지정된 영역의 설정대로 내장 PID 자동 동조를 수행합니다.

제2장

명령어 상세설명

2.1 접점 명령

2.1.1 LOAD, LOAD NOT, OUT

LOAD LOAD NOT OUT	

명 령		사용 가능 영역										스텝수	플래그		
		M	P	K	L	F	T	C	S	D	#D	정수		에러 (F110)	제로 (F111)	캐리 (F112)
LOAD LOAD NOT	S₁	○	○	○	○	○	○	○	○				1			
OUT	Ⓓ	○	○	○	○*				○							

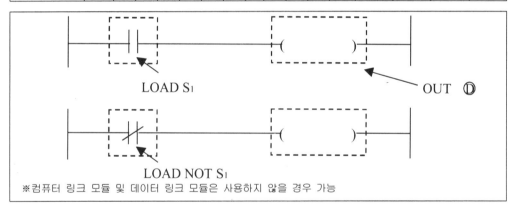

LOAD S₁   OUT Ⓓ

LOAD NOT S₁

※컴퓨터 링크 모듈 및 데이터 링크 모듈은 사용하지 않을 경우 가능

- LOAD S_1

 ① 기능

   • 한 회로의 a접점

   • 지정접점(S_1)의 On/Off 정보를 연산결과로 합니다.

- LOAD NOT S_1

 ① 기능

   • 한 회로의 b접점

   • 지정접점(S_1)의 On/Off 정보를 연산결과로 합니다.

- OUT Ⓓ

 ① 기능

   • OUT 명령까지의 연산결과를 지정한 접점에 출력합니다.

   • OUT 명령은 병렬사용이 가능합니다.

2.1.2 AND, AND NOT

AND AND NOT	

명 령		사용 가능 영역											스텝수	플래그		
		M	P	K	L	F	T	C	S	D	#D	정수		에러 (F110)	제로 (F111)	캐리 (F112)
AND AND NOT	S₁	○	○	○	○	○	○	○	○				1			

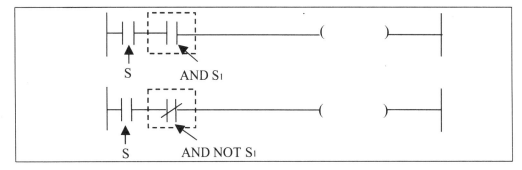

- AND S₁
  ① 기능
    - a접점 직렬접속명령입니다.
    - 지정접점(S1)의 a접점과, 직렬로 연결된 접점을 AND 연산하여 그것을 연산결과로 합니다.

- AND NOT S₁
  ① 기능
    - b접점 직렬접속명령입니다.
    - 지정접점(S1)의 b접점과, 직렬로 연결된 접점을 AND 연산하여 그것을 연산결과로 합니다.

- 프로그램 예
  입력조건 P0000이 성립할 때 AND 조건 P0001과 AND NOT P0002가 연산을 하여 P0021에 출력되는 프로그램

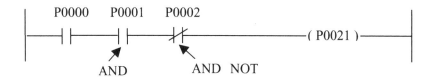

2.1.3 OR, OR NOT

OR OR NOT	

명 령		사용 가능 영역											스텝수	플래그		
		M	P	K	L	F	T	C	S	D	#D	정수		에러 (F110)	제로 (F111)	캐리 (F112)
OR OR NOT	S_1	○	○	○	○	○	○	○	○				1			

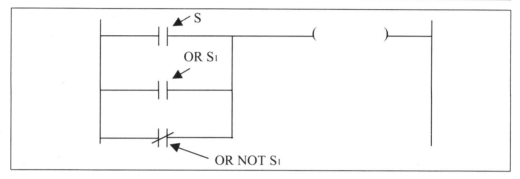

■ OR S_1

　① 기능

　　• 접점 1개의 a접점 병렬접속명령입니다.

　　• 지정접점(S_1)의 a접점과, 병렬로 연결된 접점을 OR 연산하여 그것을 연산결과로 합니다.

■ OR NOT S_1

　① 기능

　　• 접점 1개의 b접점 병렬접속명령입니다.

　　• 지정접점(S_1)의 b접점과, 병렬로 연결된 접점을 OR 연산하여 그것을 연산결과로 합니다.

■ 프로그램 예

　입력조건 P0000, P0001 중 하나의 접점만 On되어도 P0021이 출력되는 프로그램

- 모터의 정역 운전(LOAD, AND, OR, OUT)의 예제

1. 동작

순간 접촉 푸쉬 버튼 PB1을 누르면 모터는 시계방향으로 회전하고, 순간 접촉 푸쉬 버튼 PB2를 누르면 모터는 시계반대방향으로 회전합니다. 모터는 정지하지 않고 회전방향을 변경할 수 있고, 순간 접촉 푸쉬 버튼 PB0을 누르면 모터는 정지합니다.

2. 시스템도

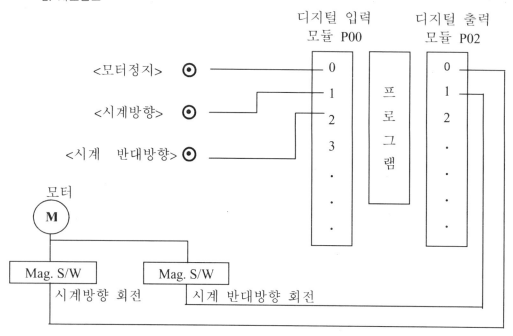

3. 프로그램

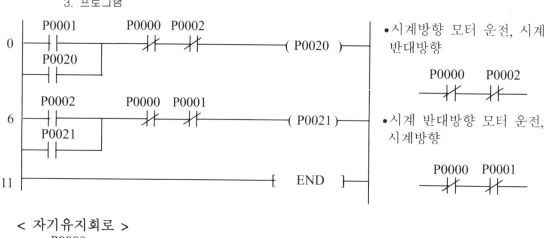

- 시계방향 모터 운전, 시계 반대방향

  P0000   P0002
  ──/ /──────/ /──

- 시계 반대방향 모터 운전, 시계방향

  P0000   P0001
  ──/ /──────/ /──

< 자기유지회로 >

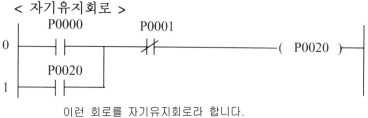

이런 회로를 자기유지회로라 합니다.

- P0000 의 On 은 출력 P0020 을 On 시키고, 다시 자신을 입력으로 사용합니다.
a 접점 P0020 을 On 시켜 P0001 신호가 들어 올 때까지 On 상태를 지속하게 합니다.

2.1 접점 명령

2.2.1 AND LOAD

AND LOAD	

명 령	사용 가능 영역											스텝수	플래그		
	M	P	K	L	F	T	C	S	D	#D	정수		에러 (F110)	제로 (F111)	캐리 (F112)
AND LOAD												1			

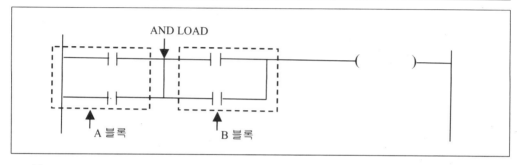

- **기능**

    - A블록과 B블록을 AND 연산합니다.
    - AND LOAD를 연속해서 사용하는 경우 최대 사용명령횟수를 넘으면 정상적인 연산이 불가능합니다.

- **프로그램 예**

    입력조건 P0000, P0004 또는 P0001, P0005가 On되면 P0020이 출력되는 프로그램

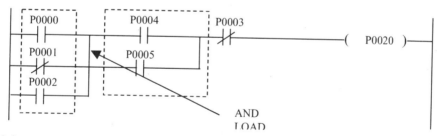

- **타임차트**

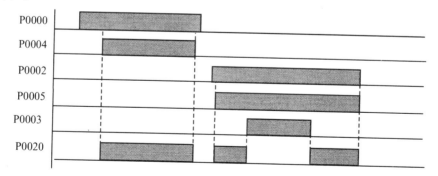

2.2.2 OR LOAD

OR LOAD	

명 령	사용 가능 영역												스텝수	플래그		
	M	P	K	L	F	T	C	S	D	#D	정수		에러 (F110)	제로 (F111)	캐리 (F112)
OR LOAD													1			

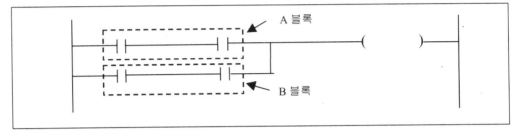

- 기능
  - A블록과 B블록을 OR 연산하여 연산결과로 합니다.
  - OR LOAD를 연속해서 사용하는 경우 최대 사용명령횟수를 넘으면 정상적인 연산이 불가능합니다.
- 프로그램 예

  입력조건 P0000, P0005 또는 P0004, P0005가 On되면 P0020, P0021이 출력되는 프로그램

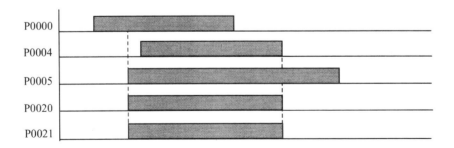

- 타임차트

26

2.3 반전 명령

2.3.1 NOT

NOT	

명 령	사용 가능 영역											스텝수	플래그		
	M	P	K	L	F	T	C	S	D	#D	정수		에러 (F110)	제로 (F111)	캐리 (F112)
NOT												1			

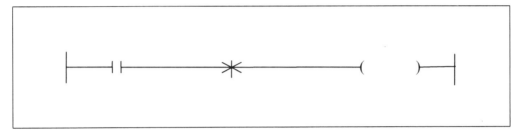

- 기능

  반전 명령 NOT를 사용하면 반전 명령 좌측의 회로에 대하여 a접점회로는 b접점회로로, b접점회로는 a접점회로로(그리고 직렬연결회로는 병렬연결회로로, 병렬연결회로는 직렬연결회로로) 반전됩니다.

- 프로그램 예

  프로그램 ①, ②는 동일결과를 출력하는 예제입니다.

  ● 프로그램 ①

  ● 프로그램 ②

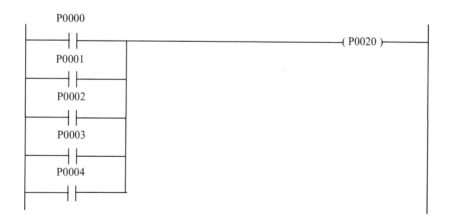

2.4 마스터 컨트롤 명령

2.4.1 MCS, MCSCLR

MCS	FUN(010) MCS
MCSCLR	FUN(011) MCSCLR

명 령	사용 가능 영역												스텝수	플래그		
	M	P	K	L	F	T	C	S	D	#D	정수			에러 (F110)	제로 (F111)	캐리 (F112)
MCS MCSCLR											○		1			

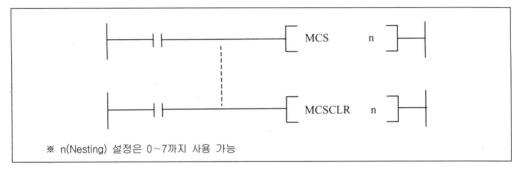

※ n(Nesting) 설정은 0~7까지 사용 가능

■ 기능

- MCS의 입력조건이 On하면 MCS 번호와 동일한 MCSCLR까지를 실행하고 입력조건이 Off하면 실행하지 않는다.
- 우선순위는 MCS 번호 0이 가장 높고 7이 가장 낮으므로 우선 순위가 높은 순으로 사용하고 해제는 그 역순으로 합니다.
- MCSCLR시 우선순위가 높은 것을 해제하면 낮은 순위의 MCS 블록도 함께 해제됩니다.
  ※ MCS 혹은 MCSCLR은 우선순위에 따라 순차적으로 사용하여야 합니다.

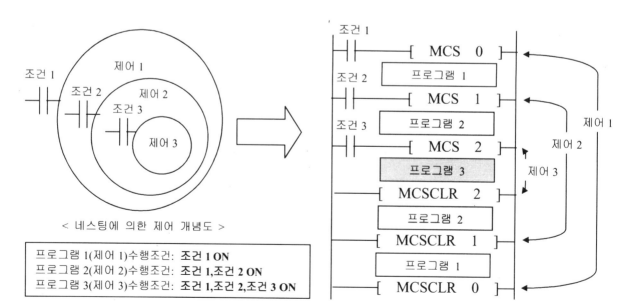

< 네스팅에 의한 제어 개념도 >

프로그램 1(제어 1)수행조건: **조건 1 ON**
프로그램 2(제어 2)수행조건: **조건 1,조건 2 ON**
프로그램 3(제어 3)수행조건: **조건 1,조건 2,조건 3 ON**

■ 공통 LINE이 있는 회로(MCS, MCSCLR의 예제)

아래에 나타난 회로상태 그대로 PLC 프로그램이 되지 않으므로 마스터 컨트롤(MCS, MCSCLR)
명령을 사용하여 프로그램합니다.

<릴레이 회로>

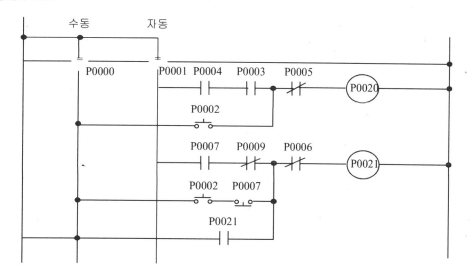

<마스터 컨트롤을 사용한 프로그램>

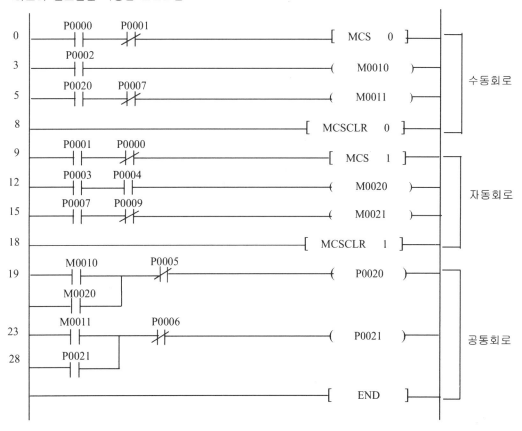

29

2.5 출력 명령

2.5.1 D

D	ΓUN(017)

명 령		사용 가능 영역											스텝수	플래그		
		M	P	K	L	F	T	C	S	D	#D	정수		에러 (F110)	제로 (F111)	캐리 (F112)
D	Ⓓ	○	○	○	○*								2			

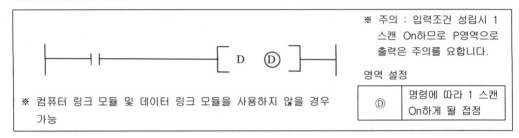

※ 주의 : 입력조건 성립시 1 스캔 On하므로 P영역으로 출력은 주의를 요합니다.

영역 설정

Ⓓ	명령에 따라 1 스캔 On하게 될 접점

※ 컴퓨터 링크 모듈 및 데이터 링크 모듈을 사용하지 않을 경우 가능

■ 기능

입력조건이 Off → On될 때 지정접점을 1스캔 On하고 그 이외에는 Off됩니다.

■ 프로그램 예

• 입력조건이 P0002가 성립(Off → On)될 때 D명령을 실행하는 프로그램
• 프로그램

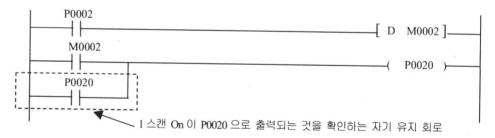

1 스캔 On 이 P0020 으로 출력되는 것을 확인하는 자기 유지 회로

■ 타임차트

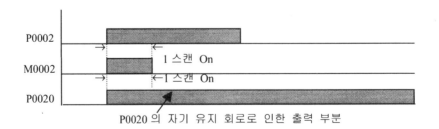

P0020 의 자기 유지 회로로 인한 출력 부분

- **출력 On/Off 조작(D의 예제)**

1. 동작

순간 접촉 푸쉬 버튼 PB0을 첫 번째 누르면 출력이 On하고, 두 번째 누르면 출력이 Off
됩니다. PB0을 누를 때마다 출력이 On/Off를 반복합니다.

2. 시스템도

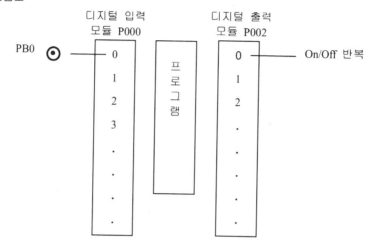

3. 프로그램

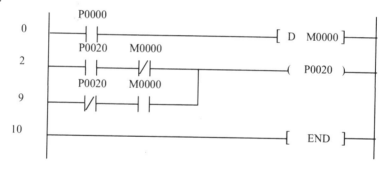

4. 타임차트

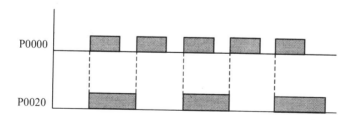

31

2.5.2 D NOT

D NOT	FUN(018) D NOT

명 령		사용 가능 영역										스텝수	플래그		
		M	P	K	L	F	T	C	S	D	#D	정수		에러 (F110)	제로 (F111)	캐리 (F112)
D NOT	ⓓ	○	○	○	○*							.	2			

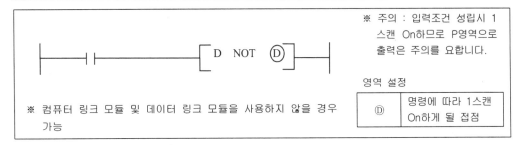

※ 주의 : 입력조건 성립시 1 스캔 On하므로 P영역으로 출력은 주의를 요합니다.

영역 설정

ⓓ	명령에 따라 1스캔 On하게 될 접점

※ 컴퓨터 링크 모듈 및 데이터 링크 모듈을 사용하지 않을 경우 가능

- 기능

  입력조건이 On → Off될 때 지정접점을 1스캔 On하고 그 이외에는 Off됩니다.

- 프로그램 예

  ● 입력조건이 P0000이 성립(On → Off)할 때 D NOT 명령을 실행하는 프로그램

  ● 프로그램

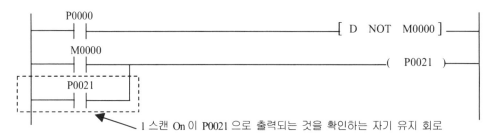

1 스캔 On 이 P0021 으로 출력되는 것을 확인하는 자기 유지 회로

- 타임차트

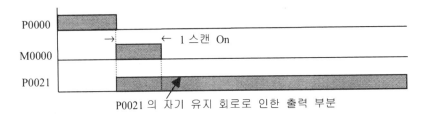

P0021 의 자기 유지 회로로 인한 출력 부분

2.5.3 SET

SET	

명 령		사용 가능 영역										스텝수	플래그		
		M	P	K	L	F	T	C	S	D	#D	정수		에러 (F110)	제로 (F111)	캐리 (F112)
SET	Ⓓ	○	○	○	○*				○				1			

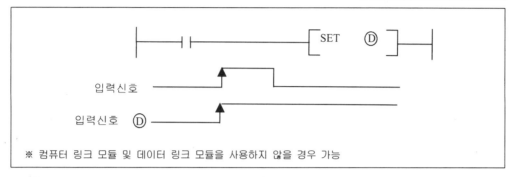

※ 컴퓨터 링크 모듈 및 데이터 링크 모듈을 사용하지 않을 경우 가능

- 기능

입력조건이 On되면 지정출력접점을 On 상태로 유지시켜 입력이 Off되어도 출력이 On 상태를 유지합니다.

- 프로그램 예

입력조건 P0000이 On → Off하였을 때 P0020, P0021의 출력상태를 확인하는 프로그램

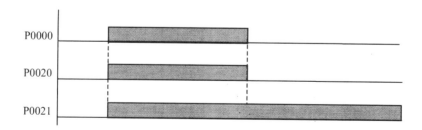

- 타임차트

P0000

P0020

P0021

2.5.4 RST

RST	

명령		사용 가능 영역											스텝수	플래그		
		M	P	K	L	F	T	C	S	D	#D	정수		에러 (F110)	제로 (F111)	캐리 (F112)
RST	Ⓓ	○	○	○	○*		○						1			

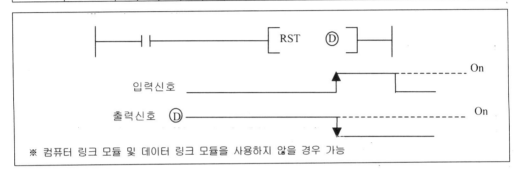

※ 컴퓨터 링크 모듈 및 데이터 링크 모듈을 사용하지 않을 경우 가능

■ 기능

입력조건이 On되면 지정출력접점을 Off 상태로 유지시켜 입력이 Off되어도 출력이 Off 상태를 유지합니다.

■ 프로그램 예

입력조건이 P0000이 On → Off하였을 때 P0020, P0021의 출력상태를 확인하고 P0021 출력을 Off시키는 프로그램

■ 타임차트

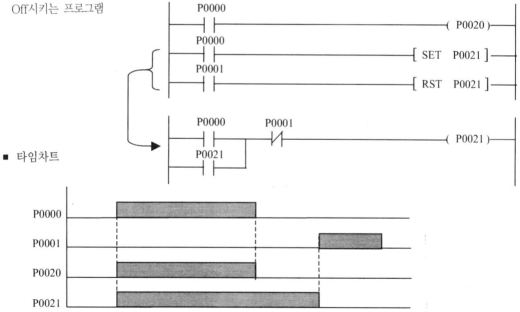

34

■ 정전대책에 대하여

● P와 K 영역의 차이점, 세트/리세트 동작에 대하여

1. 입출력 릴레이(P)와 킵 릴레이(K)의 차이점

다음의 시퀀스는 모두 자기보존회로를 갖고 있으며 그 동작은 동일합니다. 그러나 출력이
On중에 정전되면 복전시의 출력상태는 다르게 됩니다.

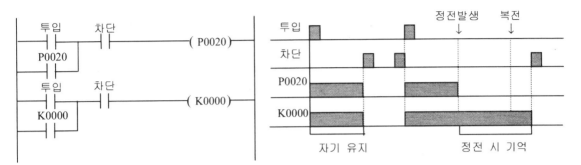

2. SET/RST 명령에서 입출력 릴레이(P)와 킵 릴레이(K) 영역 동작의 차이점

세트/리세트 명령은 자기보존기능을 갖고 있기 때문에 출력이 1회 세트(On)되면 "차단"
입력이 들어올 때까지 그 상태가 계속됩니다. 그러나 입출력 릴레이(P) 영역과 킵 릴레이
(K) 영역의 차이점에 의해, 복전시의 동작이 다릅니다.

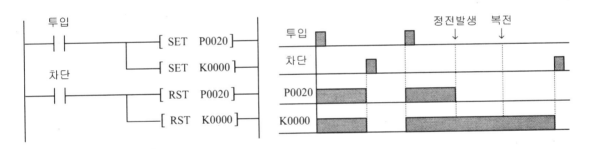

2.6 순차 후입 우선 명령

2.6.1 SET Sxx.xx

| SET S
(스텝 컨트롤러) | | | | | | | | | | | | | | |

명 령	사용 가능 영역											스텝수	플래그		
	M	P	K	L	F	T	C	S	D	#D	정수		에러 (F110)	제로 (F111)	캐리 (F112)
SET S								○				2			

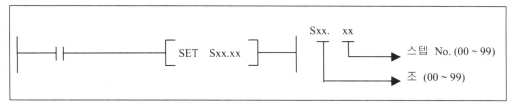

- **SET Sxx.xx(순차 제어)**
  - 동일 조내에서 바로 이전의 스텝 번호가 On되었을 때 현재 스텝 번호가 On됩니다.
  - 현재 스텝 번호가 On되면 자기유지되어 입력접점이 Off되어도 On되어진 상태를 유지합니다.
  - 입력조건 접점이 동시에 On되어도 한 조내에서는 한 스텝 번호만이 On되어 집니다.
  - SET Sxx.xx 명령은 Sxx.00의 입력접점을 On시킴으로써 클리어됩니다.

- **프로그램 예**
  - 프로그램 −S01.**조를 이용한 순차 제어 프로그램

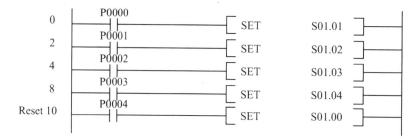

  - 순차 제어는 바로 이전의 스텝이 On이고 자신의 조건접점이 On이면 출력됩니다.

- **타임차트**

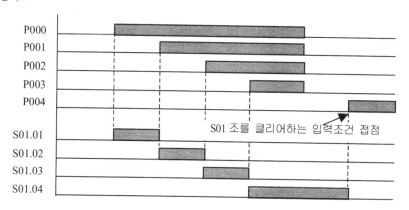

36

■ 순차 제어(SET S의 예제)

아래 프로그램은 공정 1이 끝나야만 공정 2가 수행되어 또 공정 3이 실행되고, 공정 4가 끝 나면, 다시 1번 공정이 모두 순차적으로 수행되는 과정을 간략하게 작성한 것입니다.

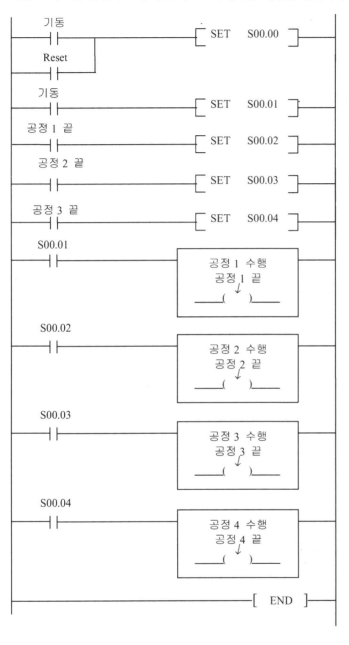

2.6.2 OUT Sxx.xx

OUT S	

명 령	사용 가능 영역											스텝수	플래그		
	M	P	K	L	F	T	C	S	D	#D	정수		에러 (F110)	제로 (F111)	캐리 (F112)
OUT S								○				2			

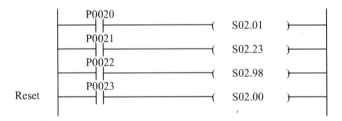

S xx . xx

스텝 No. (00 ~ 99)

조 (00 ~ 99)

- OUT Sxx.xx(후입 우선)
  - 동일 조내에서 입력조건접점이 다수가 On하여도 한 개의 스텝 번호만 On합니다.
    입력조건이 동시에 On하면 나중에 프로그램된 것이 우선으로 출력됩니다.(LIFO)
  - 현재 스텝 번호가 On되면 자기유지되어 입력조건이 Off되어도 On되어진 상태를 유지합니다.
  - OUT Sxx.xx 명령은 Sxx.00의 입력접점을 On시킴으로써 클리어됩니다.

- 프로그램 예
  - S02조를 이용한 후입 우선 제어 프로그램

```
        P0020
        ─┤ ├─────────────( S02.01 )
        P0021
        ─┤ ├─────────────( S02.23 )
        P0022
        ─┤ ├─────────────( S02.98 )
Reset   P0023
        ─┤ ├─────────────( S02.00 )
```

No.	P020	P021	P022	P023	S02.01	S02.23	S02.98	S02.00
1	On	Off	Off	Off	○			
2	On	On	Off	Off		○		
3	On	On	On	Off			○	
4	On	On	On	On				○

2.7 종료 명령

2.7.1 END

END	FUN(001)											

명 령	사용 가능 영역											스텝수	플래그		
	M	P	K	L	F	T	C	S	D	#D	정수		에러 (F110)	제로 (F111)	캐리 (F112)
END												1			

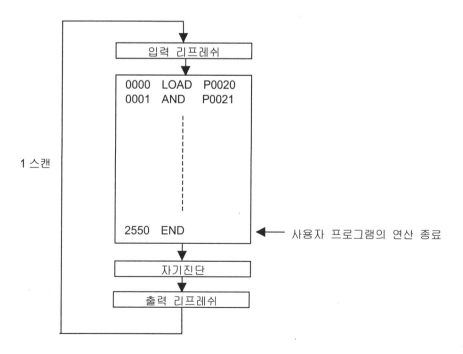

- **기능**
  - 프로그램 종료를 표시합니다.
  - END 명령 처리 후 0000 스텝으로 돌아가 처리합니다.
  - END 명령은 반드시 프로그램의 마지막에 입력합니다.
    (입력하지 않으면 Missing End Error 발생)

2.9 타이머 명령

2.9.1 TON

TON	On 타이머

명령	사용 가능 영역											스텝수	플래그		
	M	P	K	L	F	T	C	S	D	#D	정수		에러 (F110)	제로 (F111)	캐리 (F112)
TON						○						3			
설정치									○		○				

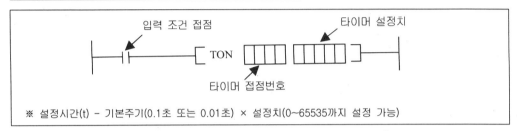

※ 설정시간(t) − 기본주기(0.1초 또는 0.01초) × 설정치(0~65535까지 설정 가능)

■ 기능

- 입력조건이 On되는 순간부터 현재치가 증가하여 타이머 설정시간(t)에 도달하면 타이머 접점이 On됩니다.
- 입력조건이 Off되거나 Reset 명령을 만나면 타이머 출력이 Off되고 현재치는 "0"이 됩니다.

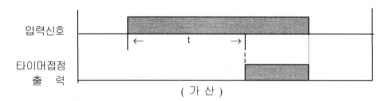

(가 산)

■ 프로그램 예

- P0000이 On한 후 20초 후에 타이머의 현재치와 설정치가 같을 때 출력 On
- 현재치가 설정치에 도달 전에 입력조건이 Off하면 현재치는 "0"이 됩니다.
- P0001이 On하면 현재치 "0"이 됩니다.

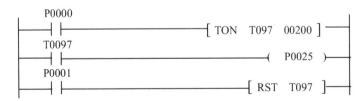

■ 타임차트

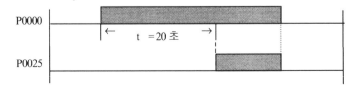

■ 플리커 회로(TON의 예제)

1. 동작

   타이머 2개를 사용하여 출력을 플리커(깜박이)시킵니다.

2. 시스템도

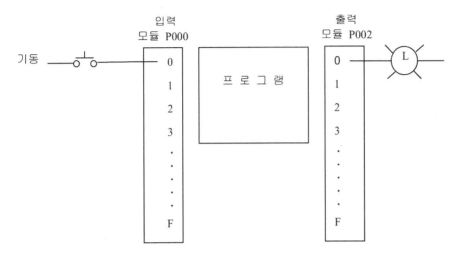

● 타임차트

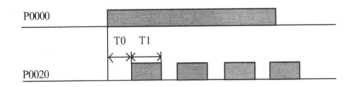

3. 프로그램

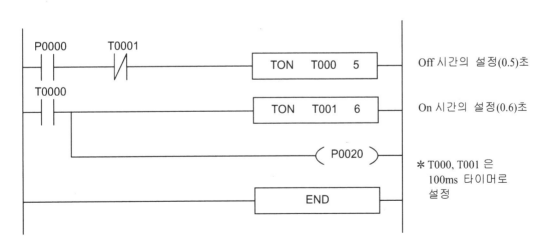

2.9.2 TOFF

TOFF	Off 타이머

명 령	사용 가능 영역											스텝수	플래그		
	M	P	K	L	F	T	C	S	D	#D	정수		에러 (F110)	제로 (F111)	캐리 (F112)
TOFF						○						3			
설정치									○	.	○				

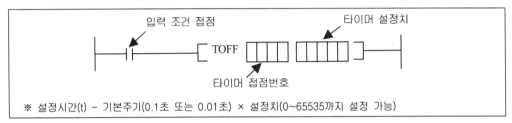

※ 설정시간(t) – 기본주기(0.1초 또는 0.01초) × 설정치(0~65535까지 설정 가능)

- 기능
  - 입력조건이 On되는 순간 성립되는 동안 타이머의 현재치는 설정치가 되며 출력은 On됩니다.
  - 입력조건이 Off되면 타이머 현재치가 설정치로부터 감산되어 현재치가 "0"이 되는 순간 출력이 Off됩니다.
  - Reset 명령을 만나면 타이머 출력은 Off되고 현재치는 "0"이 됩니다.

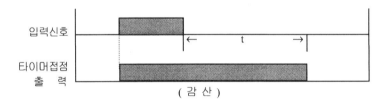

- 프로그램 예
  - 입력 P0000이 접점이 On하면 T0000 접점이 동시에 On하고 출력 P0025는 On합니다.
  - 입력 P0000이 Off한 후 타이머는 감산을 시작하여 현재치가 "0"이 되면 타이머 접점이 Off됩니다.
  - P0002가 On하면 현재치는 "0"이 됩니다.

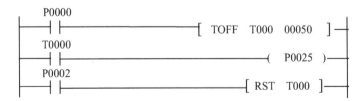

- 타임차트

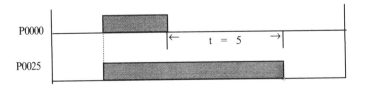

- **컨베이어 제어(TON, TOFF)의 예제**

  1. 동작

     여러 대의 컨베이어를 순서에 따라 기동(A→B→C), 정지(C→B→A)합니다.

  2. 시스템도

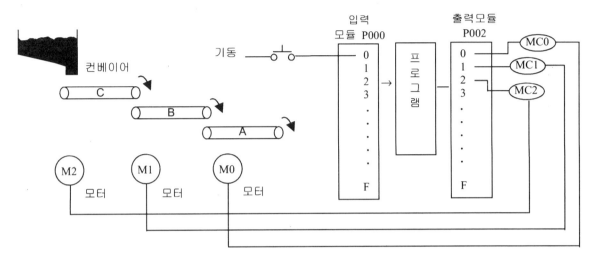

  3. 프로그램

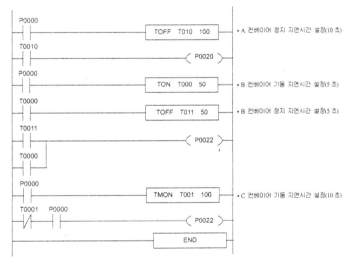

  · 타임차트

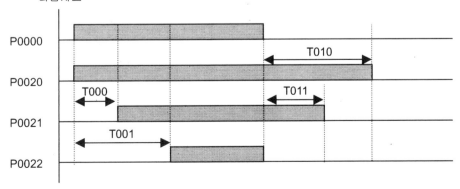

2.9.3 TMR

TMR	적산 타이머

명 령	사용 가능 영역												스텝수	플래그		
	M	P	K	L	F	T	C	S	D	#D	정수		에러 (F110)	제로 (F111)	캐리 (F112)
TMR						○						3			
설정치									○		○				

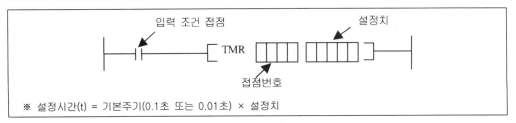

입력 조건 접점   설정치

TMR □□□□   □□□□□

접점번호

※ 설정시간(t) = 기본주기(0.1초 또는 0.01초) × 설정치

- 기능
  - 입력조건이 성립되는 동안 현재치가 증가하여 누적된 값이 타이머의 설정시간에 도달하면 타이머 접점이 On됩니다.
  - 적산 타이머는 정전시도 타이머값을 유지하므로 PLC 야간정전에도 이상 없습니다.(불휘발성 영역 사용의 경우)
  - Reset 입력조건이 성립되면 타이머 접점은 Off되고 현재치는 "0"이 됩니다.

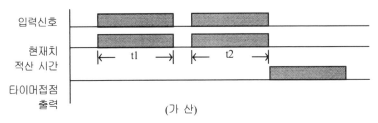

입력신호

현재치
적산 시간   t1   t2

타이머접점
출력

(가 산)

설정시간(t) = t1 + t2

- 프로그램 예
  - 접점 P0000이 On, Off, On을 반복한 후 T0096이 On하여 출력접점 P0021을 On(t1+t2=30초) 합니다.
  - Reset 신호 P0003을 On하면 현재치는 "0"이 되면서 P0021은 Off됩니다.

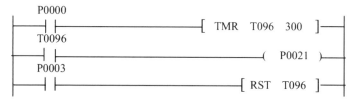

```
     P0000
  ─┤ ├─────────────────────────[ TMR  T096  300 ]──
     T0096
  ─┤ ├─────────────────────────────( P0021 )──
     P0003
  ─┤ ├─────────────────────────[ RST  T096 ]──
```

- 타임차트

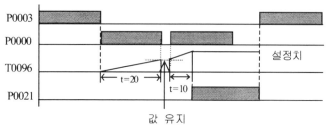

P0003

P0000

T0096   설정치

　　　 t=20
　　　　　　 t=10
P0021

값 유지

44

■ 공구 수명 경보회로(TMR의 예제)

1. 동작

머니싱 센터 등의 공구사용시간을 측정하여 공구교환을 위한 경보등을 출력합니다.

2. 시스템도

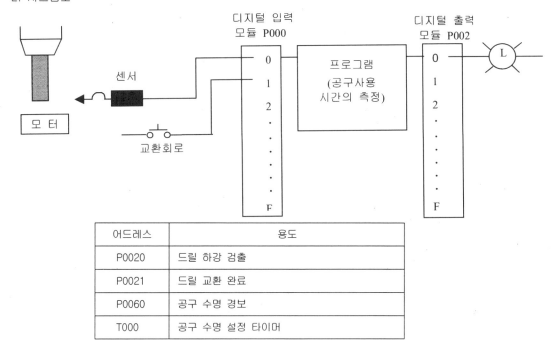

어드레스	용도
P0020	드릴 하강 검출
P0021	드릴 교환 완료
P0060	공구 수명 경보
T000	공구 수명 설정 타이머

3. 프로그램

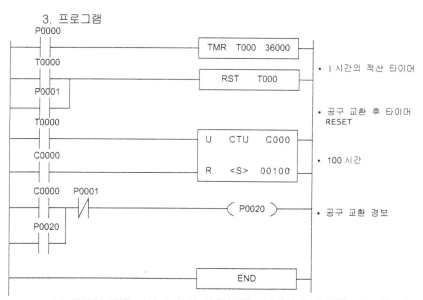

• 본 예제와 같은 적산 타이머 사용시에는 불휘발성 영역에 있는 타이머를 사용하는 것이 좋습니다.(여기서 사용된 타이머는 휘발성 영역입니다.)

2.10 카운터 명령

2.10.1 CTD

CTD	DOWN 카운터

명 령	사용 가능 영역											스텝수	플래그		
	M	P	K	L	F	T	C	S	D	#D	정수		에러 (F110)	제로 (F111)	캐리 (F112)
CTD						○						3			
설정치									○		○				

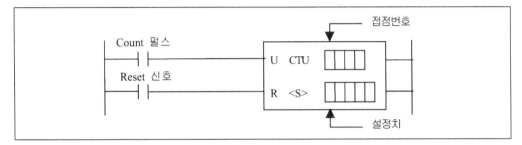

- 기능
  - 입상 펄스가 입력될 때마다 설정치로부터 −1씩 감산을 하여 "0"이 되면 출력을 On합니다.
  - Reset 신호가 On하면 출력을 Off시키며 현재치는 설정치가 됩니다.
  - 타임차트

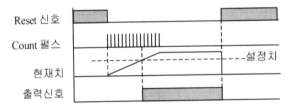

- 프로그램 예
  - P0000 접점이 5회 On하면 Count Down하여 현재치가 "0"이 될 때 P0020 출력이 On됩니다.
  - P0001 접점이 On하면 출력을 Off시키며 현재치는 설정치가 됩니다.

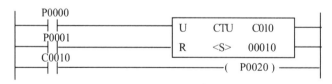

- 타임차트

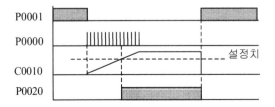

46

2.10.2 CTU

CTU	UP 카운터

명 령	사용 가능 영역											스텝수	플래그		
	M	P	K	Ŀ	F	T	C	S	D	#D	정수		에러 (F110)	제로 (F111)	캐리 (F112)
CTU						○						3			
설정치									○		○				

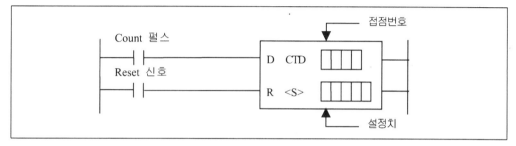

■ 기능

• 입상 펄스가 입력될 때마다 현재치를 +1하고 현재치가 설정치 이상이면 출력을 On하고 카운터 최대치(65535)까지 Count합니다.

• Reset 신호가 On하면 출력을 Off시키며 현재치는 "0"이 됩니다.

• 타임차트

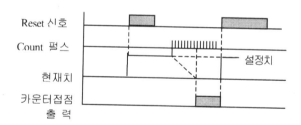

■ 프로그램 예

• P0000 접점으로 Count Up하여 현재치와 설정치가 같을 때 P0020 출력이 On됩니다.

• P0001 접점이 On하면 출력을 Off시키며 현재치는 "0"으로 초기화됩니다.

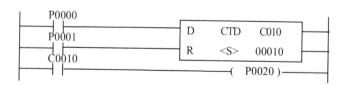

• 타임차트

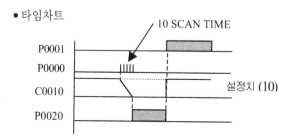

2.10.3 CTUD

CTUD	UP-DOWN 카운터

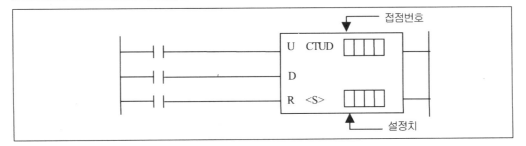

명 령	사용 가능 영역												스텝수	플래그		
	M	P	K	L	F	T	C	S	D	#D	정수		에러 (F110)	제로 (F111)	캐리 (F112)
CTUD						○						3			
설정치									○		○				

■ 기능

• Up 단자에 입상신호가 입력될 때마다 현재치를 +1 가산하며 현재치가 설정치 이상이면 출력을 On하고 카운터 최대치(65535)까지 Count합니다.

• Down 단자에 입상신호가 입력될 때마다 현재치를 −1씩 감산합니다.

• Reset 신호가 On하면 현재치는 "0"이 됩니다.

• Up, Down 펄스가 동시에 On하면 현재치는 변하지 않습니다.

• 타임차트

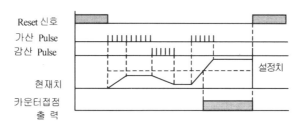

■ 프로그램 예

• P0000 접점으로 Count Up하여 현재치와 설정치가 같을 때 P0020 출력이 On됩니다.

• P0001 접점의 입상 펄스에 의해 Count Down됩니다.

• Reset 조건이 만족되면 출력은 Off되고 카운터 현재치는 "0"이 됩니다.

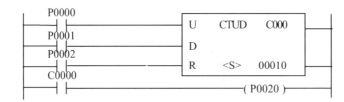

• 타임차트

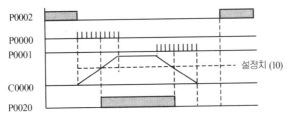

■ 모터 동작수 증감 제어(CTUD의 예제)

1. 동작

4대의 모터를 제어하는 데, 순간 접촉 푸시 버튼 PB1을 누를 때마다 동작하는 모터수를 1 개씩 증가시키고 순간 접촉 푸시 버튼 PB2를 누를 때마다 모터 동작수를 1개씩 감소시킵 니다. 4개의 모터가 동작하고 있을 때 PB1을 누르면 모든 모터는 정지하고, 1개의 모터가 동작하고 있을 때 PB2를 누르면 모터는 하나도 동작하지 않습니다.

2. 시스템도

3. 프로그램

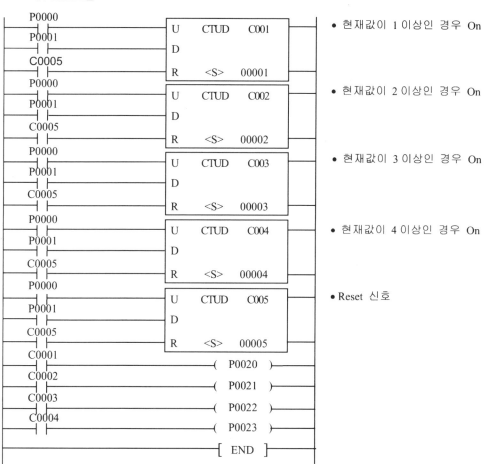

2.11 데이터 전송 명령

2.11.1 MOV, MOVP, DMOV, DMOVP

MOV(Move)	FUN(80) MOV FUN(82) DMOV
	FUN(81) MOVP FUN(83) DMOVP

명 령		사용 가능 영역											스텝수	플래그		
		M	P	K	L	F	T	C	S	D	#D	정수		에러 (F110)	제로 (F111)	캐리 (F112)
MOV(P)	S₁	○	○	○	○	○	○	○		○	○	○	5/7	○		
DMOV(P)	Ⓓ	○	○	○	○·		○	○		○	○					

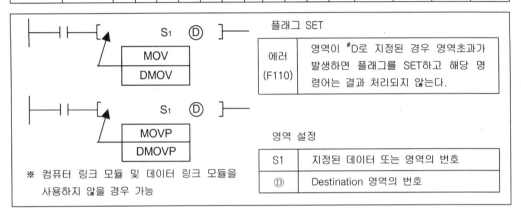

플래그 SET

에러 (F110)	영역이 #D로 지정된 경우 영역초과가 발생하면 플래그를 SET하고 해당 명령어는 결과 처리되지 않는다.

영역 설정

S1	지정된 데이터 또는 영역의 번호
Ⓓ	Destination 영역의 번호

※ 컴퓨터 링크 모듈 및 데이터 링크 모듈을 사용하지 않을 경우 가능

■ 기능
- S1으로 지정된 영역의 데이터를 지정된 Ⓓ 영역으로 전송합니다.
- MOV(P), DMOV(P)

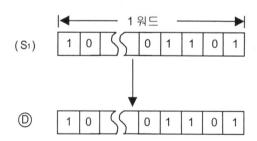

- DMOV(P) 명령은 MOV(P) 명령의 2배 되는 데이터를 전송합니다.(2워드 전송)

■ 프로그램
입력신호 P0020이 On될 때마다 MOVP 명령에 의해 "h00F3" 데이터가 P004 워드로 옮겨지는 프로그램

50

2.12 변환 명령

2.12.1 BCD, BCDP, DBCD, DBCDP

BCD(Binary Coded Decimal)	FUN(60) BCD FUN(62) DBCD
	FUN(61) BCDP FUN(63) DBCDP

명 령		사용 가능 영역											스텝수	플래그		
		M	P	K	L	F	T	C	S	D	#D	정수		에러 (F110)	제로 (F111)	캐리 (F112)
BCD(P)	S1	○	○	○	○	○	○	○		○	○		5	○		
DBCD(P)	D	○	○	○	○˙		○	○		○	○					

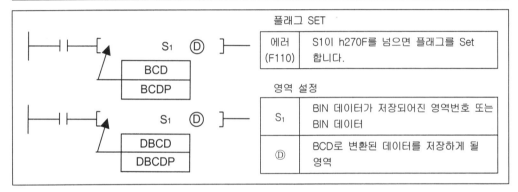

플래그 SET	
에러 (F110)	S1이 h270F를 넘으면 플래그를 Set 합니다.

영역 설정	
S1	BIN 데이터가 저장되어진 영역번호 또는 BIN 데이터
D	BCD로 변환된 데이터를 저장하게 될 영역

■ 기능

• S1의 BIN 데이터 또는 BIN 데이터가 저장된 영역(영역 No.)의 값을 BCD로 변환하여 D로 지정된 영역에 저장합니다.

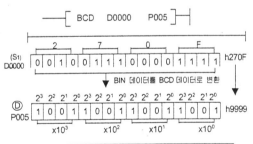

명령어	데이터 길이	
	BIN 데이터 범위	
BCD BCDP	16 비트	0~h270F 0~9999
DBCD DBCDP	32 비트	0~h05F5E0FF 0~99999999

• BIN 데이터가 범위를 초과하면 에러 플래그 (F110)를 Set합니다.

■ 프로그램 예

입력신호 P0020이 On하였을 때 D0001의 데이터를 BCD 변환하여 P005에 출력하는 프로그램

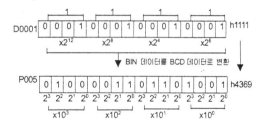

• 프로그램

■ Counter(Timer) 현재값 외부 출력(BCD, BMOV의 예제)

1. 동작

재고가 입·출고되는 창고에 재고가 30개이면 입고 콘베이어는 정지하고, 재고 숫자는 외부
에 나타납니다.

2. 시스템도

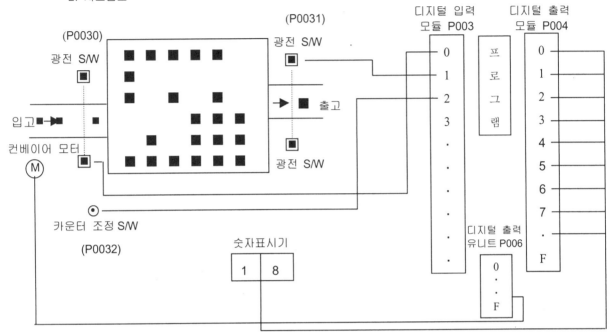

3. 프로그램

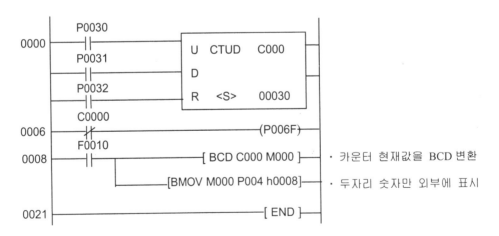

2.13 비교 명령

2.13.1 CMP, CMPP, DCMP, DCMPP

CMP (Compare)	FUN(50) CMP FUN(51) CMPP	FUN(52) DCMP FUN(53) DCMPP

명 령		사용 가능 영역											스텝수	플래그		
		M	P	K	L	F	T	C	S	D	#D	정수		에러 (F110)	제로 (F111)	캐리 (F112)
CMP(P) DCMP(P)	S1	○	○	○	○	○	○	○		○	○	○	5/9	○		
	ⓓ	○	○	○	○	○	○	○		○	○	○				

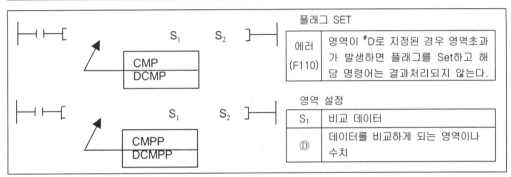

플래그 SET	
에러 (F110)	영역이 #D로 지정된 경우 영역초과가 발생하면 플래그를 Set하고 해당 명령어는 결과처리되지 않는다.

영역 설정	
S₁	비교 데이터
ⓓ	데이터를 비교하게 되는 영역이나 수치

■ 기능

• S1과 S2의 대소를 비교하여 그 결과 6개 특수 릴레이의 해당 플래그를 Set합니다.(Unsign 연산)

플래그	F120	F121	F122	F123	F124	F125
SET 기준	<	≤	=	>	≥	≠
$S_1 > S_2$	0	0	0	1	1	1
$S_1 < S_2$	1	1	0	0	0	1
$S_1 = S_2$	0	1	1	0	1	0

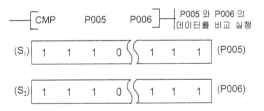

• S1과 S2를 실행하면 연산결과($S_1 = S_2$)를 특수 플래그에 Set시킨다.

플래그	F120	F121	F122	F123	F124	F125
SET 기준	<	≤	=	>	≥	≠
$S_1 = S_2$	0	1	1	0	1	0

• 프로그램에서 6개의 특수 릴레이는 바로 이전에 사용한 비교명령에 대한 결과를 표시합니다.

• 6개의 특수 릴레이는 사용횟수에 제한이 없습니다.

■ 프로그램 예

입력신호 P0020을 On하였을 때 D0000의 데이터와 D0001의 데이터를 비교하여 연산결과($S_1 < S_2$), F120, F121, F125를 Set시키는 프로그램

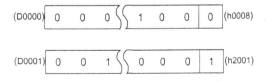

• 프로그램

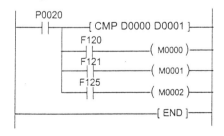

- 비교 명령(CMP의 예제)

1. 동작

   Up/Down 카운터의 현재값이 10 미만이면 P0060이 On되고, 10~19이면 P0061이 On되고, 20~29이면 P0062가 On되고, 30~39이면 P0063이 On되고, 40 이상이면 P0064가 On됩니다.

2. 프로그램

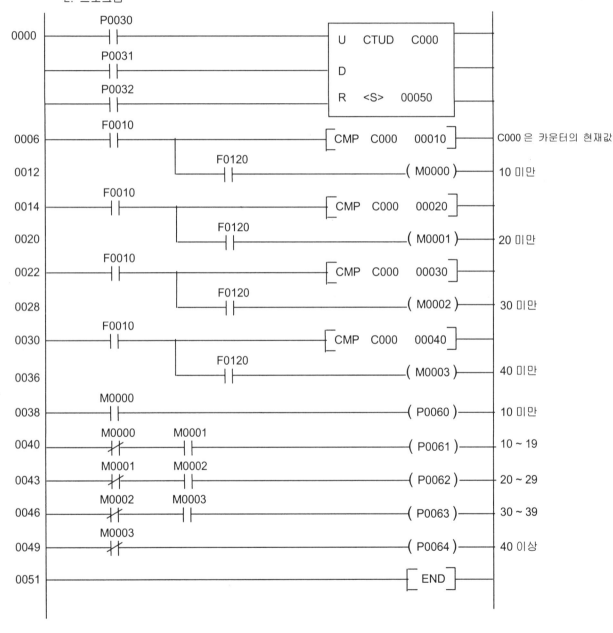

※ F0120~F0125까지 접점은 결과를 나타내는 플래그로서, 등호 및 부등호(<, ≤, =, >, ≥, ≠)를 대신 표현한 것입니다.

2.13.3 LOAD(), 〈, 〉=, 〈=, 〈〉, =)

LOAD=	FUN(28) LOAD=	FUN(58) LOAD>=	FUN(68) LOAD<=
	FUN(38) LOAD>	FUN(48) LOAD<	FUN(78) LOAD
	FUN(29) LOADD=	FUN(59) LOADD>=	FUN(69) LOADD>=
	FUN(39) LOADD>	FUN(49) LOADD<	FUN(79) LOADD<>

| 명 령 | 사용 가능 영역 | | | | | | | | | | | 스텝수 | 플래그 | | |
	M	P	K	L	F	T	C	S	D	#D	정수		에러 (F110)	제로 (F111)	캐리 (F112)
S₁	○	○	○	○	○	○	○	○	○	○	○	5/9	○		
S₂	○	○	○	○	○	○	○	○	○	○	○				

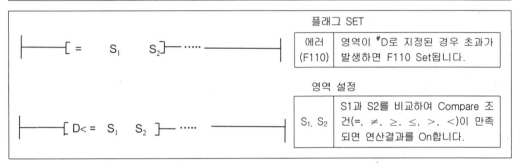

플래그 SET	
에러 (F110)	영역이 #D로 지정된 경우 초과가 발생하면 F110 Set됩니다.

영역 설정	
S₁, S₂	S1과 S2를 비교하여 Compare 조건(=, ≠, ≥, ≤, >, <)이 만족되면 연산결과를 On합니다.

■ 기능

• S1과 S2를 비교하여 X조건과 일치하면 현재의 연산결과를 On합니다.

• S1과 S2의 비교는 Signed 연산을 실행합니다. 따라서 h8000(-32768)~hFFFF(-1)<0~h7FFF (32767)와 같은 결과를 취하게 됩니다.

X 조건	조건	연산결과
=	$S_1 = S_2$	On
<=	$S_1 \leq S_2$	On
>=	$S_1 \geq S_2$	On
<>	$S_1 \neq S_2$	On
<	$S_1 < S_2$	On
>	$S_1 > S_2$	On

이 외의 연산결과는 Off

■ 프로그램 예

① P0000~P000F와 D0001의 데이터를 비교하는 프로그램

┤├─[= P000 D0001]──(P0010)──┤

P000과 D0001의 데이터가 같으면 P0010은 On됩니다.

② 정수 1000과 D0001의 데이터를 비교하는 프로그램

┤├─[>= 1000 D0001]──(P0010)──┤

D0001의 데이터가 1000보다 작거나 같으면 P0010은 On됩니다.

2.13.3 AND(〉, 〈, 〉=, 〈=, 〈〉, =)

AND=	FUN(94) AND= FUN(96) AND〉 FUN(95) ANDD= FUN(97) ANDD〉	FUN(106) AND〉= FUN(98) AND〈 FUN(107) ANDD〈= FUN(99) ANDD〈	FUN(108) AND〈= FUN(118) AND〈〉 FUN(109) ANDD〉= FUN(119) ANDD〈〉

명 령	사용 가능 영역 DEVICE											스텝수	플래그		
	M	P	K	L	F	T	C	S	D	#D	정수		에러 (F110)	제로 (F111)	캐리 (F112)
S₁	○	○	○	○	○	○	○	○	○	○	○	5/9	○		
S₂	○	○	○	○	○	○	○	○	○	○	○				

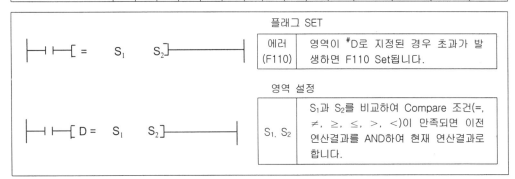

	플래그 SET	
├─┤├─[= S₁ S₂]─────┤	에러 (F110)	영역이 #D로 지정된 경우 초과가 발생하면 F110 Set됩니다.
	영역 설정	
├─┤├─[D = S₁ S₂]─────┤	S₁, S₂	S₁과 S₂를 비교하여 Compare 조건(=, ≠, ≥, ≤, 〉, 〈)이 만족되면 이전 연산결과를 AND하여 현재 연산결과로 합니다.

■ 기능

● S1과 S2를 비교하여 X 조건과 일치하면 On, 불일치하면 Off하여 이 결과와 현재의 연산결과를 AND하여 새로운 연산결과로 취합니다.

● S1과 S2의 비교는 Signed 연산을 실행합니다. 따라서 h8000(-32768)~hFFFF(-1)<0~ h7FFF (32767)와 같은 결과를 취하게 됩니다.

X 조건	조건	연산결과
=	$S_1 = S_2$	On
〈=	$S_1 \leq S_2$	On
〉=	$S_1 \geq S_2$	On
〈〉	$S_1 \neq S_2$	On
〈	$S_1 < S_2$	On
〉	$S_1 > S_2$	On

이 외의 경우는 현재의 연산결과에 상관없이 모두 Off

■ 프로그램 예

① 100과 D0002의 데이터를 비교하는 프로그램

```
     M0011
├──┤ ├──┤= 100  D0002 ├───( P0010 )──┤
```

M0011이 On되고 D0002, 데이터가 100이면 P0010은 On됩니다.

2.13.3 OR(〉, 〈, 〉=, 〈=, 〈〉, =)

OR=	FUN(188) OR=	FUN(216) OR>=	FUN(218) OR<=
	FUN(196) OR>	FUN(198) OR<	FUN(228) OR <>
	FUN(189) ORD=	FUN(219) ORD<=	FUN(217) ORD>=
	FUN(197) ORD>	FUN(199) ORD<	FUN(229) ORD<>

OPERAND	사용 가능 영역 DEVICE											스텝수	플래그		
	M	P	K	L	F	T	C	S	D	#D	정수		에러 (F110)	제로 (F111)	캐리 (F112)
S₁	○	○	○	○	○	○	○	○	○	○	○	5/9	○		
S₂	○	○	○	○	○	○	○	○	○	○	○				

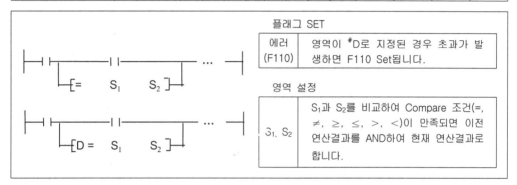

	플래그 SET	
	에러 (F110)	영역이 #D로 지정된 경우 초과가 발생하면 F110 Set됩니다.
	영역 설정	
	S₁, S₂	S₁과 S₂를 비교하여 Compare 조건(=, ≠, ≥, ≤, >, <)이 만족되면 이전 연산결과를 AND하여 현재 연산결과로 합니다.

- 기능
  - S1과 S2를 비교하여 X조건과 일치하면 On, 불일치하면 Off하여 이 결과와 현재의 연산결과를 OR하여 새로운 연산결과로 취합니다.
  - S1과 S2의 비교는 Signed 연산을 실행합니다. 따라서 h8000(−32768)~hFFFF(−1)<0~h7FFF (32767)와 같은 결과를 취하게 됩니다.

X 조건	조건	연산결과
=	S₁ = S₂	On
<=	S₁ ≤ S₂	On
>=	S₁ ≥ S₂	On
<>	S₁ ≠ S₂	On
<	S₁ < S₂	On
>	S₁ > S₂	On

이 외의 경우는 현재의 연산결과에 상관없이 모두 Off

- 프로그램 예

① K0030~K003F과 D0002의 데이터를 비교하는 프로그램

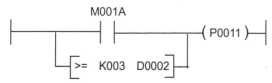

M001A가 On이거나 D0002의 데이터가 K003의 데이터보다 작거나 같은 경우 P011이 On됩니다.

2.15 회전 명령

2.15.1 ROL, ROLP, DROL, DROLP

ROL (Rotate Left)	FUN(030) ROL FUN(031) ROLP	FUN(032) DROL FUN(033) DROLP

명 령		사용 가능 영역											스텝수	플래그		
		M	P	K	L	F	T	C	S	D	#D	정수		에러 (F110)	제로 (F111)	캐리 (F112)
ROL(P) DROL(P)	⒟	○	○	○	○*		○	○		○	○		3	○		○

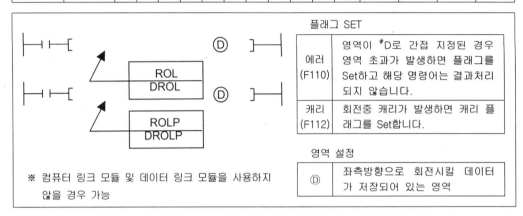

플래그 SET

에러 (F110)	영역이 #D로 간접 지정된 경우 영역 초과가 발생하면 플래그를 Set하고 해당 명령어는 결과처리 되지 않습니다.
캐리 (F112)	회전중 캐리가 발생하면 캐리 플래그를 Set합니다.

영역 설정

⒟	좌측방향으로 회전시킬 데이터가 저장되어 있는 영역

※ 컴퓨터 링크 모듈 및 데이터 링크 모듈을 사용하지 않을 경우 가능

■ 기능

- ⒟의 16개 비트를 1비트씩 좌측으로 회전하며 최상위 비트는 캐리 플래그(F112)와 최하위 비트로 회전합니다.(1워드 내에서 회전)

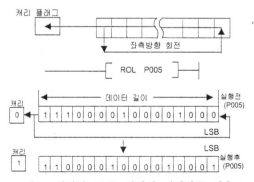

- ⒟로 지정된 P005 영역의 데이터를 좌측으로 회전합니다.

■ 프로그램 예

입력신호 P0030을 On하였을 때 D0000의 데이터를 1비트씩 좌측으로 회전하며, 캐리 플래그(F112)를 Set하는 프로그램

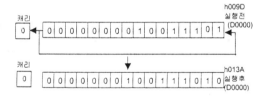

- 프로그램

58

2.16 이동 명령

2.16.1 BSFT, BSFTP

BSFT (qlxm Shift)	FUN(074) BSFT FUN(075) BSFTP

명 령		사용 가능 영역											스텝수	플래그		
		M	P	K	L	F	T	C	S	D	#D	정수		에러 (F110)	제로 (F111)	캐리 (F112)
BSFT	S₁	○	○	○	○*								5	○		
BSFTP	□	○	○	○	○*											

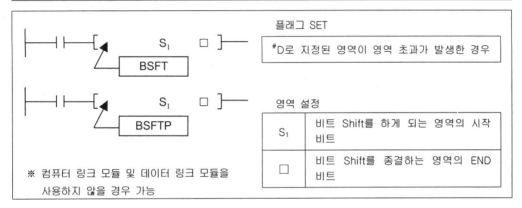

플래그 SET

#D로 지정된 영역이 영역 초과가 발생한 경우

영역 설정

S₁	비트 Shift를 하게 되는 영역의 시작 비트
□	비트 Shift를 종결하는 영역의 END 비트

※ 컴퓨터 링크 모듈 및 데이터 링크 모듈을 사용하지 않을 경우 가능

■ 기능
- 데이터가 저장되어 있는 영역의 시작 비트(S1)와 실행이 종결되는 영역의 End 비트(□)를 지정함에 의하여 비트 Shift를 실행하게 됩니다.

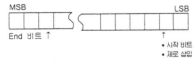

- 비트 Shift 방향
- S1<□ 좌 Shift 예) BSFT P0040 P0065
- S1>□ 우 Shift 예) BSFT P0040 P0065
- BSFT, BSFT(P)

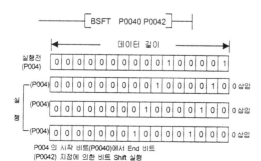

P004 의 시작 비트(P0040)에서 End 비트 (P0042) 지정에 의한 비트 Shift 실행

■ 프로그램 예

입력신호 P0030이 On될 때마다 P004 데이터를 시작 비트 P0040부터 End 비트 P0045 지정에 의해 Shift하고, P0040의 데이터는 P0031로 주는 프로그램

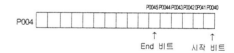

- 프로그램

2.17 표시 명령

2.17.1 SEG, SEGP

SEG (7 Segment)	FUN(174) SEG FUN(175) SEGP

명 령		사용 가능 영역											스텝수	플래그		
		M	P	K	L	F	T	C	S	D	#D	정수		에러 (F110)	제로 (F111)	캐리 (F112)
SEG SEGP	S₁	○	○	○	○	○	○	○		○	○		7	○		
	Ⓓ	○	○	○	○*		○	○		○	○					
	CW									○		○				

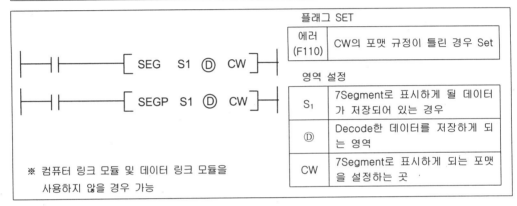

플래그 SET

에러 (F110)	CW의 포맷 규정이 틀린 경우 Set

영역 설정

S₁	7Segment로 표시하게 될 데이터가 저장되어 있는 경우
Ⓓ	Decode한 데이터를 저장하게 되는 영역
CW	7Segment로 표시하게 되는 포맷을 설정하는 곳

※ 컴퓨터 링크 모듈 및 데이터 링크 모듈을 사용하지 않을 경우 가능

■ 기능
- SEG(P)를 실행하는 CW에 설정된 Format에 의해 S1으로 지정된 영역의 Start 비트로부터 n개 숫자를 7Segment로 Decode하여 Ⓓ로 지정된 시작 비트부터 저장합니다.
- CW의 포맷

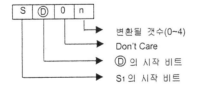

- n은 최대 16개 지정 가능
- n은 변환될 숫자의 개수를 의미하므로 4비트 단위임

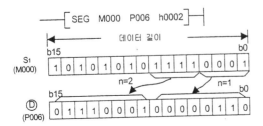

- CW의 h0002에 지정된 포맷에 의해 M000의 0~7비트를 4비트 단위로 7Segment 데이터로 Decode하여 P006의 영역에 저장합니다.
- P006의 7Segment 데이터는 hF1을 표시합니다.

■ 프로그램

입력신호 P0030이 On하였을 때 D0000의 h0067를 7Segment 데이터로 Decode하여 h7D27로 P006에 저장합니다.

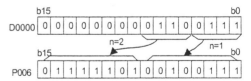

- 프로그램

■ Segment의 구성

S₁		7Segment의 구성	ⓓ								표시 데이터
16진수	비트		b7	b6	b5	b4	b3	b2	b1	b0	
0	0000		0	0	1	1	1	1	1	1	0
1	0001		0	0	0	0	0	1	1	0	1
2	0010		0	1	0	1	1	0	1	1	2
3	0011		0	1	0	0	1	1	1	1	3
4	0100		0	1	1	0	0	1	1	0	4
5	0101		0	1	1	0	1	1	0	1	5
6	0110		0	1	1	1	1	1	0	1	6
7	0111		0	0	1	0	0	1	1	1	7
8	1000		0	1	1	1	1	1	1	1	8
9	1001		0	1	1	0	1	1	1	1	9
A	1010		0	1	1	1	0	1	1	1	A
B	1011		0	1	1	1	1	1	0	0	B
C	1100		0	0	1	1	1	0	0	1	C
D	1101		0	1	0	1	1	1	1	0	D
E	1110		0	1	1	1	1	0	0	1	E
F	1111		0	1	1	1	0	0	0	1	F

7Segment의 구성:

```
        b0
   b5 ┌──────┐ b1
      │  b6  │
   b4 ├──────┤ b2
      └──────┘
        b3
```

2.17.2 WDT, WDTP

WDT(P) (Watch Dog 타이머 클리어)	FUN(202) WDT FUN(203) WDTP

명 령	사용 가능 영역											스텝수	플래그		
	M	P	K	L	F	T	C	S	D	#D	정수		에러 (F110)	제로 (F111)	캐리 (F112)
WDT												1			.

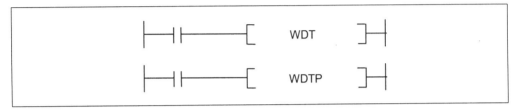

- **기능**
  - 프로그램 연산중 Watch Dog 타이머를 Reset시킵니다.
  - 프로그램 중에서 0스텝에서 END까지 시간이 최대 Watch Dog 타이머 설정치를 초과하는 경우에 프로그램 연산은 정지하므로 이런 경우에 사용합니다.

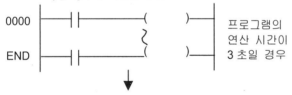

  - 시스템 파라미터에서 WDT 2초 설정

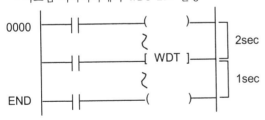

  - WDT, WDTP를 프로그램 사이에 삽입하여 놓아 Watch Dog 타이머 현재치를 Reset 시킵니다.

- **프로그램**

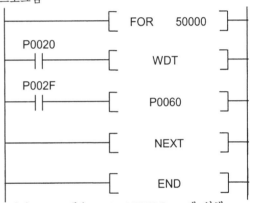

  - 위의 프로그램은 FOR~NEXT Loop에 의해 스캔타임이 2초를 초과하므로 WDT 명령에 의해 Watch Dog 타이머 현재치를 Reset시킵니다.
  - P0020이 Off되어 있으면 즉시 Watch Dog 에러를 출력합니다.
  - 프로그램 모드에서 P0020을 ON하고 전원을 재투입하면 Watch Dog 에러가 해제됩니다.

2.17.3 STOP

STOP (PLC 운전 종료)	FUN(008) STOP

명 령	사용 가능 영역											스텝수	플래그		
	M	P	K	L	F	T	C	S	D	#D	정수		에러 (F110)	제로 (F111)	캐리 (F112)
STOP												1			

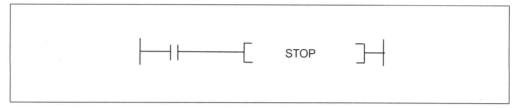

■ 기능

- 현재 진행중인 스캔을 완료한 후 프로그램 모드로 전환합니다.
- 사용자가 명령어를 사용하여 원하는 시점에서 운전을 정지시킬 수 있는 기능입니다.

■ 프로그램 예

```
    P0021
 ├──┤ ├──────[    STOP    ┤├
```

입력조건이 P0021이 On되면 현재 진행중인 스캔을 모두 완료하고 운전이 정지됩니다.

2.18 데이터 처리 명령

2.18.1 BSUM, BSUMP, DBSUM, DBSUMP

BSUM (비트 Summary)	FUN(170) BSUM FUN(171) BSUMP	FUN(172) DBSUM FUN(173) DBSUMP

명 령		사용 가능 영역										스텝수	플래그		
		M	P	K	L	F	T	C	S	D	#D	정수		에러 (F110)	제로 (F111)	캐리 (F112)
BSUM(P) DBSUM(P)	S₁	○	○	○	○	○	○	○		○	○		5	○	○	
	Ⓓ	○	○	○	○*		○	○		○	○					

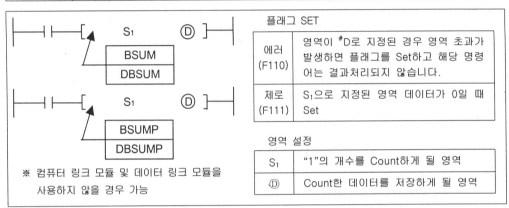

	플래그 SET
에러 (F110)	영역이 #D로 지정된 경우 영역 초과가 발생하면 플래그를 Set하고 해당 명령 어는 결과처리되지 않습니다.
제로 (F111)	S₁으로 지정된 영역 데이터가 0일 때 Set

영역 설정

S₁	"1"의 개수를 Count하게 될 영역
Ⓓ	Count한 데이터를 저장하게 될 영역

※ 컴퓨터 링크 모듈 및 데이터 링크 모듈을 사용하지 않을 경우 가능

■ 기능
- S1으로 지정된 영역의 데이터중의 1의 개수, 즉 On된 비트의 개수를 Count하여 Ⓓ로 지정한 영역에 Hex값으로 지정합니다.
- BSUM(P), DBSUM(P)

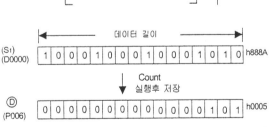

- D0000 데이터 중 1의 숫자를 Count하여 Hex값으로 P006에 저장(h0005)

■ 프로그램 예
입력신호 P0020이 On하였을 때 D0000의 데 이터 h00F7에서 1의 개수를 Count하여 P006 에 저장하는 프로그램

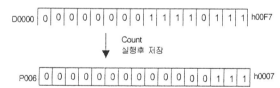

- 프로그램

64

2.19 분기 명령

2.19.1 JMP, JME

JMP (Jump)	FUN(012) JMP FUN(013) JME

명 령		사용 가능 영역										스텝수	플래그		
		M	P	K	L	F	T	C	S	D	#D	정수		에러 (F110)	제로 (F111)	캐리 (F112)
JMP JME	n											○	1/3			

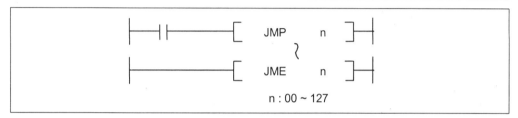

n : 00 ~ 127

- 기능
  - JMP n 명령 입력이 On되면 JME n 이후로 Jump하며 JME n 사이의 모든 명령은 처리되지 않습니다.
  - JME n 이전의 같은 JMP n은 사용할 수 있습니다.
  - 비상사태 발생시 처리해서는 안 되는 프로그램을 JMP와 JME 사이에 넣으면 좋습니다.
  - JMP 0는 중첩하여 사용이 가능합니다.
  - JMP n, JME n

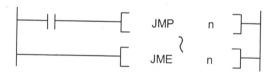

JMP 명령이 실행되면 n이 동일한 JME 명령까지의 처리는 Jump되어 실행되지 않습니다.

- 프로그램 예

  입력신호 P0020을 On하였을 때 JMP 2와 JME 2 사이의 Ring 카운터를 실행하지 않는 프로그램

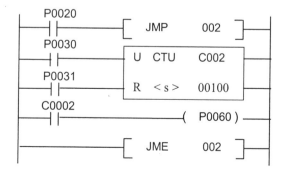

2.19.2 CALL, CALLP, SBRT, RET

CALL SBRT	FUN(014) CALL FUN(016) SBRT	FUN(015) CALLP FUN(004) RET

명 령		사용 가능 영역									#D	정수	스텝수	플래그		
		M	P	K	L	F	T	C	S	D				에러 (F110)	제로 (F111)	캐리 (F112)
CALL SBRT	n									.		○	1/3			

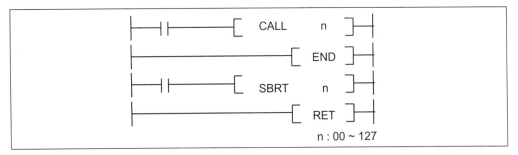

n : 00 ～ 127

■ 기능

● 프로그램 수행 중 입력조건이 성립하면 CALL n 명령에 따라 SBRT n~RET 명령 사이의 프로그램을 수행합니다.

● CALL No.는 중첩되어 사용 가능하며 반드시 SBRT n~RET 명령 사이의 프로그램은 END 명령 뒤에 있어야 합니다.

● 에러 처리가 되는 조건

① n이 00~127을 초과시

② CALL n이 있고 SBRT n이 없는 경우

③ SBRT n과 RET이 단독으로 있을 경우

● SBRT 내에서 다른 SBRT를 Call하는 것이 가능하며, 64회까지 가능합니다.

2) 프로그램 예

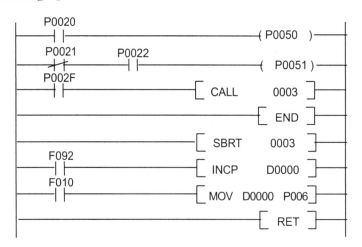

2.20 Loop 명령

2.20.1 FOR, NEXT

FOR~NEXT	FUN(206) FOR FUN(207) NEXT

명 령		사용 가능 영역											스텝수	플래그		
		M	P	K	L	F	T	C	S	D	#D	정수		에러 (F110)	제로 (F111)	캐리 (F112)
FOR	n											○	3			

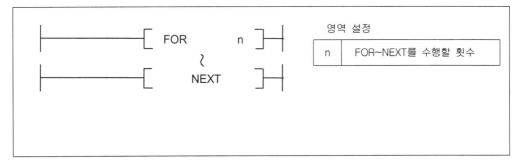

영역 설정	
n	FOR~NEXT를 수행할 횟수

- 기능
  - PLC가 RUN 모드에서 FOR를 만나면 FOR~NEXT 명령간의 처리를 n회 실행한 후 NEXT 명령의 다음 스텝을 실행합니다.
  - n은 1~65535까지 지정 가능합니다.
  - FOR~NEXT의 프로그램 중 n은 5개까지 가능하며 그 이상은 에러 플래그(F110)를 Set합니다.
  - 실행(연산)을 하지 않을 경우
    ① FOR~NEXT의 nesting은 5회까지 가능하며 그 이상은 에러 플래그(F110)를 Set합니다.
    ② FOR 명령을 실행하기 전에 NEXT 명령을 실행한 때
  - FOR~NEXT Loop를 빠져 나오는 다른 방법은 BREAK 명령을 사용합니다.
  - 스캔 시간이 길어질 수 있으므로, WDT 명령을 사용하여 WDT 설정치를 넘지 않도록 주의합니다.

- 프로그램 예
  PLC가 RUN 모드에서 FOR~NEXT 사이를 2회 수행하는 프로그램

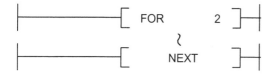

제3장

KGLWIN Tool의 사용법

3.1 KGLWIN을 이용한 프로그램 편집

3.1.1 프로젝트 생성

① KGL-WIN을 실행하면 다음과 같이 초기화면이 나타납니다.

"딸깍, 딸깍"

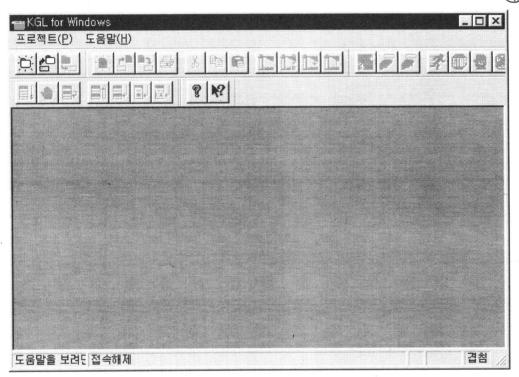

② 프로젝트-옵션-접속 옵션을 선택한 후 PLC-PC간의 통신 포트를 설정합니다.

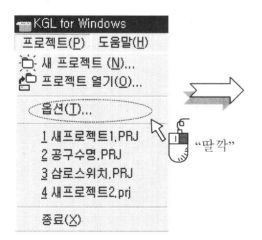

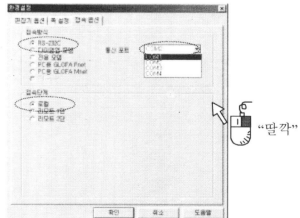

③ KGL-WIN의 초기화면에서 메뉴 프로젝트-새 프로젝트(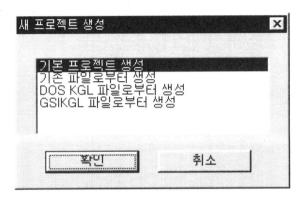)를 선택합니다.

④ 처음 프로젝트를 만들 때는 기본 프로젝트 생성을 선택합니다. 확인 버튼을 누르고 프로젝트 정보를 설정하는 대화상자에서 PLC 기종과 프로그램 언어의 종류 및 제목, 회사, 저자, 설명을 입력합니다.

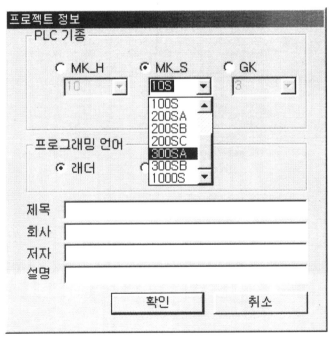

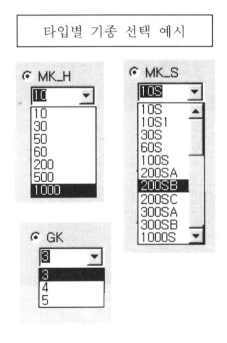

3.1.2 프로그램 편집

① 확인 버튼을 누르면 자동으로 프로젝트, 메시지, 프로그램 창이 열립니다.

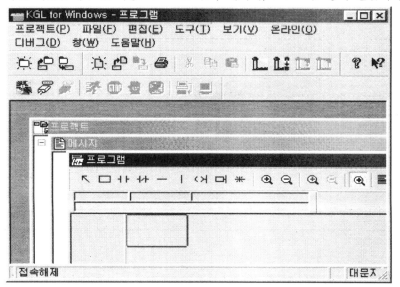

② 프로그램 창의 a접점[F3]을 선택한 후 작성할 위치를 클릭합니다.

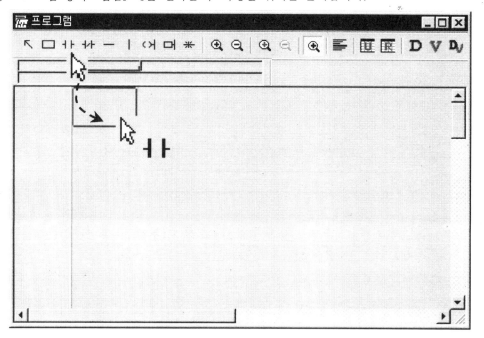

③ 아래와 같은 접점 입력창이 나오면 해당접점 이름을 입력한 후 확인 또는 [Enter]를 누릅니다.

④ 도구모음에서 b접점[F4]을 선택한 후 접점위치에서 마우스를 클릭하고 접점이름을 입력합니다.

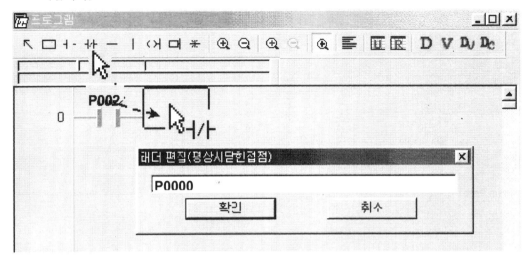

⑤ 세로선[F6]을 선택한 후 지정된 위치에 마우스를 찍습니다.

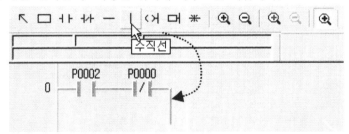

⑥ ④항과 같은 방법으로 P1을 입력합니다.

⑦ 출력 코일[F9]을 선택한 후 아래 그림과 같이 P30을 입력합니다.

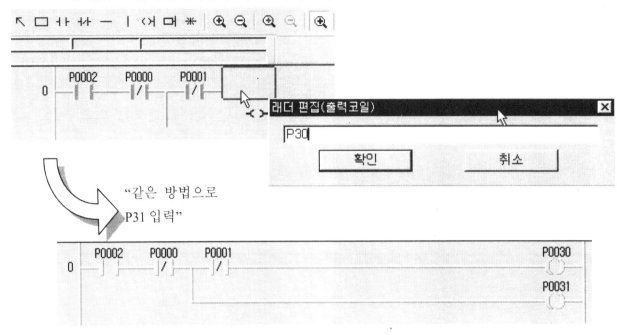

"같은 방법으로
P31 입력"

⑧ 응용명령[F10]을 선택한 후 'END'를 입력하고 확인을 선택하면 프로그램이 완료됩니다.

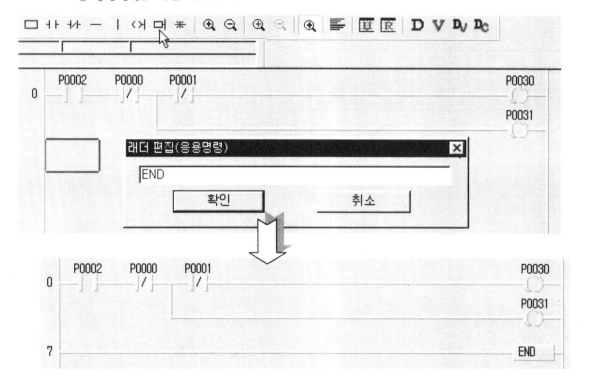

3.1.1 프로그램 전송(PC → PLC) 및 실행

(1) 프로그램 전송

　① 도구모음 상자에서 접속+다운로드+런+모니터 시작(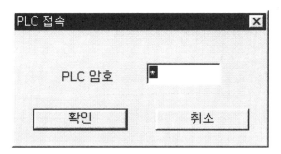) 버튼을 누른다.

　② 암호확인 물음에서 확인 버튼을 누릅니다.(암호 설정시 설정 암호 입력)

　③ 이때 발생할 수 있는 ERROR의 형태는 아래와 같다.

PLC와 KGL-WIN과의 통신이 이뤄지지 않는 경우입니다. 접속옵션, 접속방식, 통신포트가 제대로 설정되었는지 확인합니다.

PLC의 기종 설정이 잘못된 경우입니다. 프로젝트 등록정보에서 기종을 올바르게 설정합니다.

　※ PLC-PC간 접속 케이블 결선도

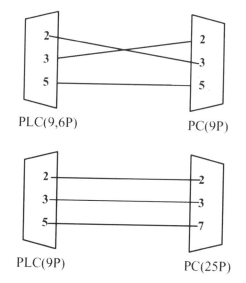

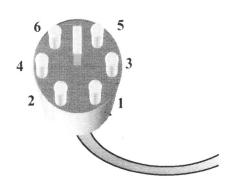

(MASTER-K 10S, 10S1의 PIN NUMBER)

④ 프로그램 및 파라미터를 전송합니다.

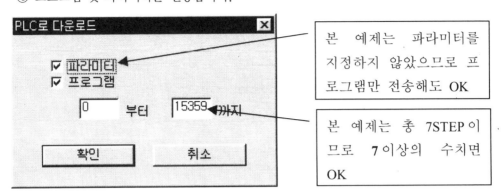

⑤ 전송이 성공적으로 완료됩니다.

⑥ PLC에 전송된 프로그램과 PC 내에 작성된 프로그램의 일치 여부를 확인합니다. 취소를 선택합니다.(실제 시운전 시험시에는 반드시 확인해 주어야 하지만 예제시험에서는 생략해도 무관합니다.)

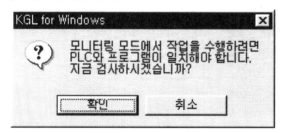

⑦ PLC 프로그램 동작상태를 LADDER 형태로 모니터링합니다.

참고 모니터링이란?

PLC의 동작상태를 프로그램 작성용 S/W(KGLWIN)에서 감시하는 기능을 말합니다. 이때 동작상황뿐만 아니라 PLC의 ERROR 정보 등을 확인할 수 있습니다. 작성된 LADDER나 니모닉을 통한 프로그램 모니터링, 접점이나 DATA MEMORY의 상태 모니터링 및 타임차트 모니터링 등이 있습니다.

프로그램 편집

1. 접점 지우기

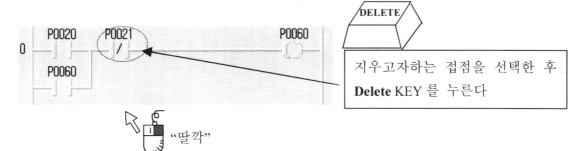

지우고자하는 접점을 선택한 후 **Delete** KEY 를 누른다

2. 라인 삭제/삽입
- 라인 삭제 : 삭제할 행을 마우스로 선택한 후 편집 메뉴에서 라인 삭제를 선택합니다.(Ctrl + U)
- 라인 삽입 : 삽입할 행을 마우스로 선택한 후 편집 메뉴에서 라인 삽입을 선택합니다.(Ctrl + M))

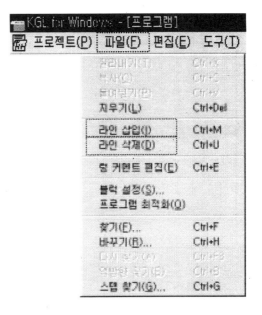

3. 접점 삽입
키보드의 [Insert]키를 누른 후 삽입할 접점위치에 새로운 접점을 입력합니다.

4. 접점 이름 바꾸기
수정하고자 하는 접점을 마우스로 더블클릭합니다.

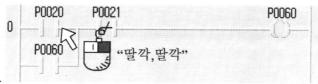

새로운 접점 이름을 입력한 후 확인 버튼을 누릅니다.

래더 편집(평상시열린접점)

P22

확인   취소

3.2 KGL-WIN에 의한 변수 등록

3.2.1 개별 변수 등록에 의한 프로그램 작성

① 변수명 보기 버튼을 선택합니다.

② a접점 선정 후 아래와 같이 입력하고 확인을 누릅니다.

③ 변수 속성 등록창이 나타나면 스위치 1의 속성 'P0000'을 입력합니다.

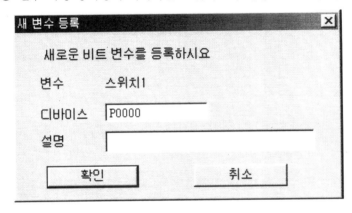

④ b접점 선정 후 아래와 같이 입력하고 확인을 누릅니다.

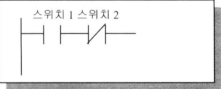

⑤ 변수 속성 등록창이 나타나면 스위치 1의 속성 'P0001'을 입력합니다.

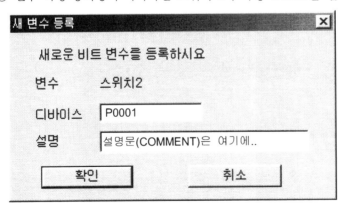

⑥ 출력 코일[F9] 선정 후 아래와 같이 입력하고 확인을 누릅니다.

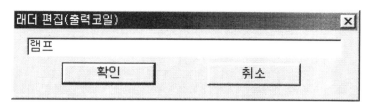

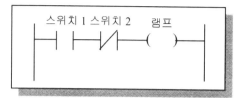

⑦ 변수 속성 등록창이 나타나면 램프의 속성 'P0020'을 입력합니다.

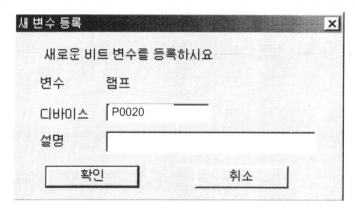

⑧ 한번 변수 등록이 된 PLC 입출력(내부) 접점은 이후 등록시 아래 그림과 같이 새 변수의 등록 없이 사용할 수 있습니다.

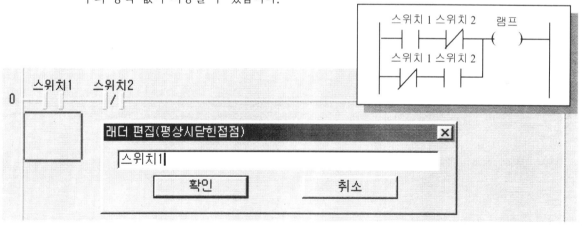

⑨ 완성

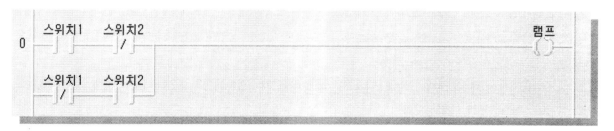

3.2.2 일괄 변수 등록에 의한 프로그램 작성

프로그램 시작 전에 변수명과 PLC 디바이스명을 일괄등록하여 프로그램 작성시 변수등록 없이 변수명만 입력하여 프로그램을 작성하는 과정입니다.

① 오른쪽 그림과 같이 창-프로젝트를 선택합니다.
② 프로젝트 창에서 변수/설명을 선택(더블 클릭)합니다.
③ 변수/설명창에서 셀렉트 바를 선택(더블 클릭, ENTER)합니다.
④ PLC 디바이스명과 변수명을 입력한 후 확인합니다.
⑤ ③항을 반복하여 입력합니다.
⑥ 프로그램을 작성합니다.

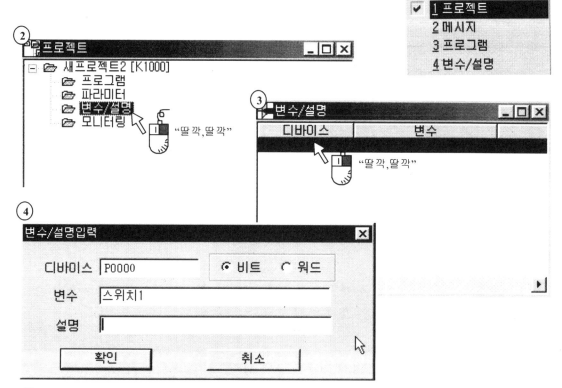

3.3 GSIKGL에서 작성한 프로그램을 KGLWIN에서 열기

① 새 프로젝트를 선택합니다.

② 새 프로젝트 생성창에서 'GSIKGL 파일로부터 생성'을 선택한 후 확인을 누른다.

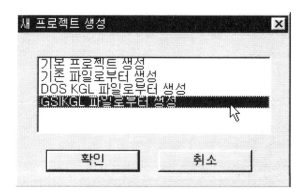

③ 찾기 버튼을 선택합니다.

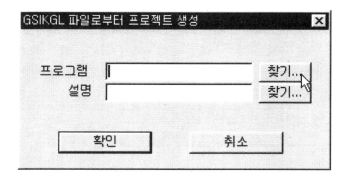

④ 열고자 하는 GSIKGL 파일을 선택합니다.

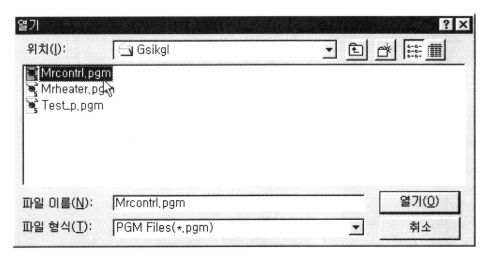

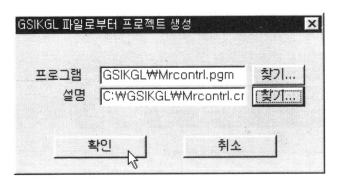

⑤ 동일한 방법으로 설명문 파일(*.cmt)을 찾아 선택합니다.

⑥ 프로그램(*.pgm), 설명문(*.cmt) 선택이 완료되면 확인 버튼을 누른다.

⑦ 적용하고자 하는 기종을 선택한 후 확인을 누른다.

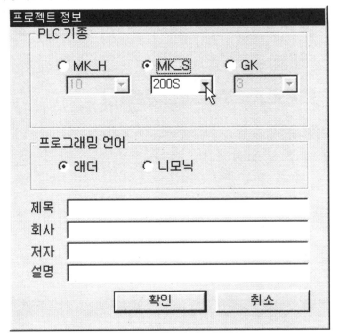

⑧ 파일열기 및 버전업이 진행된 후 프로그램 열기가 완료됩니다.(컴퓨터의 성능 및 프로그램의 용량에 따라 다소 시간이 걸릴 수 있습니다.)

3.4 KGLWIN에서 타이머와 카운터의 편집

3.4.1 KGLWIN에서 타이머 편집의 예

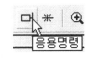
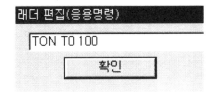

래더 편집(응용명령)

TON T0 100

확인

3.4.2 타이머 영역의 속성 변경

● 타이머 영역 설정

단위	설정 가능 영역	기본 영역
100ms	T000~T255	T000~T191
10ms	T000~T255	T192~T255

● KGL-WIN에 의한 변경

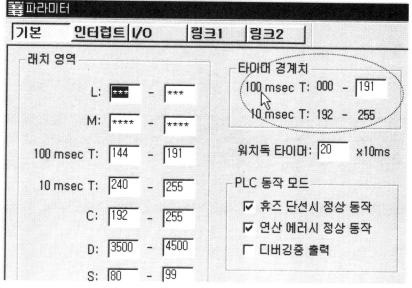

● 파라미터창을 올립니다.
● 원안은 타이머의 영역의 기본설정범위로 사용자가 변경할 수 있습니다.

3.4.3 KGLWIN에서 카운터 편집

① 아래 순서에 의해 접점을 입력한 후 응용 명령을 선택합니다.

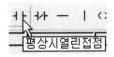　　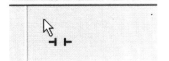　　

② 입력조건 뒤에 응용명령을 클릭하고 응용명령 창에서 아래 그림과 같이 입력합니다.

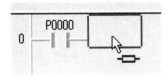　　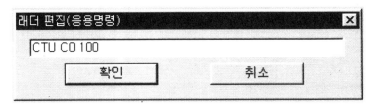

③ 카운터 입력이 끝나면 RESET용 접점을 입력합니다.

④ P001 접점 위에서 수평선 아이콘을 이용하거나 [F5]키를 연속으로 눌러 수평선을 완성합니다.

제4장

GLOFA-GM PLC의 명령어 일람표

4.1 기본 접점

구분	명령어	기호	기능 설명	비고
시 퀀 스 연 산 자	A접점	─┤ ├─	A접점 연산	
	B접점	─┤/├─	B접점 연산	
	상승 검출 접점	─┤P├─	상승 에지에서 1Scan On 접점	
	하강 검출 접점	─┤N├─	하강 에지에서 1Scan On 접점	
	출력 코일	─< >─	연산결과 출력	
	반전 코일	─</>─	연산결과 반전 출력	
	출력 Set	─<S>─	연산결과 세트 출력	
	출력 Reset	─<R>─	연산결과 리셋 출력	
	상승 검출 출력	─<P>─	상승 에지에서 1Scan On 출력	
	하강 검출 출력	─<N>─	하강 에지에서 1Scan On 출력	
	점프	─>>─	레이블 위치로 점프	
	프로그램 종료	─<RETURN>─	현재 프로그램 종료	

4.2 펑션

구분	명령어	기호	기능 설명	비고
전 송 펑 션	MOVE	MOVE EN ENO IN1 OUT	데이터 전송 IN1 : 전송원(모든 형식) OUT : 전송선(모든 형식)	
변 환 펑 션	***_TO_***	_TO_ EN ENO IN1 OUT	데이터 형식 변환 펑션 IN1 : 전송원 OUT : 전송선 변환 명령 펑션의 종류 SINT_TO_INT 외 14종 INT_TO_SINT 외 14종 DINT_TO_SINT 외 14종 LINT_TO_SINT 외 14종 USINT_TO_SINT 외 14종 UINT_TO_SINT 외 14종 UDINT_TO_SINT 외 14종 ULINT_TO_SINT 외 14종 BYTE_TO_SINT 외 14종 WORD_TO_SINT 외 14종 DWORD_TO_SINT 외 14종 LWORD_TO_SINT 외 14종 BCD_TO_SINT 외 7종 REAL_TO_SINT 외 7종 LREAL_TO_SINT 외 7종 STRING_TO_SINT 외 7종 NUM_TO_STRING TIME_TO_UDINT 외 2종 DATE_TO_UDINT 외 2종 TOD_TO_UDINT 외 2종 DT_TO_DATE 외 2종	LINT ULINT LWORD REAL LREAL 관련 펑션은 GM1과 GM2만 가능

구분	명령어	기호	기능 설명	비고
변환 펑션	TRUNC	TRUNC EN ENO IN1 OUT	실수를 정수로 변환 IN1 : 전송원(REAL, LREAL) OUT : 전송선(DINT, LINT)	GM1, GM2 전용
수치 연산 펑션	ADD	ADD EN ENO IN1 OUT IN2	덧셈 펑션 IN1~IN8 : 더할 값(Any_INT) OUT : 결과값(Any_INT)	
	SUB	SUB EN ENO IN1 OUT IN2	뺄셈 펑션 IN1 : 연산원(Any_INT) IN2 : 뺄 값(Any_INT) OUT : 결과값(Any_INT)	
	MUL	MUL EN ENO IN1 OUT IN2	곱셈 펑션 IN1~IN8 : 곱할 값(Any_INT) OUT : 결과값(Any_INT)	
	DIV	DIV EN ENO IN1 OUT IN2	나눗셈(몫) IN1 : 연산원(Any_INT) IN2 : 나눌 값(Any_INT) OUT : 몫(Any_INT)	
	MOD	MOD EN ENO IN1 OUT IN2	나눗셈(나머지) IN1 : 연산원(Any_INT) IN2 : 나눌 값(Any_INT) OUT : 나머지 값(Any_INT)	
	EXPT	EXPT EN ENO IN1 OUT IN2	지수 연산 IN1 : 정수(Any_INT) IN2 : 지수(Any_INT) OUT : 결과값(Any_INT)	GM1, GM2 전용
	ABS	ABS EN ENO IN1 OUT	절대값 IN1 : 정수(Any_INT) OUT : 결과값(Any_INT)	
	SQRT	SQRT EN ENO IN1 OUT	제곱근 IN1 : 연산원(Any_INT) OUT : 결과값(Any_INT)	GM1, GM2 전용

구분	명령어	기호	기능 설명	비고
수치 연산 펑션	LN		자연 대수 IN1 : 연산원(Any_REAL) OUT : 결과값(Any_REAL)	GM1, GM2 전용
	LOG		상용 대수 IN1 : 연산원(Any_REAL) OUT : 결과값(Any_REAL)	GM1, GM2 전용
	EXP		자연 지수 IN1 : 연산원(Any_REAL) OUT : 결과값(Any_REAL)	GM1, GM2 전용
삼각 펑션	SIN		싸인 연산 IN1 : 연산원(Any_REAL) OUT : 결과값(Any_REAL)	GM1, GM2 전용
	COS		코싸인 연산 IN1 : 연산원(Any_REAL) OUT : 결과값(Any_REAL)	GM1, GM2 전용
	TAN		탄젠트 연산 IN1 : 연산원(Any_REAL) OUT : 결과값(Any_REAL)	GM1, GM2 전용
	ASIN		아크 싸인 연산 IN1 : 연산원(Any_REAL) OUT : 결과값(Any_REAL)	GM1, GM2 전용
	ACOS		아크 코싸인 연산 IN1 : 연산원(Any_REAL) OUT : 결과값(Any_REAL)	GM1, GM2 전용
	ATAN		아크 탄젠트 연산 IN1 : 연산원(Any_REAL) OUT : 결과값(Any_REAL)	GM1, GM2 전용

구분	명령어	기호	기능 설명	비고
이동 평선	SHL	SHL EN ENO IN OUT N	비트열 왼쪽으로 이동 IN : 전송원(Any_BIT) N : 이동할 비트수(INT) OUT : 전송선(Any_BIT)	
	SHR	SHR EN ENO IN OUT N	비트열 오른쪽으로 이동 IN : 전송원(Any_BIT) N : 이동할 비트수(INT) OUT : 전송선(Any_BIT)	
회전 명령	ROL	ROL EN ENO IN OUT N	비트열 왼쪽으로 회전 IN : 전송원(Any_BIT) N : 회전할 비트수(INT) OUT : 전송선(Any_BIT)	
	ROR	ROR EN ENO IN OUT N	비트열 오른쪽으로 회전 IN : 전송원(Any_BIT) N : 회전할 비트수(INT) OUT : 전송선(Any_BIT)	
논리 연산	AND	AND EN ENO IN1 OUT IN2	논리곱 IN1~IN8 : 연산원(Any_BIT) OUT : 결과값(Any_BIT)	
	OR	OR EN ENO IN1 OUT IN2	논리합 IN1~IN8 : 연산원(Any_BIT) OUT : 결과값(Any_BIT)	
	XOR	XOR EN ENO IN1 OUT IN2	배타적 논리합 IN1~IN8 : 연산원(Any_BIT) OUT : 결과값(Any_BIT)	
	NOT	NOT EN ENO IN1 OUT	논리 반전 IN1, IN2 : 연산원(Any_BIT) OUT : 결과값(Any_BIT)	

구분	명령어	기호	기능 설명	비고
선택 펑션	SEL	SEL EN ENO G OUT IN0 IN1	2개중 선택 G : 출력 선택(BOOL) IN0 : G가 Off일 경우 선택값 　　　(Any) IN1 : G가 On일 경우 선택값 　　　(Any) OUT : 출력값(Any)	
	MAX	MAX EN ENO IN1 OUT IN7 IN8	최대값 구하기 IN1~IN8 : 선택값(Any_INT) OUT : 최대 출력값(Any_INT)	
	MIN	MIN EN ENO IN1 OUT IN7 IN8	최소값 구하기 IN1~IN8 : 선택값(Any_INT) OUT : 최대 출력값(Any_INT)	
	LIMIT	LIMIT EN ENO MN OUT IN MX	상하한 제한값 MN : 하한값(Any_INT) IN : 전송원(Any_INT) MX : 상한값(Any_INT) OUT : 출력값(Any_INT)	
	MUX	MUX EN ENO K OUT IN0 IN6	최대 7개 중 선택 K : 선택입력번호 IN0 : 전송원 0번(Any) IN1 : 전송원 1번(Any) IN2 : 전송원 2번(Any) IN3 : 전송원 3번(Any) IN4 : 전송원 4번(Any) IN5 : 전송원 5번(Any) IN6 : 전송원 6번(Any) OUT : 출력값(Any)	

구분	명령어	기호	기능 설명	비고
비교 펑션	GT(>)	GT EN ENO IN1 OUT IN7 IN8	비교 펑션 IN1~IN8 : 비교 데이터(Any) OUT : 출력(BOOL) IN1 > IN2 > … > IN7 > IN8 의 조건 성립시 OUT 출력 On	
	GE(≥)	GE EN ENO IN1 OUT IN7 IN8	비교 펑션 IN1~IN8: 비교 데이터(Any) OUT : 출력(BOOL) IN1 ≥ IN2 ≥ … ≥ IN7 ≥ IN8 의 조건 성립시 OUT 출력 On	
	EQ(=)	EQ EN ENO IN1 OUT IN2 IN8	비교 펑션 IN1~IN8 : 비교 데이터(Any) OUT : 출력(BOOL) IN1 = IN2 = … = IN7 = IN8 의 조건 성립시 OUT 출력 On	
	LE(≤)	LE EN ENO IN1 OUT IN2 IN8	비교 펑션 IN1~IN8 : 비교 데이터(Any) OUT : 출력(BOOL) IN1 ≤ IN2 ≤ … ≤ IN7 ≤ IN8 의 조건 성립시 OUT 출력 On	
	LT(<)	LT EN ENO IN1 OUT IN7 IN8	비교 펑션 IN1~IN8 : 비교 데이터(Any) OUT : 출력(BOOL) IN1 < IN2 < … < IN7 < IN8 의 조건 성립시 OUT 출력 On	
	NE(≠)	NE EN ENO IN1 OUT IN2	비교 펑션 IN1~IN8 : 비교 데이터(Any) OUT : 출력(BOOL) IN1 ≠ IN2 의 조건 성립시 OUT 출력 On	

구분	명령어	기호	기능 설명	비고
문자열 펑션	LEN	LEN EN ENO IN1 OUT	문자열 길이 IN1 : 문자열 입력(STRING) OUT : 문자열 길이(INT)	
	LEFT	LEFT EN ENO IN OUT L	문자열 왼쪽 부분 전송 IN : 문자열 입력(STRING) L : 문자열 길이(INT) OUT : 문자열 출력(STRING)	
	RIGHT	RIGHT EN ENO IN OUT L	문자열 오른쪽 부분 전송 IN : 문자열 입력(STRING) L : 문자열 길이(INT) OUT : 문자열 출력(STRING)	
	MID	MID EN ENO IN OUT L P	문자열 중간 부분 전송 IN : 문자열 입력(STRING) L : 문자열 길이(INT) P : 문자열 선두 위치(INT) OUT : 문자열 출력(STRING)	
	CONCAT	CONCAT EN ENO IN1 OUT IN2 IN8	문자열 연결 입력 문자열을 순서대로 연결 IN1~IN8 : 문자열(STRING) OUT : 문자열 출력(STRING)	
	INSERT	INSERT EN ENO IN1 OUT IN2 P	문자열 삽입 IN1 : 문자열 입력(STRING) IN2 : 삽입할 문자열(STRING) P : 문자열 선두 위치(INT) OUT : 문자열 출력(STRING)	
	DELETE	DELETE EN ENO IN OUT L P	문자열 삭제 IN1 : 문자열 입력(STRING) L : 삭제할 문자열 길이(INT) P : 문자열 선두 위치(INT) OUT : 문자열 출력(STRING)	

구분	명령어	기호	기능 설명	비고
문자열 펑션	REPLACE	REPLACE EN ENO IN1 OUT IN2 L P	문자열 대체 IN1 : 문자열 입력(STRING) IN2 : 대체할 문자열(STRING) P : 문자열 선두 위치(INT) OUT : 문자열 출력(STRING)	
	FIND	FIND EN ENO IN1 OUT IN2	문자열 찾기 IN1 : 문자열 입력(STRING) IN2 : 검색할 문자열(STRING) OUT : 문자열 선두 위치(INT)	
날짜 시간 펑션	ADD_TIME	ADD_TIME EN ENO IN1 OUT IN2	시간 더하기 IN1 : 시각 또는 시간 　　　(TIME, TOD, TD) IN2 : 더할 시간(TIME) OUT : 결과 시각 또는 시간 　　　(TIME, TOD, TD)	
	SUB_TIME	SUB_TIME EN ENO IN1 OUT IN2	시간 빼기 IN1 : 시각 또는 시간 　　　(TIME, TOD, TD) IN2 : 뺄 시간(TIME) OUT : 결과 시각 또는 시간 　　　(TIME, TOD, TD)	
	SUB_DATE	SUB_DATE EN ENO IN1 OUT IN2	날짜 빼기 IN1 : 날짜(DATE) IN2 : 뺄 날짜(DATE) OUT : 결과 시간(TIME)	
	SUB_TOD	SUB_TOD EN ENO IN1 OUT IN2	시각 빼기 IN1 : 시각(TIME OF DAY) IN2 : 뺄 시각(TIME OF DAY) OUT : 결과 시간(TIME)	
	SUB_DT	SUB_DT EN ENO IN1 OUT IN2	날짜 시각 빼기 IN1 : 시각(DATE&TIME) IN2 : 뺄 시각(DATE&TIME) OUT : 결과 시간(TIME)	

구분	명령어	기호	기능 설명	비고
날짜 시간 펑션	MUL_TIME	MUL_TIME EN ENO IN1 OUT IN2	시간 곱하기 IN1 : 입력 시간(TIME) IN2 : 곱할 값(INT) OUT : 결과 시간(TIME)	
	DIV_TIME	DIV_TIME EN ENO IN1 OUT IN2	시간 나누기 IN1 : 입력 시간(TIME) IN2 : 나눌 값(INT) OUT : 결과 날짜 시각(TIME)	
	CONCAT_TIME	CONCAT_TIME EN ENO IN1 OUT IN2	날짜와 시각 연결 IN1 : 입력 날짜(DATE) IN2 : 입력 시간(TOD) OUT : 결과 날짜 시각(DT)	
시스템 제어 펑션	DI	DI EN ENO REQ OUT	인터럽트 금지 REQ : 금지 요구(BOOL) OUT : 금지 확인(BOOL)	
	EI	EI EN ENO REQ OUT	인터럽트 허가 REQ : 허가 요구(BOOL) OUT : 허가 확인(BOOL)	
	STOP	STOP EN ENO REQ OUT	PLC 정지 요구 REQ : 정지 요구(BOOL) OUT : 정지 확인(BOOL)	
	ESTOP	ESTOP EN ENO REQ OUT	PLC 비상 정지 요구 REQ : 정지 요구(BOOL) OUT : 정지 확인(BOOL)	
	DIREC_IN	DIREC_IN EN ENO BASE OUT SLOT MASK_L MASK_H	입력 데이터 즉시 갱신 BASE : 베이스 모듈 번호 SLOT : 입력 모듈 슬롯 위치 MASK_L : 하위 32Bit 중 갱신하지 않을 Bit 지정(DWORD) MASK_H : 상위 32Bit 중 갱신하지 않을 Bit 지정(DWORD) OUT : 실행 완료(BOOL)	GM5 제외
	DIREC_IN5	DIREC_IN5 EN ENO MODL OUT MASK	입력 데이터 즉시 갱신 MODL : 입력 모듈 번호 MASK : 하위 32Bit 중 갱신하지 않을 Bit 지정(DWORD) OUT : 실행 완료(BOOL)	GM5 전용

구분	명령어	기호	기능 설명	비고
시스템 제어 펑션	DIREC_O	DIREC_O EN ENO BASE OUT SLOT MASK_L MASK_H	출력 데이터 즉시 갱신 BASE : 베이스 모듈 번호 SLOT : 출력 모듈 슬롯 위치 MASK_L : 하위 32Bit 중 갱신하지 않을 Bit 지정(DWORD) MASK_H : 하위 32Bit 중 갱신하지 않을 Bit 지정(DWORD) OUT : 실행 완료(BOOL)	GM5 제외
	DIREC_OUT5	DIREC_OUT5 EN ENO MODL OUT MASK	출력 데이터 즉시 갱신 MODL : 출력 모듈 번호 MASK : 하위 32Bit 중 갱신하지 않을 Bit 지정(DWORD) OUT : 실행 완료(BOOL)	GM5 전용
	WDT_RST	WDT_RST EN ENO REQ OUT	워치 독 타이머 리셋 REQ : 리셋 요구(BOOL) OUT : 실행 완료(BOOL)	

4.3 펑션 블록

구분	명령어	기호	기능 설명	비고
타이머 펑션 블록	TON	TON IN Q PT ET	On 딜레이 타이머 IN : 동작 개시 신호(BOOL) PT : 설정 시간(TIME) Q : 출력(BOOL) ET : 현재값	
	TOF	TOF IN Q PT ET	Off 딜레이 타이머 IN : 동작 개시 신호(BOOL) PT : 설정 시간(TIME) Q : 출력(BOOL) ET : 현재값	
	TP	TP IN Q PT ET	펄스 타이머 IN : 동작 개시 신호(BOOL) PT : 설정 시간(TIME) Q : 출력(BOOL) ET : 현재값(TIME)	
카운터 펑션 블록	CTU	CTU CU Q R CV PV	가산 카운터 CU : 펄스 입력(BOOL) R : 현재값 리셋(BOOL) PV : 설정값(INT) Q : 출력(BOOL) CV : 현재값(INT)	

구분		명령어	기호	기능 설명	비고
카운터 펑션 블록		CTD	**CTD** CD — Q LD — CV PV	감산 카운터 CD : 펄스 입력(BOOL) LD : 설정값 Read(BOOL) PV : 설정값(INT) Q : 출력(BOOL) CV : 현재값(INT)	
		CTUD	**CTUD** CU — QU CD — QD R — CV LD PV	가감산 카운터 CU : 감산 펄스 입력(BOOL) CD : 감산 펄스 입력(BOOL) R : 현재값 리셋(BOOL) LD : 설정값 Read(BOOL) PV : 설정값(INT) QU : 가산 카운트 출력(BOOL) QD : 감산 카운트 출력(BOOL) CV : 현재값(INT)	
펑션 블록		SEMA	**SEMA** CLAIM BUSY RELE ASE	시스템 자원 제어(Semaphore) CLAIM : 자원 독점 요구 (BOOL) RELEASE : 자원 해방(BOOL) BUSY : 자원 취득 불가(BOOL)	
		SR	**SR** S1 — Q1 R	Set 우선 쌍안정(Bistable) S1 : Set 신호(BOOL) R : Reset 신호(BOOL) Q1 : 출력(BOOL)	
		RS	**RS** S — Q1 R1	Reset 우선 쌍안정(Bistable) S : Set 신호(BOOL) R1 : Reset 신호(BOOL) Q1 : 출력(BOOL)	
		R_TRIG	**R_TRIG** CLK — Q	상승 에지 검출 CLK : 입력(BOOL) Q : 출력(BOOL)	
		F_TRIG	**F_TRIG** CLK — Q	하강 에지 검출 CLK : 입력(BOOL) Q : 출력(BOOL)	

제 5 장

기본 명령어 및 프로그래밍

5.1 시퀀스 연산자

5.1.1 시퀀스 연산자 일람표

(1) 접점

정적 접점		
No.	기호	설 명
1	`***` ─┤ ├─	평상시 열린 접점(Normally Open Contact) BOOL 변수("***"로 표시된 것)의 상태가 On일 때에는 왼쪽의 연결선 상태는 오른쪽의 연결선으로 복사됩니다. 그렇지 않을 경우에는 오른쪽의 연결선 상태가 Off 입니다.
2	`***` ─┤/├─	평상시 닫힌 접점(Normally Closed Contact) BOOL 변수("***"로 표시된 것)의 상태가 Off일 때에는 왼쪽의 연결선 상태는 오른쪽의 연결선으로 복사됩니다. 그렇지 않을 경우에는 오른쪽의 연결선 상태가 Off 입니다.
상태 변환 검출 접점		
3	`***` ─┤P├─	양 변환 검출 접점(Positive Transition-Sensing Contact) BOOL 변수("***"로 표시된 것)의 값이 전 스캔에서 Off였던 것이 현재 스캔에서 On으로 되고, 왼쪽 연결선 상태가 On 되어 있는 경우에 한해서 오른쪽의 연결선 상태는 현재 스캔 동안에 On이 됩니다.
4	`***` ─┤N├─	음 변환 검출 접점(Negative Transition-Sensing Contact) BOOL 변수("***"로 표시된 것)의 값이 전 스캔에서 On 이었던 것이 현재 스캔에서 Off 되고 왼쪽 연결선 상태가 On 되어 있는 경우에 한해서 오른쪽의 연결선 상태는 현재 스캔 동안에 On이 됩니다.

(2) 코일

임시 코일(Momentary Coils)		
No.	기호	설명
1	*** ─( )─	코일(Coil) 왼쪽에 있는 연결선의 상태를 관련된 BOOL 변수("***" 로 표시된 것)에 넣습니다.
2	*** ─(/)─	역 코일(Negated Coil) 왼쪽에 있는 연결선 상태의 역(Negated)값을 관련된 BOOL 변수("***"로 표시된 것)에 넣습니다. 즉, 왼쪽 연결선 상태 Off 이면 관련된 변수를 On 시키고, 왼쪽 연결선 상태가 On 이면 관련된 변수를 Off 시킵니다.
래치 코일(Latched Coils)		
3	*** ─(S)─	Set(Latch) Coil 왼쪽의 연결선 상태가 On 이 되었을 때에는 관련된 BOOL 변수("***"로 표시된 것)는 On 이 되고 Reset 코일에 의해 Off 되기 전까지는 On 되어 있는 상태로 유지됩니다.
4	*** ─(R)─	Reset(Unlatch) Coil 왼쪽의 연결선 상태가 On 이 되었을 때에는 관련된 BOOL 변수("***"로 표시된 것)는 Off 되고 Set 코일에 의해 On 되기 전까지는 Off 되어 있는 상태로 유지됩니다.
상태 변환 검출 코일(Transition-Sensing Coils)		
5	*** ─(P)─	양 변환 검출 코일(Positive Transition-Sensing Coil) 왼쪽 연결선 상태가 바로 전 스캔에서 Off 였던 것이 현재 스캔에서 On 이 되어 있는 경우에 관련된 BOOL 변수("***"로 표시된 것)의 값은 현재 스캔 동안만 On 이 됩니다.
6	*** ─(N)─	음 변환 검출 코일(Negative Transition-Sensing Coil) 왼쪽 연결선 상태가 바로 전 스캔에서 On 이었던 것이 현재 스캔에서 Off되어 있는 경우에 관련된 BOOL 변수("***"로 표시된 것)의 값은 현재 스캔 동안만 On 이 됩니다.

▶ 코일은 화면의 가장 오른쪽에 표현됩니다.

5.1.2 시퀀스 연산자 프로그램 예

5.1.2.2 양변환 검출 접점 및 음변환 검출 접점

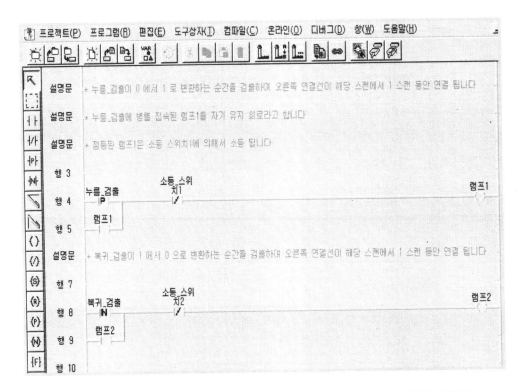

변수명	변수 종류	메모리할당	사용여부	데이터 타입
누름_검출	VAR	%IX0.0.16	*	BOOL
소등_스위치1	VAR	%IX0.0.17		BOOL
복귀_검출	VAR	%IX0.0.20	*	BOOL
소등_스위치2	VAR	%IX0.0.21		BOOL
램프1	VAR	%QX0.3.0	*	BOOL
램프2	VAR	%QX0.3.1	*	BOOL

5.1.2.2 양변환 검출 코일 및 음변환 검출 코일

(1) 프로그램 예 1

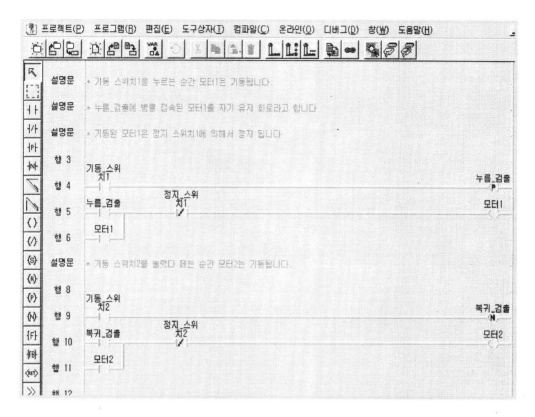

(2) 프로그램 예 2

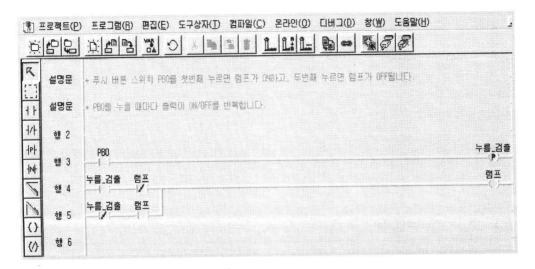

지역 변수 목록

변수명	변수 종류	메모리할당	사용여부	데이터 타입
PB0	VAR	%IX0.0.16	*	BOOL
램프	VAR	%QX0.3.0	*	BOOL
누름_검출	VAR	<자동>	*	BOOL

5.1.2.3 셋(Set) 코일 및 리셋(Reset) 코일

(1) 프로그램 편집

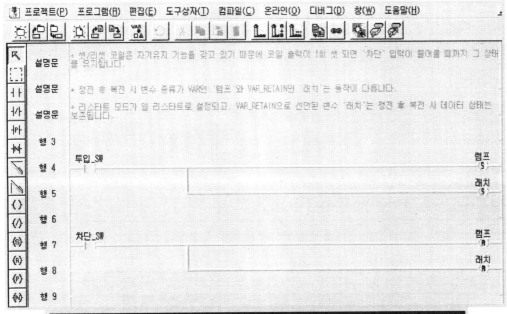

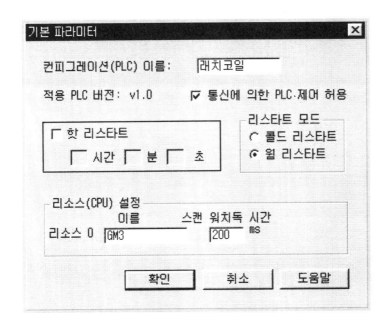

(2) LD 및 변수 모니터링

●PLC 전원 인가 상태에서 투입 스위치를 ON→OFF하면 램프 및 래치는 셋되어 ON 상태를 유지합니다.

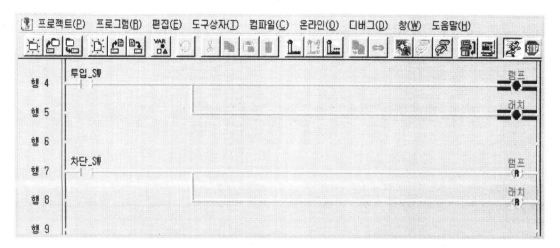

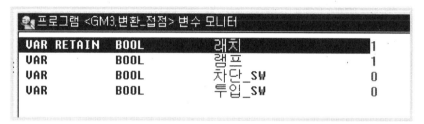

●램프 및 래치가 셋되어 있는 상태에서 PLC 전원을 정전시켰다 복전시키면 VAR 변소 '램프'는 소거(Clear)되지만 VAR_RETAIN 변수 '래치'는 ON 상태를 유지합니다.

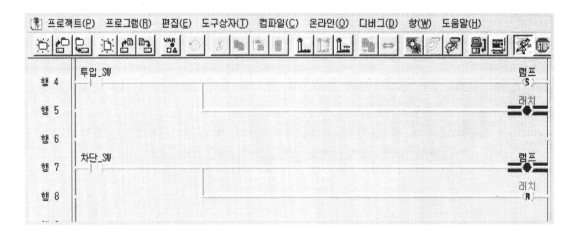

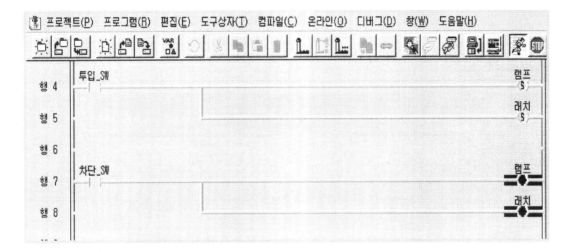

● PLC 전원 인가 상태에서 차단 스위치를 ON→OFF하면 램프 및 래치는 리셋되어 모두
OFF됩니다.

5.2 기본 평션

기본 평션에는 전송 평션, 형 변환 평션, 비교 평션, 산술 연산 평션, 논리 연산 평션, 비트 시프트 평션 등이 있습니다.

5.2.1 기본 평션 일람표

(1) 전송 평션

No.	평션 이름	기능
1	MOVE	데이터 전송(IN → OUT)
2	ARY_MOVE	배열 변수 부분 전송

(2) 형(Type) 변환 평션

평션 그룹	평션 이름	입력 데이터 타입	출력 데이터 타입	적용 기종		
				GM1~2	GM3	GM4~5
BCD_TO_***	BCD_TO_SINT	BYTE(BCD)	SINT	0	0	0
	BCD_TO_INT	WORD(BCD)	INT	0	0	0
	BCD_TO_DINT	DWORD(BCD)	DINT	0	0	0
	BCD_TO_USINT	BYTE(BCD)	USINT	0	0	0
	BCD_TO_UINT	WORD(BCD)	UINT	0	0	0
	BCD_TO_UDINT	DWORD(BCD)	UDINT	0	0	0
INT_TO_***	INT_TO_SINT	INT	SINT	0	0	0
	INT_TO_DINT	INT	DINT	0	0	0
	INT_TO_USINT	INT	USINT	0	0	0
	INT_TO_UINT	INT	UINT	0	0	0
	INT_TO_UDINT	INT	UDINT	0	0	0
	INT_TO_BOOL	INT	BOOL	0	0	0
	INT_TO_BYTE	INT	BYTE	0	0	0
	INT_TO_WORD	INT	WORD	0	0	0
	INT_TO_DWORD	INT	DWORD	0	0	0
	INT_TO_BCD	INT	WORD(BCD)	0	0	0

(3) 비교 펑션

연산결과가 참(True)이면 OUT으로 1이 출력됩니다.

No.	펑션 이름	기능(단, n은 8까지 가능)
1	GT >	'크다' 비교 (IN1 > IN2) And (IN2 > IN3) And …. And(INn−1 > INn) → OUT)
2	GE ≥	'크거나 같다' 비교 (IN1 ≥ IN2) And (IN2 ≥ IN3) And …. And(INn−1 ≥ INn) → OUT)
3	EQ =	'같다' 비교 (IN1 = IN2) And (IN2 = IN3) And …. And(INn−1 = INn) → OUT)
4	LE ≤	'작거나 같다' 비교 (IN1 ≤ IN2) And (IN2 ≤ IN3) And …. And(INn−1 ≤ INn) → OUT)
5	LT <	'작다' 비교 (IN1 < IN2) And (IN2 < IN3) And …. And(INn−1 < INn) → OUT)
6	NE ≠	'같지 않다' 비교 (IN1 ≠ IN2) And (IN2 ≠ IN3) And …. And(INn−1 ≠ INn) → OUT)

(4) 산술 연산 펑션

산술 연산 펑션 중 일반적인 것은 사칙 연산(덧셈, 뺄셈, 곱셈, 나눗셈, 나머지) 펑션입니다.

No.	펑션 이름	기능
	입력 개수를 확장할 수 있는 연산 펑션(단, n은 8까지 가능)	
1	ADD	더하기(IN1 + IN2 + … + INn → OUT)
2	MUL	곱하기(IN1 × IN2 × … × INn → OUT)
	입력 개수가 2개인 연산 펑션	
3	SUB	빼기(IN1 − IN2 → OUT)
4	DIV	나누기(IN1 ÷ IN2 → OUT)
5	MOD	나눗셈 나머지 구하기

(5) 논리 연산 펑션

No.	펑션 이름	기능
1	AND	논리곱(IN1 AND IN2 AND ··· AND INn → OUT)
2	OR	논리합(IN1 OR IN2 OR ··· OR INn → OUT)
3	XOR	배타적 논리합(IN1 XOR IN2 XOR ··· XOR INn → OUT)
4	NOT	논리 반전(NOT IN1 → OUT)

(6) 비트 시프트 펑션

No.	펑션 이름	기능
1	SHL	입력을 N비트 왼쪽으로 이동(오른쪽은 0으로 채움)
2	SHR	입력을 N비트 오른쪽으로 이동(왼쪽은 0으로 채움)
3	ROL	입력을 N비트 왼쪽으로 회전
4	ROR	입력을 N비트 오른쪽으로 회전

5.2.2 기본 펑션 설명 및 프로그램 예

5.2.2.1 전송 펑션

MOVE

제품명	GM1	GM2	GM3	GM4	GM5
적용 가능	●	●	●	●	●

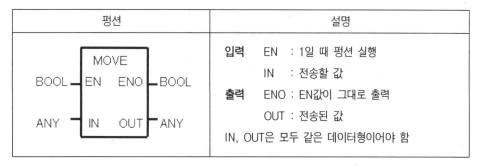

펑션	설명
	입력 EN : 1일 때 펑션 실행

- **기능**

IN의 값을 복사하여 OUT으로 전송합니다.

- **프로그램 예 1**

실행조건이 ON되면 MOVE 펑션이 실행 '스위치_상태' %IX0.0.0~%IX0.0.7의 ON/OFF 정보가 복사되어 'LED_상태' %QX0.3.8~%QX0.3.15로 전송됩니다.

(1) 프로그램 편집

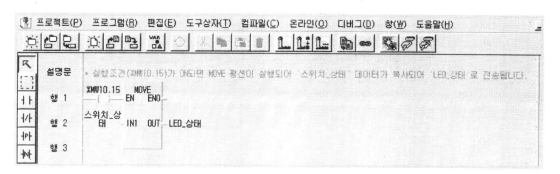

(2) LD 모니터링

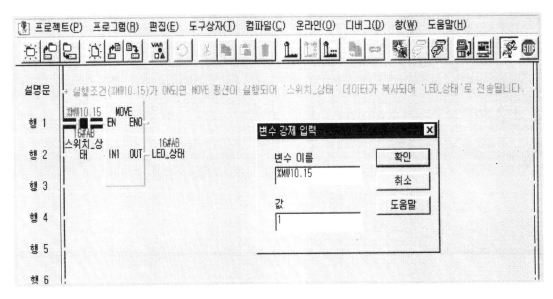

■ 프로그램 예 2

스위치 0, 1, 2 중 하나를 ON하면 MOVE 펑션이 실행되어 해당 코드값을 LED(%QW0.3.0)로 전송합니다.

(1) 프로그램 편집

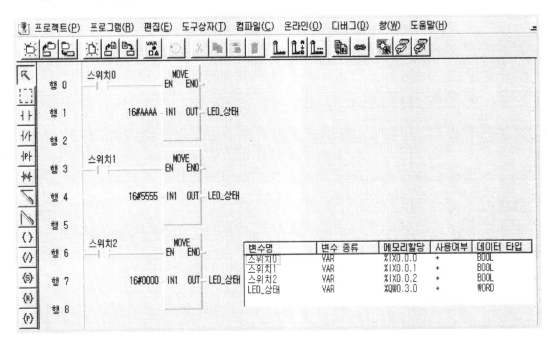

변수명	변수 종류	메모리할당	사용여부	데이터 타입
스위치0	VAR	%IX0.0.0	*	BOOL
스위치1	VAR	%IX0.0.1	*	BOOL
스위치2	VAR	%IX0.0.2	*	BOOL
LED_상태	VAR	%QW0.3.0	*	WORD

(2) LD 모니터링

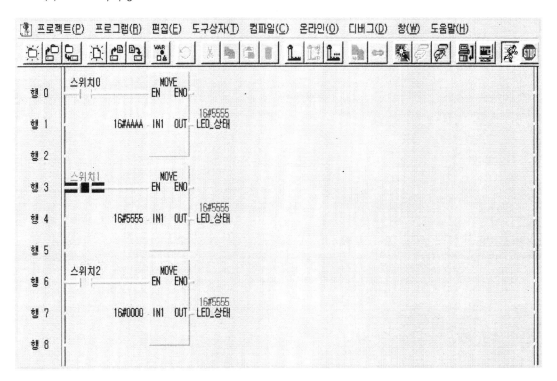

5.2.2.3 비교 펑션

GT

'크다' 비교

제품명	GM1	GM2	GM3	GM4	GM5
적용 가능	●	●	●	●	●

펑션	설명
GT BOOL — EN ENO — BOOL ANY — IN1 OUT — BOOL ANY — IN2	**입력**　EN　: 1일 때 펑션 실행 　　　　IN1　: 비교할 값 　　　　IN2　: 비교할 값 　　　　입력은 8개까지 확장 가능 　　　　IN1, IN2, … 는 모두 같은 타입이어야 함. **출력**　ENO : EN값이 그대로 출력 　　　　OUT : 비교 결과값

■ 기능

입력값의 비교 결과 IN1 〉 IN2 〉 IN3… 〉 INn(n은 입력 개수)이 참이면 OUT으로 1을 출력합니다. 거짓의 경우에는 OUT으로 0을 출력합니다.

■ 프로그램 예

① 실행조건(%IX0.0.0)을 ON하면 GT 펑션이 실행됩니다.

② 입력변수로 선언된 값 1=300, 값 2=200, 값 3=100이면, 비교 결과 값1 〉 값2 〉 값3이므로, 출력 결과 값 %QX0.3.0=1이 됩니다.

입력 (IN1) : 값1(INT)=300(16#012C)

　　　(IN2) : 값2(INT)=200(16#00C8)

　　　(IN3) : 값3(INT)=100(16#0064)

출력 (OUT) : %QX0.3.0(BOOL)=1(16#1)

GE

'크거나 같다' 비교

제품명	GM1	GM2	GM3	GM4	GM5
적용 가능	●	●	●	●	●

펑션	설명
GE BOOL ─ EN ENO ─ BOOL ANY ─ IN1 OUT ─ BOOL ANY ─ IN2	**입력** EN : 1일 때 펑션 실행 　　　　IN1 : 비교할 값 　　　　IN2 : 비교할 값 　　　　입력은 8개까지 확장 가능 　　　　IN1, IN2, … 는 모두 같은 타입이어야 함. **출력** ENO : EN값이 그대로 출력 　　　　OUT : 비교 결과값

- ■ 기능

　입력값의 비교 결과 IN1 ≥ IN2 ≥ IN3… ≥ INn(n은 입력 개수)이 참이면 OUT으로 1을 출력합니다. 거짓의 경우에는 OUT으로 0을 출력합니다.

- ■ 프로그램 예

　① 실행조건(%IX0.0.0)을 ON하면 GE 펑션이 실행됩니다.

　② 입력변수로 선언된 값4=300, 값5=200, 값6=200이면, 비교 결과 값4 ≥ 값5 ≥ 값6이므로, 출력 결과 값 %QX0.3.2=1이 됩니다.

　　　입력 (IN1) : 값4(INT)=300(16#012C)

　　　　　(IN2) : 값5(INT)=200(16#012C)

　　　　　(IN3) : 값6(INT)=200(16#012C)

　　　출력 (OUT) : %QX0.3.1(BOOL)=1(16#1)

EQ

'같다' 비교

제품명	GM1	GM2	GM3	GM4	GM5
적용 가능	●	●	●	●	●

펑션	설명

EQ
 	
BOOL — EN ENO — BOOL
ANY — IN1 OUT — BOOL
ANY — IN2
	입력 EN : 1일 때 펑션 실행
	        IN1 : 비교할 값
	        IN2 : 비교할 값
	        입력은 8개까지 확장 가능
	        IN1, IN2, … 는 모두 같은 타입이어야 함.
	
	출력 ENO : EN값이 그대로 출력
	        OUT : 비교 결과값

■ 기능

　입력값의 비교 결과 IN1 = IN2 = IN3… = INn(n은 입력 개수)이 참이면 OUT으로 1을 출력합니다. 거짓의 경우에는 OUT으로 0을 출력합니다.

■ 프로그램 예

　① 실행조건(%IX0.0.0)을 ON하면 EQ 펑션이 실행됩니다.

　② 입력변수로 선언된 값7=300, 값8=200, 값9=200이면, 비교 결과 값7 = 값8 = 값9이므로, 출력 결과 값 %QX0.3.1=1이 됩니다.

　　입력 (IN1) : 값7(INT)=300(16#012C)

　　　　(IN2) : 값8(INT)=200(16#012C)

　　　　(IN3) : 값9(INT)=200(16#012C)

　　출력 (OUT) : %QX0.3.2(BOOL)=1(16#1)

LE

'작거나 같다' 비교

제품명	GM1	GM2	GM3	GM4	GM5
적용 가능	●	●	●	●	●

펑션	설명
| ```
       ┌──────────┐
       │    LE    │
BOOL ──┤ EN   ENO ├── BOOL
ANY ───┤ IN1  OUT ├── BOOL
ANY ───┤ IN2      │
       └──────────┘
``` | **입력**  EN : 1일 때 펑션 실행<br>IN1 : 비교할 값<br>IN2 : 비교할 값<br>입력은 8개까지 확장 가능<br>IN1, IN2, … 는 모두 같은 타입이어야 함.<br><br>**출력**  ENO : EN값이 그대로 출력<br>OUT : 비교 결과값 |

■ 기능

입력값의 비교 결과 IN1 ≤ IN2 ≤ IN3… ≤ INn(n은 입력 개수)이 참이면 OUT으로 1을
출력합니다. 거짓의 경우에는 OUT으로 0을 출력합니다.

■ 프로그램 예

① 실행조건(%IX0.0.1)을 ON하면 LE 펑션이 실행됩니다.

② 입력변수로 선언된 값10=150, 값11=200, 값12=250이면, 비교 결과 값10 ≤ 값11 ≤ 값
12이므로, 출력 결과 값 %QX0.3.3=1이 됩니다.

입력 (IN1) : 값10(INT)=150(16#0096)

(IN2) : 값11(INT)=200(16#00C8)

(IN3) : 값12(INT)=250(16#00FA)

출력 (OUT) : %QX0.3.3(BOOL)=1(16#1)
```

LT

'작다' 비교

제품명	GM1	GM2	GM3	GM4	GM5
적용 가능	●	●	●	●	●

펑션	설명

![LT 펑션 블록] BOOL – EN ENO – BOOL
ANY – IN1 OUT – BOOL
ANY – IN2
	입력 EN : 1일 때 펑션 실행
	      IN1 : 비교할 값
	      IN2 : 비교할 값
	      입력은 8개까지 확장 가능
	      IN1, IN2, … 는 모두 같은 타입이어야 함.
	
	출력 ENO : EN값이 그대로 출력
	      OUT : 비교 결과값

■ 기능

  입력값의 비교 결과 IN1 < IN2 < IN3… < INn(n은 입력 개수)이 참이면 OUT으로 1을 출력합니다. 거짓의 경우에는 OUT으로 0을 출력합니다.

■ 프로그램 예

  ① 실행조건(%IX0.0.1)을 ON하면 LT 펑션이 실행됩니다.

  ② 입력변수로 선언된 값15=100, 값16=200, 값17=300이면, 비교 결과 값15 < 값16 < 값17이므로, 출력 결과 값 %QX0.3.4=1이 됩니다.

  입력 (IN1) : 값15(INT)=150(16#0064)

    (IN2) : 값16(INT)=200(16#00C8)

    (IN3) : 값17(INT)=250(16#012C)

  출력 (OUT) : %QX0.3.4(BOOL)=1(16#1)

NE

'같지 않다' 비교

제품명	GM1	GM2	GM3	GM4	GM5
적용 가능	●	●	●	●	●

펑션	설명
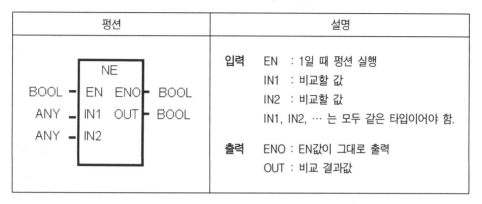	**입력** EN : 1일 때 펑션 실행 IN1 : 비교할 값 IN2 : 비교할 값 IN1, IN2, … 는 모두 같은 타입이어야 함. **출력** ENO : EN값이 그대로 출력 OUT : 비교 결과값

■ 기능

입력값의 비교 결과 IN1과 IN2가 같지 않으면 OUT으로 1을 출력합니다. 같으면 OUT으로 0을 출력합니다.

■ 프로그램 예

① 실행조건(%IX0.0.1)을 ON하면 NE 펑션이 실행됩니다.

② 입력변수로 선언된 값18=300, 값19=200이면, 비교 결과 값18과 값19가 같지 않으므로, 출력 결과 값 %QX0.3.5=1이 됩니다.

입력 (IN1) : 값18(INT)=300(16#012C)

(IN2) : 값19(INT)=200(16#00C8)

출력 (OUT) : %QX0.3.5(BOOL)=1(16#1)

(1) GT, GE, EQ, LE, LT, NE 펑션의 프로그램 예 편집

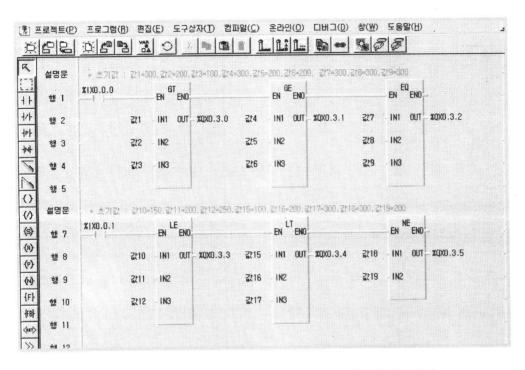

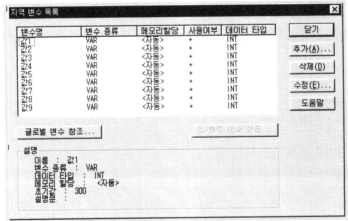

(2) GT, GE, EQ, LE, LT, NE 펑션의 프로그램 예(LD 모니터링)

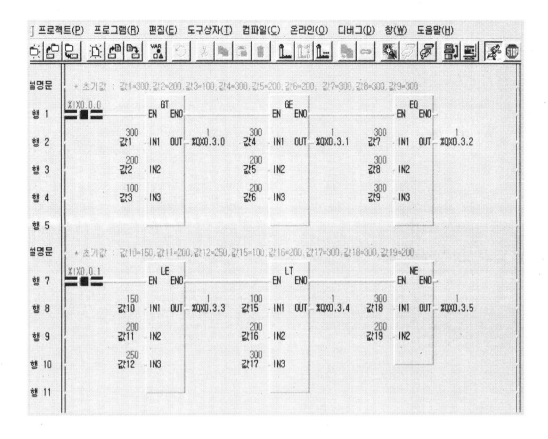

5.3 기본 펑션 블록

기본 펑션 블록 중 가장 일반적인 것은 카운터와 타이머입니다.

5.3.1 기본 펑션 블록 일람표

(1) 카운터

No.	펑션 블록 이름	기능
1	CTU	가산 카운터(Up Counter)
2	CTD	감산 카운터(Down Counter)
3	CTUD	가감산 카운터(Up Down Counter)

(2) 타이머

No.	펑션 블록 이름	기능
1	TON	On 딜레이 타이머(On Delay Timer)
2	TOF	Off 딜레이 타이머(Off Delay Timer)
3	TP	펄스 타이머(Pulse Timer)

5.3.2 기본 펑션 블록 설명 및 프로그램 예

5.3.2.1 카운터

CTU

가산 카운터(Up Counter)	제품명	GM1	GM2	GM3	GM4	GM5
	적용 가능	●	●	●	●	●

펑션	설명

CTU
 	
BOOL — CU   Q — BOOL
BOOL — R   CV — INT
INT — PV
	입력 CU : 업 카운트(Up Count) 펄스 입력
	        R : 리셋 입력(Reset)
	        PV : 설정값(Preset Value)
	
	출력 Q : 업 카운터(Up Count) 출력
	        CV : 현재값(Current Value)

- 기능
  - 펄스 입력 CU가 0에서 1(Rising Edge)이 되면 현재값 CV가 이전값보다 1만큼 증가합니다.
  - 단, CV는 정수(INT)의 최대값 32767을 넘지 않는다.
  - 리셋 입력 R이 1이 되면 현재값 CV는 0으로 소거(Clear)됩니다.
  - 출력 Q는 현재값(CV)이 설정값(PV) 이상이면 1이 됩니다.

- 타임차트

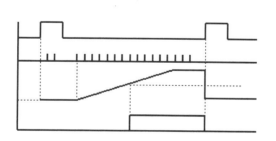

R(리셋 입력)

CU(업 카운트 입력)   최대계수값 (32767)
                                                      PV(설정값)
CV(현재값)

 Q(카운터 출력)

- 프로그램 예
  - CTU는 펑션 블록이므로 연산 중 누계되는 데이터를 잠시 보관하기 위한 인스턴스 변수를 반드시 선언해야 합니다.
  - GMWIN에서 프로그램 편집시 CTU의 인스턴스 변수를 선언하면 카운터 출력은 인스턴스 이름 .Q, 현재값은 인스턴스 이름 .CV로 변수가 자동 생성됩니다.
    - CTU의 인스턴스 변수 C1을 선언합니다.
    - 우측 디지털 스위치(%IW0.1.1)로 설정값 10을 입력합니다.
    - 토글 스위치 0(%IX0.0.0)로 CU에 입상(Rising Edge) 펄스를 입력하면 현재값이 증가합니다.

- 현재값을 우측 디지털 표시기(%QW0.2.0)에 출력합니다.
- 현재값이 설정값 이상이면 카운터 출력(C1.Q)이 1이 되어 램프(%QX0.3.0)가 점등됩니다.
- 토글 스위치 1(%IX0.0.1)을 ON하면 현재값 및 카운터 출력이 리셋되어 0이 됩니다.
- 현재값(C1.CV)이 0~9999 사이를 벗어나면 펑션 INT_To_BCD에 의해 _ERR, _LER 플래그가 ON됩니다.

(1) 프로그램 편집

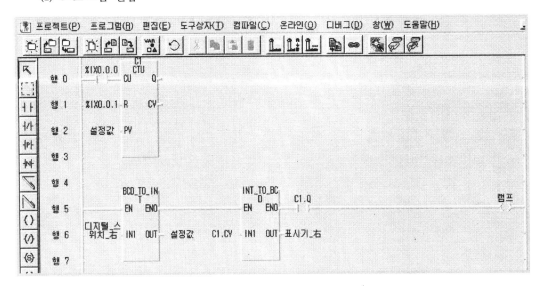

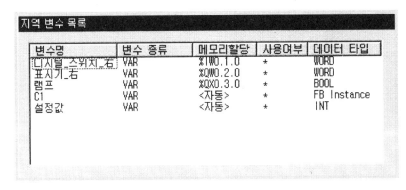

(2) LD 및 변수 모니터링

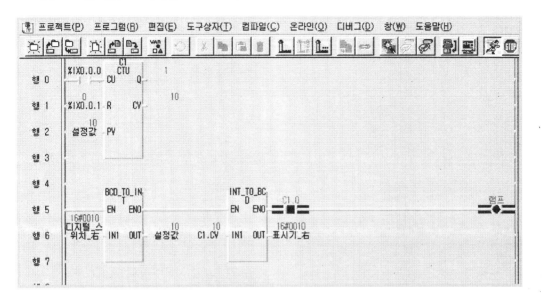

CTD

감산 카운터(Down Counter)

제품명	GM1	GM2	GM3	GM4	GM5
적용 가능	●	●	●	●	●

펑션	설명

CTD
BOOL ─ CD   Q ─ BOOL
BOOL ─ LD   CV ─ INT
INT ─ PV
	입력 CD : 다운 카운트(Down Count) 펄스 입력
	    LD : 설정값 입력(Load)
	    PV : 설정값(Preset Value)
	
	출력 Q : 다운 카운터(Down Count) 출력
	    CV : 현재값(Current Value)

- **기능**
  - 펄스 입력 CD가 0에서 1(Rising Edge)이 되면 현재값 CV가 이전값보다 1만큼 감소합니다.
  - 단, CV는 정수(INT)의 최소값 −32768이 되면 더 이상 감소하지 않는다.
  - 설정값 입력 접점 LD가 1이 되면, 설정값 PV값이 현재값 CV에 로드됩니다.(PV=CV)
  - 출력 Q는 현재값(CV)이 0 이하이면 1이 됩니다.

- **타임차트**

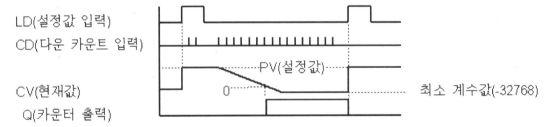

LD(설정값 입력)
CD(다운 카운트 입력)

PV(설정값)

CV(현재값)   0

Q(카운터 출력)

최소 계수값(-32768)

- **프로그램 예**
  - CTD는 펑션 블록이므로 연산 중 누계되는 데이터를 잠시 보관하기 위한 인스턴스 변수를 반드시 선언해야 합니다.
  - GMWIN에서 프로그램 편집시 CTD의 인스턴스 변수를 선언하면 카운터 출력은 인스턴스 이름 .Q, 현재값은 인스턴스 이름 .CV로 변수가 자동 생성됩니다.
    - CTD의 인스턴스 변수 C2를 선언합니다.
    - 설정값을 10으로 세팅합니다.
    - 초기에 _10N(첫 스캔 ON)에 의해 LD가 1이 되어 설정값이 현재값에 로드됩니다.
    - 토글 스위치 1(%IX0.0.1)로 CD에 입상(Rising Edge) 펄스를 입력하면 현재값이 감소합니다.
    - 현재값을 좌측 디지털 표시기(%QW0.2.1)에 출력합니다.

- 현재값이 0 이하이면 카운터 출력(C2.Q)이 1이 되어 램프 1(%QX0.3.1)이 점등됩니다.
- 토글 스위치 2(%IX0.0.2)를 ON하면 LD가 1이 되어 설정값이 현재값에 로드됩니다.
- 현재값이 0~9999 사이를 벗어나면 펑션 INT_TO_BCD에 의해 _ERR, _LER 플래그가 ON됩니다.

(1) 프로그램 편집

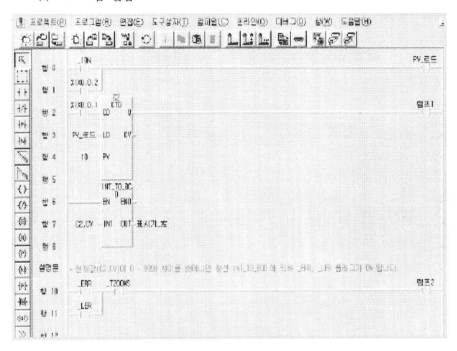

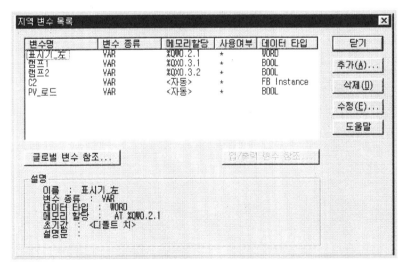

(2) LD 모니터링

- 현재값이 0~9999 사이의 값을 가질 경우

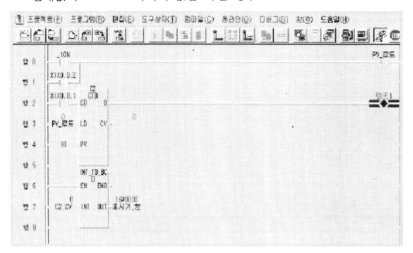

- 현재값이 0~9999 사이의 값을 벗어날 경우

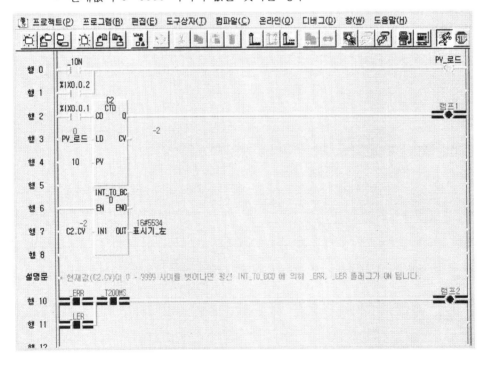

CTUD

가감산 카운터(Up/Down Counter)

제품명	GM1	GM2	GM3	GM4	GM5
적용 가능	●	●	●	●	●

펑션 블록	설명

<table>
<tr><td rowspan="2">
<pre>
        CTUD
BOOL ─ CU   QU ─ BOOL
BOOL ─ CD   QD ─ BOOL
BOOL ─ R   CV ─ INT
BOOL ─ LD
 INT ─ PV
</pre>
</td>
<td>
입력   CU : 업 카운트(Up Count) 펄스 입력
          CD : 다운 카운트(Down Count) 펄스 입력
          R : 리셋 입력(Reset)
          LD : 설정값 입력(Load)
          PV : 설정값(Preset Value)

출력   QU : 카운트 업(Count UP) 출력
          Q : 카운트 다운(Count Down) 출력
          CV : 현재값(Current Value)
</td></tr>
</table>

■ 기능

- CTUD는 CU가 0에서 1이 되면 현재값 CV가 이전값보다 1만큼 증가하고, CD가 0에서 1이 되면 현재값 CV가 이전값보다 1만큼 감소하는 카운터입니다. 단, 현재값 CV는 정수(INT)의 최소값 −32768∼최대값 32767 사이의 값을 갖습니다.
- 설정값 입력 접점 LD가 1이 되면, 현재값 CV에 설정값 PV값이 로드됩니다.(CV=PV)
- 설정값 입력 R이 (0)되면 현재값 CV는 0으로 클리어(Clear)됩니다.(CV=0)
- 출력 QU는 CV가 PV 이상이면 1이 되고, QD는 CV가 0 이하일 때 1이 됩니다.
- 각 입력신호에 대해서 R > LD > CU > CD 순으로 동작을 수행하며, 신호의 중복 발생 시 우선 순위가 높은 동작 하나만 수행합니다.

5.3.2.2 타이머

TON

On 딜레이 타이머(On Delay Timer)

제품명	GM1	GM2	GM3	GM4	GM5
적용 가능	●	●	●	●	●

펑션 블록	설명

TON
BOOL — IN   Q — BOOL
TIME — PT   ET — TIME
	입력 IN : 타이머 기동 조건
	        PT : 설정시간(Preset Time)
	출력 Q : 타이머 출력
	        ET : 경과시간(Elapsed Time)

- **기능**
  - IN이 1이 된 후 경과시간이 ET로 출력됩니다.
  - 만일, 경과시간이 ET가 설정시간에 도달하기 전에 IN이 0이면, 경과시간은 0으로 됩니다.
  - Q가 1이 된 후 IN이 0이 되면, Q는 0이 됩니다.

- **타임차트**

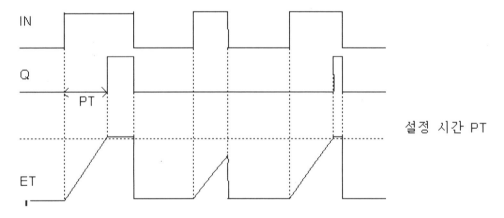

설정 시간 PT

- **프로그램 예**
  - TON은 펑션 블록이므로 연산 중 누계되는 데이터를 잠시 보관하기 위한 인스턴스 변수를 반드시 선언해야 합니다.
  - GMWIN에서 프로그램 편집시 TON의 인스턴스 변수를 선언하면 타이머 출력은 인스턴스 이름.Q, 경과 시간은 인스턴스 이름.ET로 변수가 자동 생성됩니다.
    - TON의 인스턴스 변수 T1을 선언합니다.
    - 타이머 T1의 설정시간을 7초(T#7S)로 설정합니다.
    - 기동 스위치 0(%IX0.0.0)를 ON하면 경과시간(T1.ET)이 디지털 표시기에 출력됩니다.

124

- 경과시간 T1.ET가 설정시간 7초에 도달하면 타이머 출력 T1.Q가 ON됩니다.
- T1.Q가 ON된 후 기동 스위치 0(%IX0.0.0)를 OFF하면 T1.Q는 OFF됩니다.

(1) 편집 프로그램

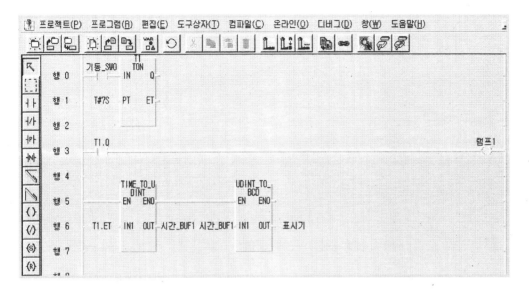

지역 변수 목록

변수명	변수 종류	메모리할당	사용여부	데이터 타입
기동_SW0	VAR	%IX0.0.0	*	BOOL
표시기	VAR	%QD0.2.0	*	DWORD
램프1	VAR	%QX0.3.0	*	BOOL
시간_BUF1	VAR	<자동>	*	UDINT
T1	VAR	<자동>	*	FB Instance

(2) LD 및 변수 모니터링

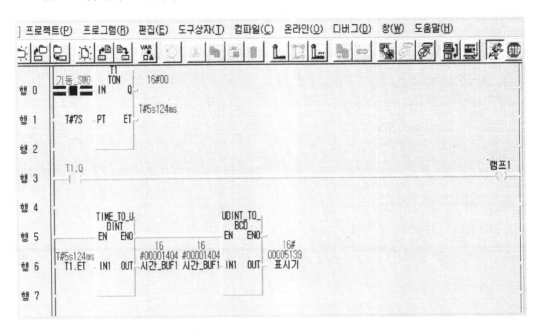

TOF

제품명	GM1	GM2	GM3	GM4	GM5
Off 딜레이 타이머(Off Delay Timer) 적용 가능	●	●	●	●	●

펑션 블록	설명
TOF BOOL — IN Q — BOOL TIME — PT ET — TIME	**입력** IN : 타이머 기동 조건 PT : 설정시간(Preset Time) **출력** Q : 타이머 출력 ET : 경과시간(Elapsed Time)

■ 기능
- IN이 1이 되면, Q가 1이 되고, IN이 0이 된 후부터 PT에 의해서 지정된 설정시간이 경과한 후 Q가 0이 됩니다.
- IN이 0이 된 후 경과시간이 ET로 출력됩니다.
- 만일 경과시간 ET가 설정시간에 도달하기 전에 IN이 1이 되면, 경과시간은 다시 0으로 됩니다.

■ 타임차트

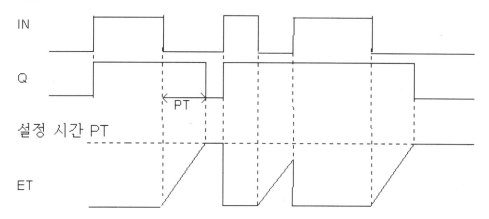

■ 프로그램 예
- TOF는 펑션 블록이므로 연산 중 누계되는 데이터를 잠시 보관하기 위한 인스턴스 변수를 반드시 선언해야 합니다.
- GMWIN에서 프로그램 편집시 TOF의 인스턴스 변수를 선언하면 타이머 출력은 인스턴스 이름.Q, 경과시간은 인스턴스 이름.ET로 변수가 자동 생성됩니다.
  - TON의 인스턴스 변수 T2를 선언합니다.
  - 타이머 T2의 설정시간을 5초(T#5S)로 설정합니다.

- 기동 스위치 1(%IX0.0.1)을 ON하면 타이머 출력 T2.Q가 ON됩니다.
- 기동 스위치 1(%IX0.0.1)을 OFF하면 경과시간(T2.ET)이 디지털 표시기에 출력됩니다.
- 경과시간 T2.ET가 설정시간 5초에 도달하면 타이머 출력 T2.Q가 OFF됩니다.

(1) 편집 프로그램

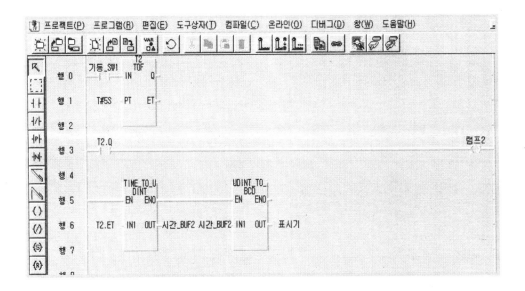

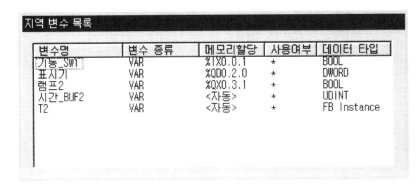

(2) LD 모니터링

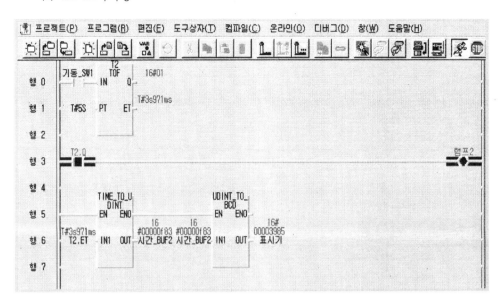

TP

펄스 타이머(Pulse Timer)

제품명	GM1	GM2	GM3	GM4	GM5
적용 가능	●	●	●	●	●

펑션 블록	설명

TP
BOOL— IN   Q —BOOL
TIME —PT   ET — TIME
	입력 IN : 타이머 기동 조건
	       PT : 설정시간(Preset Time)
	
	출력 Q : 타이머 출력
	       ET : 경과시간(Elapsed Time)

■ 기능

• IN이 1이 되면 PT에 의해서 지정된 설정시간 동안만 Q가 1이 되고, ET가 PT에 도달하면 자동으로 0이 됩니다.

• 경과시간 ET는 IN이 1이 되었을 때부터 증가하며 PT에 이르면 값을 유지하다가 IN이 0이 될 때 0의 값이 됩니다.

• ET가 증가할 동안은 IN이 0이 되거나 재차 1이 되어도 영향이 없습니다.

■ 타임차트

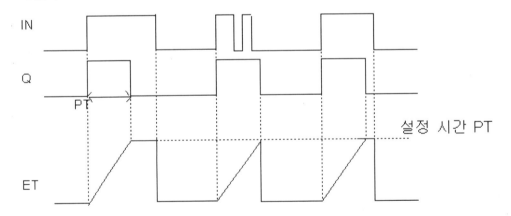

■ 프로그램 예

• TP는 펑션 블록이므로 연산 중 누계되는 데이터를 잠시 보관하기 위한 인스턴스 변수를 반드시 선언해야 합니다.

• GMWIN에서 프로그램 편집시 TP의 인스턴스 변수를 선언하면 타이머 출력은 인스턴스 이름.Q, 경과시간은 인스턴스 이름.ET로 변수가 자동생성됩니다.

  – TP의 인스턴스 변수 T3를 선언합니다.

  – 타이머 T3의 설정시간을 5초(T#5S)로 설정합니다.

- 기동 스위치 0(%IX0.0.0)을 OFF→ON하면 타이머 출력 T3.Q가 5초 동안 ON했다 OFF합니다.
- T3.ET가 증가할 동안 기동 스위치 0이 OFF되거나 다시 ON되어도 영향이 없습니다.
- T3.ET가 증가할 동안 경과시간(T3.ET)이 디지털 표시기에 출력됩니다.

(1) 편집 프로그램

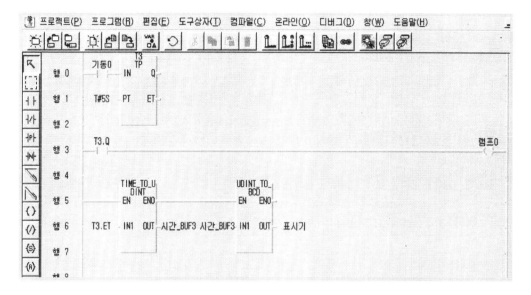

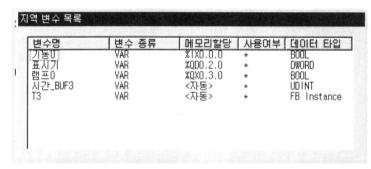

(2) LD 모니터링

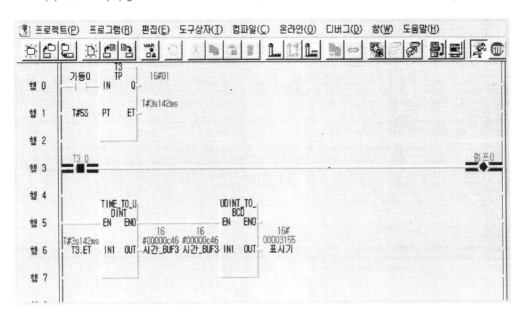

프로그램 편집 TOOL(GMWIN)의 사용법

6.1 GMWIN의 특징

GMWIN은 GLOFA PLC 전 시리즈의 프로그램을 작성하고 디버깅하는 소프트웨어 툴입니다. GMWIN은 다음과 같은 특징과 장점이 있습니다.

1) 편리한 인터페이스 : 동시에 여러 개의 프로그램을 편집 디버깅할 수 있으며 그 밖에 사용자 편의성을 극대화하였다.
2) 다양한 언어 제공 : LD, SFC, IL 등 다양한 언어를 제공하여 시스템에 적용하기 쉬운 언어를 선택하여 사용할 수 있습니다.

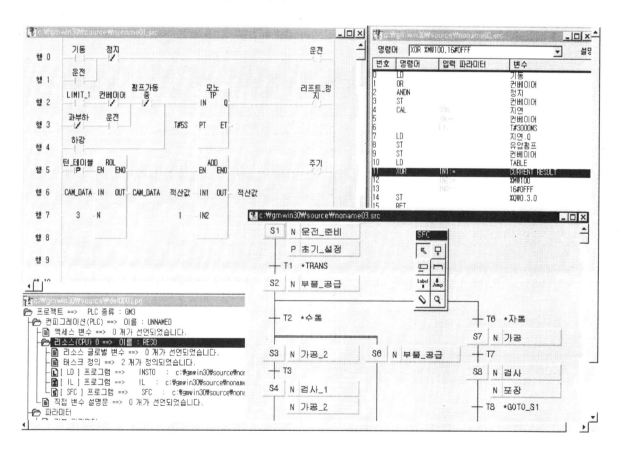

3) 네임드 변수 사용 : 프로그램 이해가 쉽도록 네임드 변수를 사용하여 프로그램을 작성할 수 있으며 메모리 어드레스는 자동으로 할당됩니다. 다양한 데이터 타입이 제공되어 프로그램을 고급화할 수 있습니다.

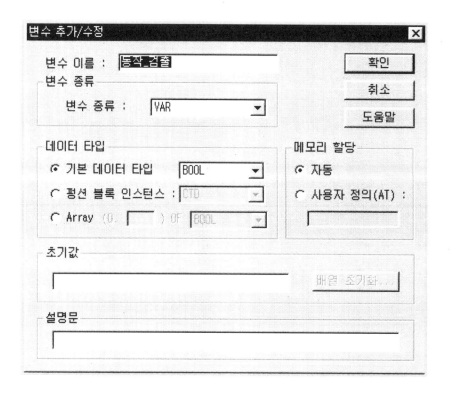

4) 프로젝트 단위로 PLC 시스템 구성 : 하나의 PLC 시스템에 여러 개의 프로그램을 포함시킬 수 있으므로 프로그램을 작성하고 시험하는 것이 훨씬 쉬워졌다.

5) 네트워크를 통한 PLC 접속 : 직접 연결된 PLC 뿐만 아니라, 네트워크로 연결된 다른 국번 PLC에 접속하여 프로그램을 작성함으로써 다운로드하거나 모니터 및 디버깅할 수 있습니다.

6) 풍부한 PLC 정보 읽기 : 다양한 PLC 상태를 모니터할 수 있습니다.

7) 사용자 정의 라이브러리 파일 작성 : 기본 펑션, 펑션 블록 외에 자주 사용하는 프로그램을 사용자 정의 펑션 또는 펑션 블록으로 작성하여 재사용할 수 있습니다.

6.2 프로젝트의 구조

프로젝트는 GLOFA PLC의 프로그램을 구성하는 가장 기본적인 요소로, 한 PLC 시스템당 하나의 프로젝트를 작성하는 걸 기본으로 합니다. 프로젝트는 크게 컨피그레이션 부, 패러미터 부, 삽입된 라이브러리 파일들로 나눌 수 있습니다. 컨피그레이션 부는 글로벌 변수, 리소스 내용 등 소프트웨어적인 것들을 작성하는 부분이고 패러미터 부는 기본 패러미터, I/O 패러미터, 링크 패러미터 등 하드웨어적인 것들을 작성하는 부분입니다. 그리고 삽입된 라이브러리 파일들에서 라이브러리 파일을 추가, 삭제할 수 있습니다.

● 프로젝트는 다음과 같은 계층구조를 가지고 있습니다.

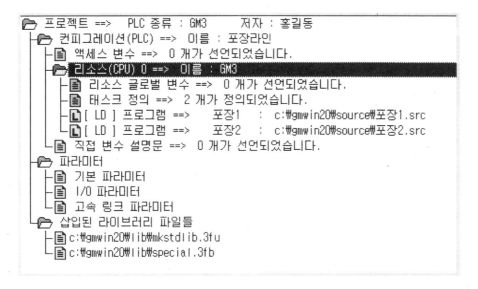

계층 항목	설 명
프로젝트	PLC 시스템 전체를 정의
컨피그레이션	PLC 프로그램에 관한 여러 정의 사항들을 설정
컨피그레이션 글로벌 변수	컨피그레이션 전체에서 사용되는 변수 리스트
액세스 변수	다른 컨피그레이션이 접근 가능한 변수 리스트
리소스	CPU 모듈에 해당
리소스 글로벌 변수	한 리소스 전체에서 사용되는 변수 리스트
태스크 정의	프로그램의 실행조건 정의
프로그램 정의	각 프로그램과 그 실행조건 기술
직접 변수 설명문	직접 변수에 사용한 설명문 리스트
패러미터	PLC 시스템의 하드웨어에 관한 내용 정의
기본 패러미터	기본적인 하드웨어 패러미터 정의
I/O 패러미터	입출력 모듈에 관한 내용 기술
고속 링크 패러미터	고속 링크 패러미터에 관한 내용 기술
삽입된 라이브러리 파일들	현재 삽입되어 있는 라이브러리 파일들의 리스트

6.3 기본 사용법

GMWIN은 PLC의 프로그램을 편집하고 실행파일을 만들어 PLC에 전송하며 PLC 데이터를 모니터링, 디버깅하는 장치입니다. GMWIN은 다중 문서 인터페이스(MDI:Multiple Document Interface) 방식으로 동시에 여러 개의 프로그램을 편집, 모니터링할 수 있습니다.

6.3.1 프로그램의 작성

① 윈도우의 시작 **시작** 메뉴를 누르고 프로그램-GMWIN3.0을 선택합니다.

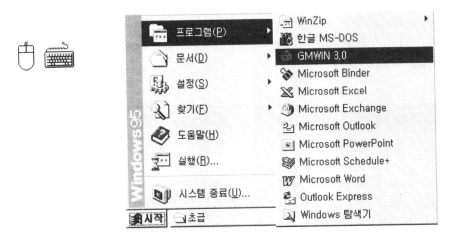

② 아래와 같은 GMWIN 초기 화면이 나옵니다.

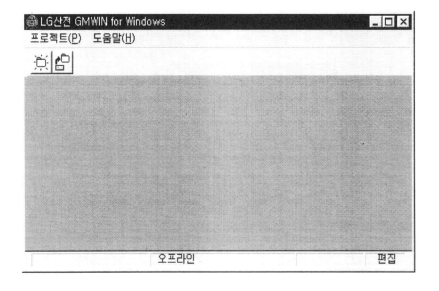

단계 1	접속방식

1) RS-232C를 이용한 접속

RS-232C를 이용한 접속방식으로 GMWIN에서 지정한 PC의 시리얼 포트와 PLC를 시리얼 케이블로 연결합니다.

① 메뉴 프로젝트-옵션…을 선택하고 접속 옵션 탭을 선택합니다.

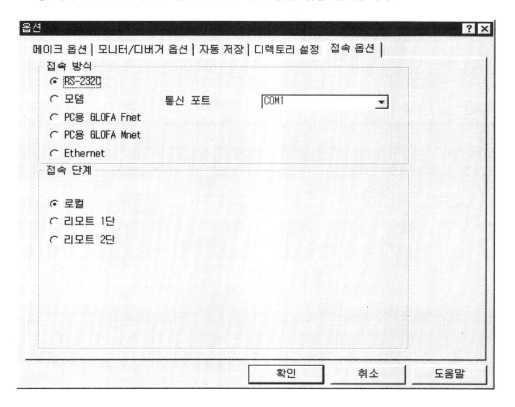

- 접속방식의 RS-232C를 설정합니다.
- COM1~COM4의 통신 포트를 설정합니다.
- 접속단계를 선택합니다.
  - 로컬 접속의 경우 : ㉠ 접속 단계의 로컬을 선택합니다.
    ㉡ 메뉴 온라인-접속을 선택합니다.
  - 리모트 접속의 경우(자세한 내용은 GLOFA Fnet/Mnet 사용 설명서 참조)
    ㉠ 네트워크 타입, 국번, 슬롯을 설정합니다.
    ㉡ 메뉴 온라인-접속을 선택합니다.

알아두기 GMWIN과 PLC의 RS-232C 커넥터 핀 규격은 아래 그림과 같다.

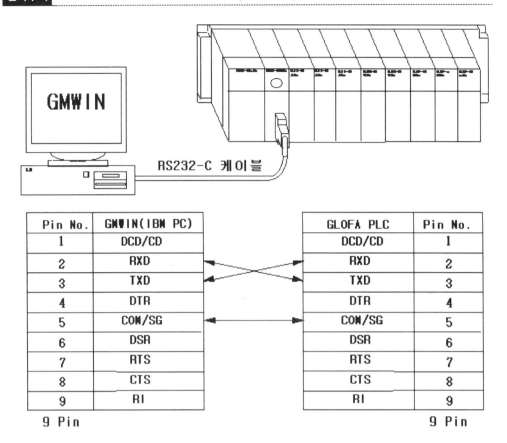

Pin No.	GMWIN(IBM PC)		GLOFA PLC	Pin No.
1	DCD/CD		DCD/CD	1
2	RXD		RXD	2
3	TXD		TXD	3
4	DTR		DTR	4
5	COM/SG		COM/SG	5
6	DSR		DSR	6
7	RTS		RTS	7
8	CTS		CTS	8
9	RI		RI	9

9 Pin   9 Pin

단계 2　　프로젝트의 생성

① 프로젝트(P)-새 프로젝트(N)을 눌러 새 프로젝트 대화상자를 부른다.

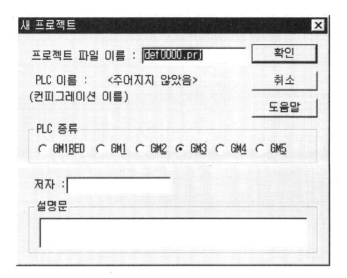

② 생성된 새 프로젝트 화면 입력란에 아래와 같이 입력합니다.

프로젝트 파일 이름	자동차엔진라인
PLC의 종류	GM3
저자	홍길동
설명문	자동차 엔진 라인중 용접 공정

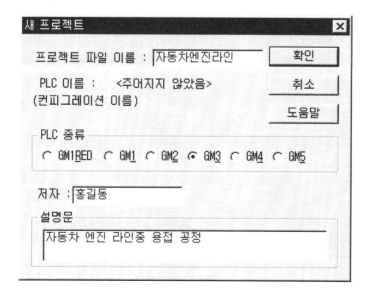

단계 3	프로그램의 정의

① [Enter↵] 키 또는 확인 버튼을 눌러 프로그램 정의 대화상자를 부릅니다.

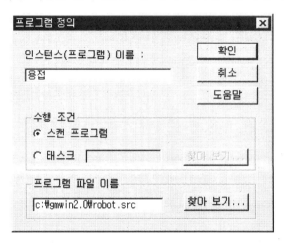

② 생성된 화면에서 인스턴스(프로그램) 이름을 입력합니다.

③ 프로그램 파일 이름(C:₩GMWIN2.0₩robot.src)을 입력한 후 [Enter↵] 키 또는 확인 버튼을 눌러 새 프로그램 대화상자를 부릅니다.

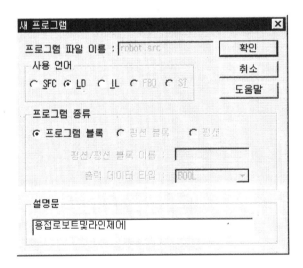

④ 새 프로그램 대화상자에서 프로그램을 위한 사용언어의 종류를 선택(LD)합니다.

⑤ 설명문 작성란에 프로그램에 대한 설명 내용을 입력한 후 [Enter↵] 키 또는 확인 버튼을 누릅니다.

단계 4	프로젝트의 편집

1) 입력 접점/출력 코일 삽입

① 도구상자에서 ㅓㅏ 를 선택하여 LD 창의 행 0 위치에서 마우스의 왼쪽 버튼을 누릅니다.

② 도구상자에서 { } 를 선택한 후 ㅓㅏ 접점 옆 위치에서 마우스의 버튼을 누릅니다.

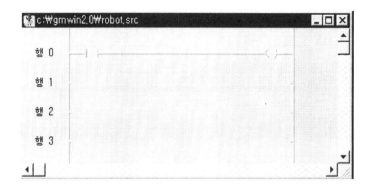

③ 도구상자에서 ㅓㅏ 를 선택하여 LD 창의 행 1 위치에서 마우스 왼쪽 버튼을 누릅니다.

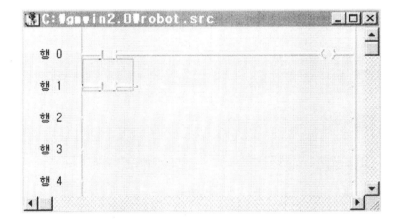

2) 평션 사용

① 마우스를 이용하여 도구창의 {F} 를 선택합니다.

② LD 창의 행 1, 열 2 위치에서 마우스의 왼쪽 버튼을 누릅니다.

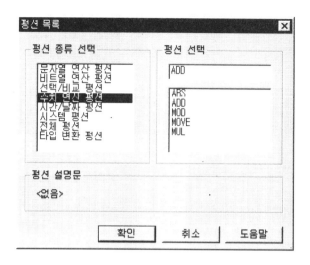

③ 펑션 목록 대화상자의 수치 연산 펑션인 ADD를 선택하고 확인 버튼을 누릅니다.

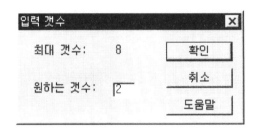

④ 도구상자에서 ┤├를 선택하여 LD 창의 행 1 위치에서 마우스의 왼쪽 버튼을 누릅니다.

⑤ 입력 갯수 대화상자에서 원하는 갯수 입력란에 2를 입력합니다.

⑥ 확인 버튼을 누르면 펑션이 생성됩니다.

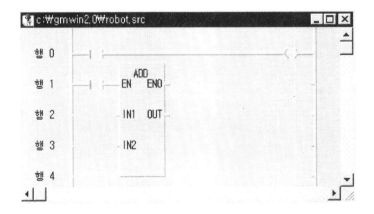

3) 변수 입력

① 도구상자에서 [마우스 포인터] 를 선택하여 LD 창의 행 0, 열 1의 ┤├ 위치에서 마우스의 왼쪽
   버튼을 두 번 누릅니다.

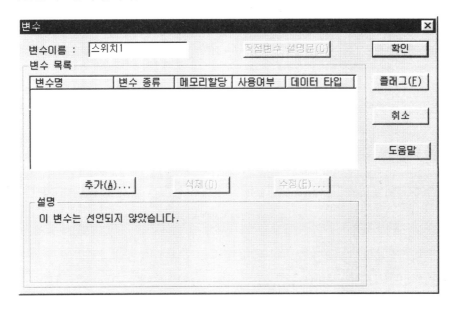

② 변수 대화상자의 변수 입력란에 변수 이름 "스위치1"를 입력합니다.

③ 확인 버튼을 누른다. 확인 버튼을 누르면 변수 추가/수정 대화상자가 나타납니다.

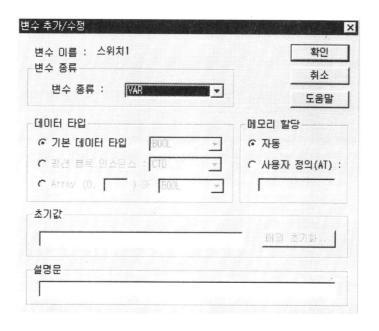

④ 확인 버튼을 누릅니다.

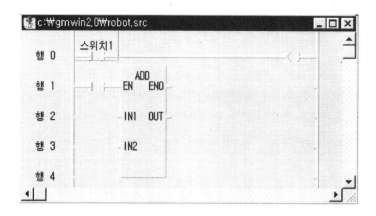

⑤ LD 창의 행 0 ┤├ 위치 위에 입력한 변수이름을 확인할 수 있습니다.

⑥ 출력 코일의 변수입력도 출력접점의 변수입력과 같은 방법으로 실행합니다.

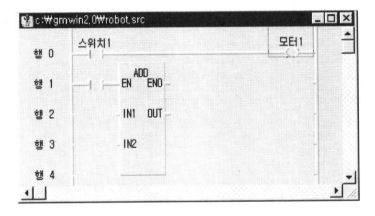

⑦ 펑션 ADD 변수입력은 아래와 같은 방법으로 실행합니다.

⑧ 펑션 ADD의 IN1 위치(행 2, 열 1)에서 마우스의 왼쪽 버튼을 두 번 누릅니다.

⑨ 변수 대화상자의 변수입력란에 변수명 ABC를 입력합니다.

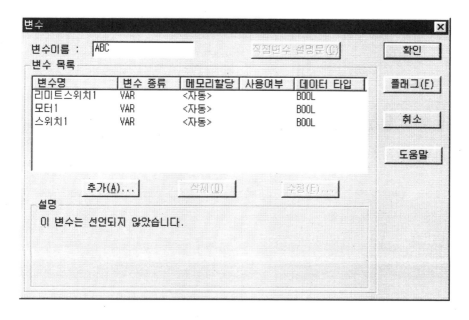

⑩ 확인 버튼을 누르면 변수 추가/수정 대화상자가 나타납니다.

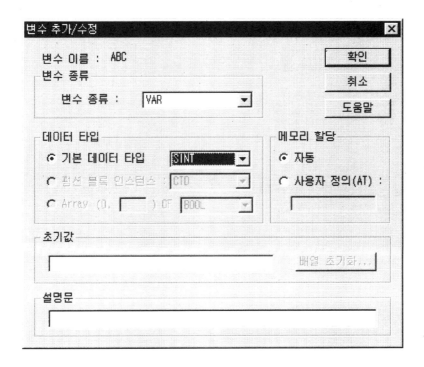

⑪ 확인 버튼을 누른다. 펑션 ADD의 IN1에 변수 "ABC"가 입력되었습니다.

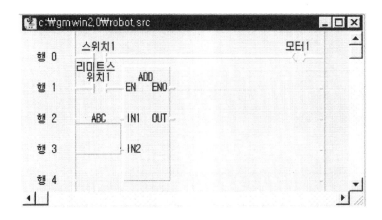

⑫ 펑션 ADD의 IN2 위치(행3, 열1)에서 마우스의 왼쪽 버튼을 두 번 누릅니다.

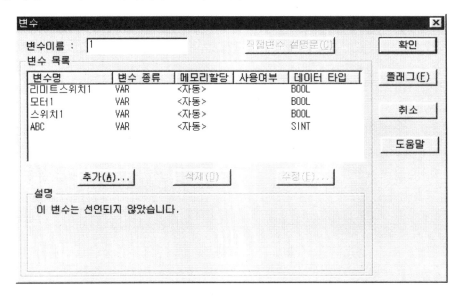

⑬ 변수 대화상자의 변수입력란에 상수 '1'을 입력합니다. 확인 버튼을 누릅니다. 펑션 ADD
의 IN2에 상수 1이 입력되었습니다.

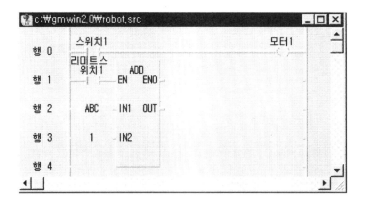

⑭ 펑션 ADD의 OUT 위치(행3, 열3)에서 마우스의 왼쪽 버튼을 두 번 누릅니다.
⑮ 변수 대화상자의 변수입력란에 변수명 "ABC_ADD"를 입력합니다.

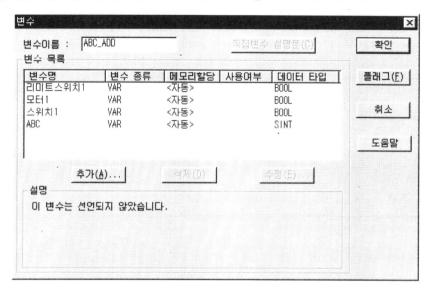

⑯ 확인 버튼을 누릅니다.

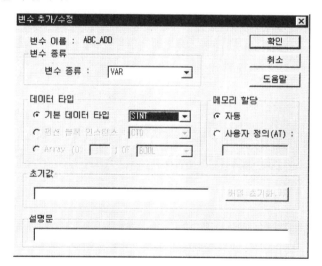

⑰ 확인 버튼을 누릅니다. 펑션 ADD의 OUT에 변수 ABC_ADD가 입력되었다.

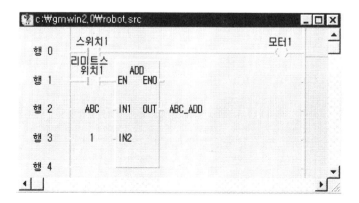

147

단계 5	프로그램의 컴파일

① 메뉴 컴파일—메이크를 선택합니다.

② 컴파일을 실행하여 실행파일을 만듭니다.

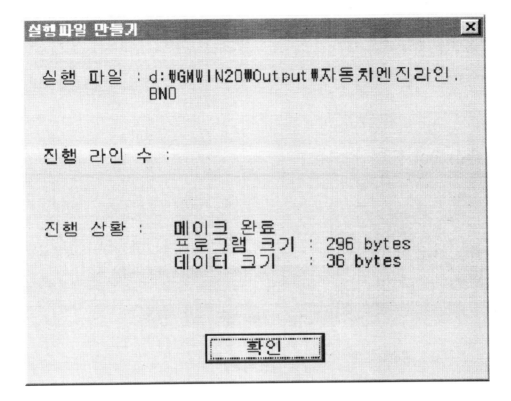

단계 6	프로그램 전송

① 프로그램 전송 전에 GMWIN과 PLC의 연결상태를 확인합니다.

② 메뉴 온라인-접속+쓰기+모드 전환(런)+모니터 시작(G)을 선택합니다.

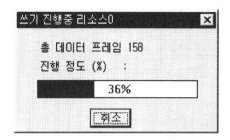

③ 이때 실행파일이 PLC에 전송됩니다.

④ 전송이 완료되면 PLC의 모드가 런으로 바뀌고 모니터가 실행됩니다.

⑤ 스위치1 접점위치에서 마우스를 두 번 누르면 변수 강제 입력 대화상자가 나타납니다.

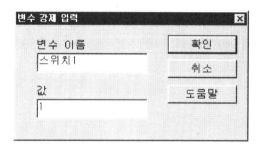

⑥ 값 입력란에 1을 쓰고 확인 버튼을 누릅니다.

⑦ 리미트 스위치 1도 위와 같은 방법으로 강제 입력을 실행합니다.

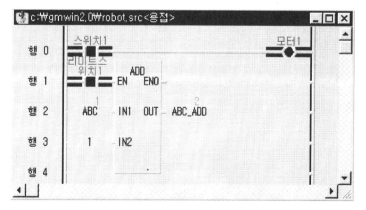

⑧ 스위치 1이 ON되면, 모터 1이 ON되는 것을 모니터할 수 있습니다.

⑨ LD 프로그램 창에서 변수 ABC의 입력에 따라 변수 ABC_ADD의 값 1이 증가하는 것을 모니터할 수 있습니다.

6.4 화면 구성

GMWIN 화면은 아래와 같은 구성으로 이루어져 있습니다.

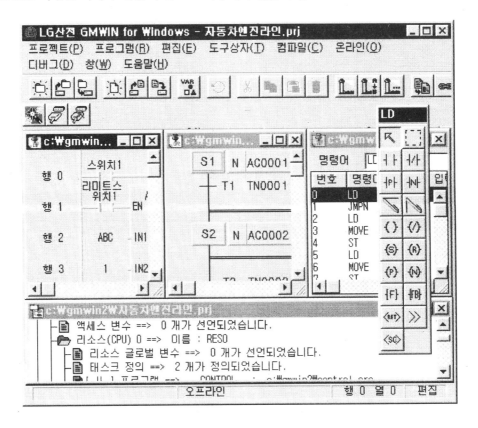

6.4.1 메뉴

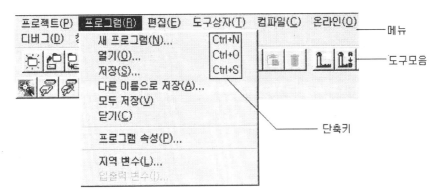

- 메뉴를 선택하면 명령들이 나타나고, 원하는 명령을 마우스 또는 키로 선택하면 명령을 실행할 수 있습니다.
- 생략기호(...)가 붙은 명령을 선택하면 하위의 대화상자가 나타납니다.
- 단축키(Ctrl+X, Ctrl+C……)가 있는 메뉴의 경우 단축키를 눌러 직접 명령을 선택할 수 있습니다.

(1) 프로젝트

명 령	설 명
새 프로젝트	프로젝트를 생성합니다.
열기	기존의 프로젝트를 엽니다.
PLC로부터 열기	PLC에 있는 프로젝트 및 프로그램을 업로드합니다.
저장	프로젝트를 저장합니다. 프로그램은 저장되지 않습니다.
다른 이름으로 저장	프로젝트를 다른 이름으로 저장합니다.
닫기	프로젝트를 닫습니다.
프로젝트 항목 추가	프로젝트에 새로운 항목(프로그램 정의, 리소스, 리소스는 GM1만 해당)을 추가합니다.
프로젝트 항목 수정	프로젝트에 속해 있는 항목을 편집합니다.
프로젝트 항목 삭제	프로젝트에 속해 있는(프로그램 정의, 리소스)를 삭제합니다.
위로(프로그램) Ctrl+U	프로젝트 창에서 위에 있는 프로그램 항목과 순서를 바꿉니다.
아래로(프로그램) Ctrl+W	프로젝트 창에서 아래에 있는 프로그램 항목과 순서를 바꿉니다.
인쇄	활성화되어 있는 창의 내용을 인쇄합니다.
프린터 설정	프린터 옵션을 설정합니다.
옵션	GMWIN에 해당되는 옵션을 설정합니다.
라이브러리 관리자	라이브러리를 편집합니다.
라이브러리 삽입	새로운 라이브러리를 삽입합니다.
종료	GMWIN을 끝마칩니다.

(2) 프로그램

명 령	설 명
새 프로그램 Ctrl+N	프로그램을 생성합니다.
열기 Ctrl+O	기존의 프로그램을 엽니다.
저장 Ctrl+S	프로그램을 저장합니다.
다른 이름으로 저장	프로그램을 다른 이름을 저장합니다.
닫기	프로그램을 닫습니다.
프로그램 속성	프로그램의 속성을 바꿉니다.
지역 변수	변수를 편집합니다.
입출력 변수	펑션, 펑션 블록인 경우 입출력 변수를 편집합니다.

● SFC인 경우 추가

명 령	설 명
액션	SFC인 경우 액션 목록을 봅니다.
트랜지션	SFC인 경우 트랜지션 목록을 봅니다.

(3) 편집

명 령		설 명
편집 취소	Ctrl+Z	프로그램 편집창에서 편집을 취소하고 바로 이전 상태로 되돌립니다.
잘라내기	Ctrl+X	블록을 잡아 삭제하면서 클립보드에 복사합니다.
복사	Ctrl+C	블록을 잡아 클립보드에 복사합니다.
붙여넣기	Ctrl+V	클립보드로부터 편집창에 복사합니다.
삭제	Del	블록을 잡아 삭제합니다.
찾기	Ctrl+F	원하는 문자를 찾습니다.
바꾸기	Ctrl+H	원하는 문자를 찾아 새로운 문자로 바꿉니다.
다시 찾기	Ctrl+F3	이전에 실행한 찾기(Find) 또는 바꾸기(Replace)를 반복 실행합니다.
찾아가기		원하는 위치로 커서를 이동합니다.

● SFC인 경우 추가

명 령		설 명
화면확대/축소	Ctrl+P	화면 크기를 조절합니다.
설명문 보이기		액션, 트랜지션의 설명문을 볼 수 있습니다.
번호 정리		스텝, 트랜지션 번호를 재조정합니다.

● LD인 경우 추가

명 령		설 명
화면확대/축소	Ctrl+E	화면 크기를 조절합니다.
변수 설명문	Ctrl+M	LD 창에서 변수 설명문을 봅니다.
라인 삭제	Ctrl+D	한 줄을 지웁니다.
셀 삭제	DEL	한 셀을 지웁니다.
라인 삽입	Ctrl+L	한 줄을 삽입합니다.
셀 삽입	Ctrl+I	한 셀을 삽입합니다.

(4) 도구 상자

명 령	설 명
도구 상자 형태 선택	도구 상자를 없애거나 없어진 도구 상자를 다시 나오게 합니다. 또는 도구 상자 위치를 정해줍니다.

● IL 편집시

명 령		설 명
펑션	F2	펑션 삽입
펑션 블록	F3	펑션 블록 삽입
레이블	F4	레이블 삽입
오퍼레이터	F5	연산자 삽입
삭제	F6	프로그램 한 줄 삭제
설명문 입력	F7	설명문 입력
삽입/수정	F8	삽입, 수정 모드 변환

● LD 편집시 : 메뉴에 해당되는 접점, 코일, 펑션, 펑션 블록, 점프, 리턴 등을 삽입합니다.
● SFC 편집

명 령		설 명
스텝	F2	스텝/트랜지션 삽입
분기	F3	병렬 또는 선택 분기 삽입
이름	F4	액션 또는 트랜지션명 삽입
레이블	F5	레이블 삽입
점프	F6	점프 삽입
줌	F7	액션 또는 트랜지션에 들어가서 프로그램 편집

● LD, IL 모니터시

명 령	설 명
배열번호 선택	모니터링 시작 또는 정지를 지정합니다.

153

● 변수 모니터링시

명 령		설 명
시작/정지	F2	모니터링 시작 또는 정지를 지정합니다.
자세히	F3	모니터링할 변수에 대한 정보를 선택해서 봅니다.
쓰기	F4	변수에 강제로 임의의 값을 씁니다.
선택	F5	모니터링할 변수를 선택합니다.
표시 형식	F6	모니터링할 값을 16진수/10진수로 선택해서 볼 수 있습니다.
배열 번호 선택	F7	Array 타입 변수의 배열 범위를 설정합니다.

● 타임차트 모니터링시

명 령		설 명
시작/정지	F2	모니터링 시작 또는 정지를 지정합니다.
자세히	F3	모니터링할 변수에 대한 정보를 선택해서 봅니다.
쓰기	F4	변수에 강제로 임의의 값을 씁니다.
선택	F5	모니터링할 변수를 선택합니다.
주기	F6	모니터링할 시간 간격을 선택합니다.

● I/O 모니터링시

명 령		설 명
베이스 선택	F2	모니터링할 베이스를 선택합니다.
시작/정지	F3	모니터 시작 또는 정지를 지정합니다.

● 컴파일

명 령	설 명
컴파일	프로그램을 컴파일합니다.
메이크	프로젝트에 속해 있는 프로그램 중 컴파일이 안 된 프로그램들을 컴파일 한 후 PLC 실행 파일을 만듭니다.
모두 컴파일	프로젝트에 속해 있는 모든 프로그램을 컴파일한 후 PLC 실행 파일을 만듭니다.
메시지 보기	컴파일 후 에러 메시지를 봅니다.
메모리 참조	사용된 글로벌 변수 및 직접 변수를 볼 수 있습니다.

(6) 온라인

명 령		설 명
접속+쓰기+모드전환(런)+모니터 시작(G)　　　　　Ctrl+R		GMWIN과 옵션에서 지정한 PLC를 접속시켜 사용자가 작성한 프로 그램을 PLC에 쓴 후 모드를 절환하여 모니터링합니다.
접속		GMWIN과 옵션에서 지정한 PLC를 접속시킵니다.
접속 끊기		GMWIN과 PLC 접속을 해제합니다.
읽기		PLC의 데이터를 읽어옵니다.
쓰기		GMWIN의 프로그램을 PLC에 씁니다.
모니터	모니터 시작/끝	프로그램을 모니터링합니다./모니터링을 끝냅니다.
	변수 모니터	변수만 모니터링합니다.
	I/O 모니터	I/O를 모니터링합니다.
	타임차트 모니터	BOOL 변수에 대하여 타임차트 형식으로 모니터링합니다.
	링크 패러미터 모니터	고속 링크 패러미터를 모니터링합니다.
모드 변환		PLC 모드를 전환합니다.
데이터 클리어		PLC 데이터를 0으로 지웁니다.
CPU 전환		GM1에서 통신할 CPU를 전환합니다.
리셋		PLC의 CPU를 리셋합니다.
플래시 메모리		CPU에 장착된 플래시 메모리의 타입 정보를 읽거나 플래시 메모리 에 데이터 쓰기를 합니다.
링크 허용 설정		고속 링크 허용을 설정합니다.
PLC 정보		PLC 정보를 보여줍니다.
I/O 정보		PLC I/O 구성 상태를 보여줍니다.
강제 I/O 설정		I/O 강제 입출력 값/실행 허용을 설정합니다.
링크 정보		링크 모듈의 타입, 장착 슬롯, 국번 등을 보여줍니다.
Mnet 패러미터		Mnet 패러미터를 입력합니다.
Mnet 정보		Mnet 정보를 봅니다.
I/O Skip		스킵할 I/O를 지정합니다.

(7) 디버그

명 령		설 명
디버그 시작/끝		디버그 모드로 전환하여 디버그를 시작/끝냅니다.
런	Ctrl+F9	브레이크 포인트까지 런시킵니다.
스텝 오버	Crrl+F8	한 스텝씩 런시킵니다.
스텝 인		펑션, 펑션 블록을 디버깅합니다.
스텟 아웃		펑션, 펑션 블록 디버그시 현재 블록을 빠져 나갑니다.
일시 정지		런을 중지시킵니다.
커서 위치까지 런	Ctrl+F2	커서 위치까지 런시킵니다.
브레이크 포인트 설정/해제	Ctrl+F5	브레이크 포인트를 설정 또는 해제합니다.
브레이크 포인트 목록/조건		설정된 브레이크 포인트의 목록을 보여주고 브레이크 조건을 설정합니다.
태스크 수행 설정		디버깅 중 태스크 전환을 허용합니다.

(8) 창

명 령	설명
계단식 배열	GMWIN에 속해 있는 여러 창들을 계단식으로 배열합니다.
수평 배열	GMWIN에 속해 있는 여러 창들을 수평 배열합니다.
수직 배열	GMWIN에 속해 있는 여러 창들을 수직 배열합니다.
아이콘 정렬	GMWIN에 속해 있는 아이콘들을 정렬합니다.
모두 닫기	GMWIN에 속해 있는 여러 창들을 모두 닫습니다.

6.4.2 도구 모음

GMWIN에서 사용하는 도구들입니다.

GMWIN에서는 현재 자주 사용되는 메뉴들을 단축 형태인 도구로 제공하고 있습니다. 원하는 도구를 마우스를 누르면 실행됩니다. 아래 표에서는 도구의 모양과 그에 대한 설명을 나타냅니다.

도구	명 령	도구	명 령
	새 프로젝트		접속+쓰기+모드 전환(런)+모니터 시작
	프로젝트 열기		접속
	프로젝트 저장		접속 끊기
	새 프로그램		쓰기
	프로그램 열기		모니터 시작/끝
	프로그램 저장		런
	변수 목록		스톱
	편집 취소		일시 정지
	잘라내기		디버 시작
	복사		디버그 런
	붙여넣기		스텝 오버
	삭제		스텝 인
	찾기		스텝 아웃
	바꾸기		일시 정지
	다시 찾기		커서 위치까지 런
	컴파일		브레이크 포인트 설정/해제
	실행파일 만들기		

6.4.3 도구 상자

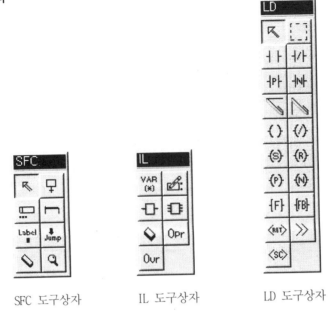

SFC 도구상자   IL 도구상자   LD 도구상자

- 프로그램 편집, 변수 모니터, 타임차트, I/O 모니터 등을 할 때 자주 사용하는 명령을 도구 상자를 통해서 실행할 수 있습니다.
- 도구를 마우스로 누르면 도구가 실행됩니다.
- 설정되어 있는 도구들은 메뉴 도구 상자를 통해서도 실행될 수 있습니다.
- 메뉴 도구 상자-도구 상자 형태 선택을 선택하면 도구 상자의 위치와 화면상의 출현을 조정할 수 있습니다.

6.4.4 상태 표시줄

명령 설명   PLC 모드   커서의 위치   GMWIN의 상태

(1) 명령 설명 : 반전 표시된 메뉴나 명령, 마우스가 위치해 있는 도구 모음에 대한 설명을 나타냅니다.
(2) PLC 모드 표시 : •PLC의 모드를 나타냅니다.
               •PLC와 연결되지 않았을 때에는 오프라인으로 표시됩니다.
               •오프라인-런-스톱-일시 정지-디버그
(3) 커서 위치 표시 : 프로그램을 편집할 때 커서의 위치를 나타냅니다.
(4) GMWIN 상태 표시 : GMWIN의 상태를 표시합니다.
               •편집 : GMWIN에서 프로그램을 편집중임을 나타냅니다.
               •모니터 : PLC의 데이터를 모니터링중임을 나타냅니다.
               •디버그 : PLC의 프로그램을 디버깅중임을 나타냅니다.

6.5 대화상자 사용법

대화상자에서는 입력란, 확인란, 옵션 선택, 목록 상자 등이 나타나며 사용자가 원하는 값을 입력 또는 설정할 수 있습니다.

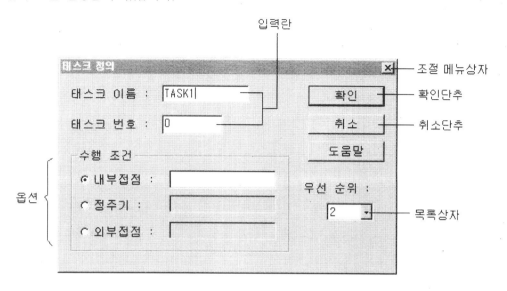

- 입력란 : 키를 이용하여 원하는 문자를 입력합니다.
- 옵션 : 같은 그룹 안에서 하나만 선택할 때 사용합니다. 마우스로 원하는 항목을 누릅니다.
- 목록 상자 : 여러 목록 중 하나를 선택합니다. 목록 상자의 화살표를 누르면 목록이 나타나고 원하는 항목을 마우스로 누르면 선택됩니다.
- 확인 버튼 : 설정한 값이 입력되고 대화상자를 닫으려면 확인 버튼을 누릅니다.
- 취소 버튼 : 설정한 값을 취소하고 대화상자를 닫으려면 취소 버튼을 누르거나 조절 메뉴 상자를 누릅니다.

6.6 GMWIN에서 생성되는 파일들

사용자가 프로젝트를 생성하고 프로그램을 편집하여 PLC 실행 파일을 만들면 다음과 같은 파일이 만들어진다.

- 〈프로젝트 명〉.PRJ : 사용자가 작성한 프로젝트 파일입니다.
- 〈프로젝트 명〉.BNO : PLC 실행 파일로, GM1인 경우 리소스 개수만큼 생깁니다.
  〈프로젝트 명〉.BNO~〈프로젝트 명〉.BNn(n은 리소스 번호)
- 〈프로젝트 명〉.MON : 모니터링을 위한 정보 파일입니다.
- 〈프로젝트 명〉.CRO : PLC 실행 파일을 만들 때 생성되며, 프로그램에서 사용한 글로벌 변수 및 직접 변수를 나타낸 텍스트 파일(Cross Reference)입니다.
- 〈프로그램 명〉.SRC : 사용자가 작성한 프로그램 파일입니다.
- 〈프로그램 명〉.ASV : 사용자가 작성한 프로그램을 이 이름으로 주기적으로 저장합니

다. 메뉴 Option-Auto Save에서 타임 값을 설정하였을 경우에만 생성되고 정상적으로 프로그램 창을 닫은 경우 자동으로 삭제됩니다.

- 〈프로그램 명〉.OP? : 프로그램을 컴파일하면 생성됩니다.(프로그램 블록인 경우)
- 〈프로그램 명〉.OB? : 프로그램을 컴파일하면 생성됩니다.(펑션 블록인 경우)
- 〈프로그램 명〉.OF? : 프로그램을 컴파일하면 생성됩니다.(펑션인 경우)

(OP : GM3인 경우, OP4 : GM4인 경우)

※ 밑줄 친 파일들은 반드시 보관하여야 할 파일들이며, 나머지 파일들은 메이크 실행으로 다시 생성할 수 있습니다.

6.7 파일 열기

사용자가 기존의 프로젝트를 열고 프로그램을 작성하려면 파일을 열어야 합니다. 새로운 파일은 프로젝트 생성 및 프로그램 생성 항목에 설명되어 있습니다.

- 프로젝트를 열 경우 : 메뉴 프로젝트-열기를 선택합니다.
- 프로그램을 열 경우

① 메뉴 프로그램-열기를 선택합니다.

② 파일이 있는 위치를 지정하기 위하여 위치 목록 상자에서 드라이브 및 디렉토리를 선택합니다.

③ 파일 이름 입력란에 파일 이름을 직접 입력하거나 목록 상자에서 선택합니다.

④ 목록 상자에는 파일 형식 목록 상자에서 선택된 확장자를 가진 파일만 나타납니다.(프로젝트 파일 : *.PRJ, 프로그램 파일 : *.SRC)

⑤ 열기 버튼을 누릅니다.

6.8 파일 저장

6.8.1 새로운 파일 저장

한 번도 저장하지 않은 새 파일을 저장합니다.

- 프로젝트를 저장할 경우 : 메뉴 프로젝트-저장을 선택합니다.
- 프로그램을 저장할 경우

  ① 메뉴 프로그램-저장을 선택합니다.

  ② 파일이 저장될 위치를 지정하기 위하여 위치 목록 상자에서 드라이브 및 디렉토리를 선택합니다.

  ③ 파일 이름 입력란에 파일 이름을 입력합니다.

  ④ 프로젝트 파일에는 PRJ, 프로그램 파일에는 SRC 확장자를 입력합니다.

  ⑤ 저장 버튼을 누릅니다.

6.8.2 작업중 파일 저장

- 프로젝트를 저장할 경우 : 메뉴 프로젝트-저장을 선택합니다.
- 프로그램을 저장할 경우 : 메뉴 프로그램-저장을 선택합니다.

6.8.3 다른 이름으로 저장

프로젝트 이름 또는 프로그램 이름을 변경합니다.

- 프로젝트를 저장할 경우 : 메뉴 프로젝트-다른 이름으로 저장을 선택합니다.
- 프로그램을 저장할 경우

  ① 메뉴 프로그램-다른 이름으로 저장을 선택합니다.

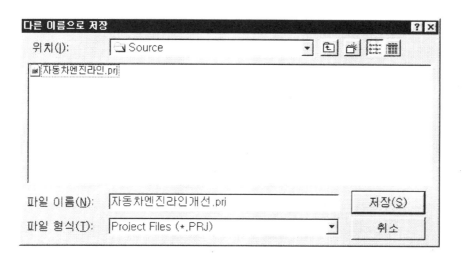

  ② 파일이 저장될 위치를 찾기 위하여 위치 목록 상자에서 드라이브 및 디렉토리를 선택합니다.

③ 파일 이름 입력란에 파일 이름을 입력합니다.(프로젝트 파일에는 PRJ, 프로그램 파일
에는 SRC 확장자를 입력합니다.)

④ 저장 버튼을 누릅니다.

6.9 파일 닫기

■ 방법 1 : 해당 창의 왼쪽 위 모서리의 조절 메뉴 상자를 누릅니다.

■ 방법 2

● 프로젝트를 닫을 경우 : 메뉴 프로젝트-닫기를 선택합니다.

● 프로그램을 닫을 경우 : 메뉴 프로그램-닫기를 선택합니다.

이때 해당 파일이 저장되어 있지 않으면 다음 대화상자가 나타납니다.

● 파일을 저장하려면 예 버튼을 누릅니다.

● 파일을 저장하지 않으려면 아니오 버튼을 누릅니다.

● 파일 닫기를 취소하려면 취소 버튼을 누릅니다.

6.10 LD 프로그램 작성

6.10.1 개요

● LD 프로그램은 릴레이 논리 회로에서 많이 사용하는 접점이나 코일 등의 그래픽 기호로 프로그램을 표현하는 PLC의 가장 일반적인 언어입니다.

● 형태

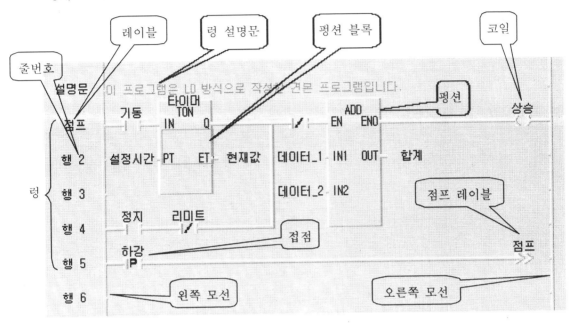

6.10.2 모선

● LD 그래픽 구성도의 왼쪽 끝과 오른쪽 끝에는 전원선 개념의 모선이 세로로 양쪽에 놓여 있습니다.

No.	기 호	설 명
1	┤├	왼쪽 모선 : 항상 1의 Boolean값을 가지고 있습니다.
2	┤├	오른쪽 모선 : 값은 정해지지 않았다.

(1) 연결선

● 왼쪽 모선의 BOOL 1값은 작성한 도면을 따라 오른쪽으로 전달됩니다. 그 전달되는 값을 가진 선을 신호 흐름선 또는 연결선이라고 하며, 접점이나 코일에 연결되어 있습니다. 신호 흐름선은 언제나 BOOL값을 가지고 있으며 한 렁(Rung)에서 하나만 존재합니다. 여기서 렁이란 LD의 처음부터 밑으로 내려가는 선이 없는 줄까지를 말합니다.

●LD의 각 요소를 연결하는 연결선에는 가로 연결선과 세로 연결선이 있습니다.

No.	기 호	설 명
1	———————	가로 연결선 : 왼쪽의 값을 오른쪽으로 전달
2			세로 연결선 : 왼쪽에 있는 가로 연결선들의 논리합

(2) 펑션 및 펑션 블록의 호출

●펑션 및 펑션 블록에 대한 실제적인 입출력 연결은 입출력 표시가 있는 블록 외부에 적절한 데이터 또는 변수를 기입함으로써 이루어집니다.

예

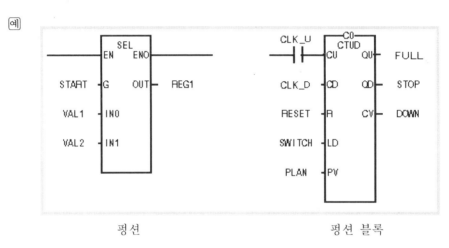

펑션   펑션 블록

●펑션 및 펑션 블록은 신호 흐름선을 연결해야만 실행됩니다.

●펑션은 BOOL 타입 입출력인 EN과 ENO에 신호 흐름선을 연결합니다.

●펑션 블록은 입출력에 적어도 1개 이상의 BOOL 변수가 존재하는데, 펑션 블록에 신호 흐름선을 연결할 때에는 데이터 타입이 BOOL인 첫 번째 입출력에 연결합니다.

예

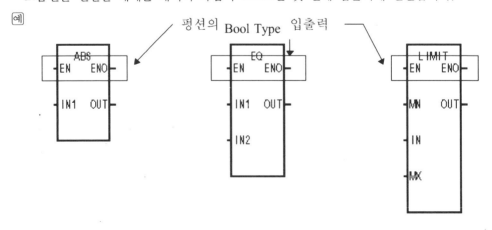

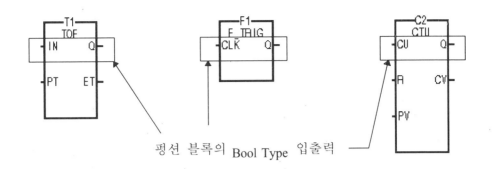

펑선 블록의 Bool Type 입출력

- 펑선에서 EN 입력값이 BOOL 1이면 그 펑선을 수행하고, BOOL 0이면 그 펑선을 수행하지 않습니다.
- ENO 출력은 보통 EN값이 그대로 나오지만 그 펑선의 수행시 에러가 발생하면 EN값이 BOOL 1이더라도 ENO값은 BOOL 0이 나옵니다.
- 펑선의 EN은 언제나 신호 흐름선을 연결하여야 하지만 ENO는 생략될 수 있습니다.
- ENO가 아닌 펑선 출력에 신호 흐름선을 연결할 때에는 그 출력의 데이터 타입이 반드시 BOOL이어야 합니다. 또한 ENO가 아닌 펑선 출력에 신호 흐름선을 연결할 때에는 ENO 출력에는 아무것도 연결하지 않습니다.
- 펑선의 모든 입력은 펑선의 왼쪽에 그 값을 기입함으로써 지정되는데, 이때 빠짐없이 지정하여야 합니다.
- 펑선의 출력값은 펑선의 오른쪽에 지정한 변수에 보관됩니다.
- 펑선 블록의 입력도 펑선과 같은 방법으로 지정하며 펑선 블록의 출력은 그 인스턴스 변수 안에 저장되어 있으므로 변수를 지정하지 않아도 상관이 없습니다.
- 펑선 블록에는 EN, ENO 입출력이 없으므로 펑선 블록을 만나면 항시 수행합니다.
- LD에서 펑선과 펑선 블록은 어느 곳에라도 올 수 있습니다. 펑선과 펑선 블록의 출력에 신호 흐름선을 연결하고 거기에 접점 등을 연결하여 로직 연산을 계속할 수도 있습니다.

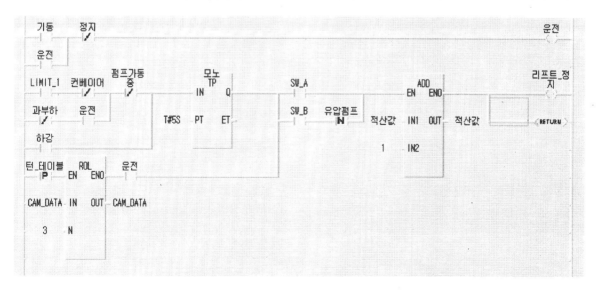

● 펑션이나 펑션 블록에 연결할 수 있는 신호 흐름선은 단 하나입니다.

예

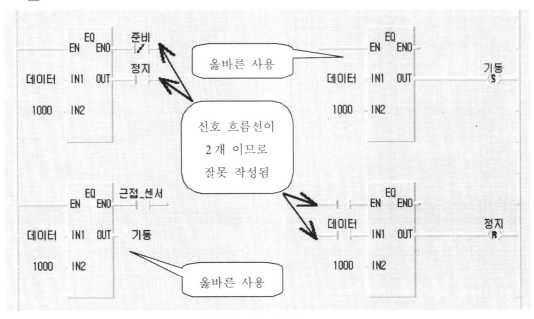

6.10.3 모터 제어 프로그램 예 1(직접 변수 사용)

6.10.3.1 프로그램 편집

직접 변수를 사용하여 현재의 MASTER-K나 GOLDSEC-M 등과 같은 방식으로 모터 제어 프로그램을 편집한 예입니다.

(1) 직접 변수를 사용한 경우

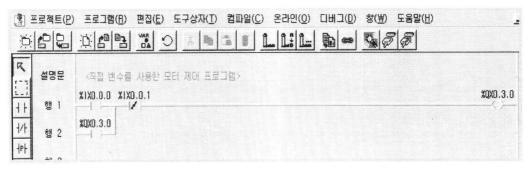

● 직접 변수를 사용하면 변수 선언이 불필요하므로 지역 변수 목록에 포함되지 않습니다.

(2) 직접 변수를 사용하고 설명문을 단 경우

GLOFA-GM은 직접 변수를 사용했을 경우 설명문(코멘트)을 달 수 있습니다.

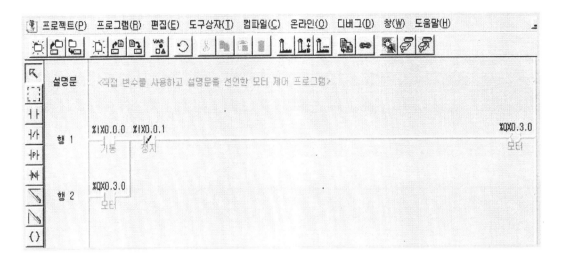

6.10.3.2 컴파일 & 링크

편집한 소스 프로그램을 메이크(Compile & Link)하여 실행 파일을 만듭니다. 컴파일 중 오류가 발생하면 프로그램을 재편집하여 다시 메이크합니다.

6.10.3.3 모니터링

실행 파일을 PLC로 전송(Down Load)한 후 운전 중 프로그램을 모니터링합니다.

(1) LD 모니터링

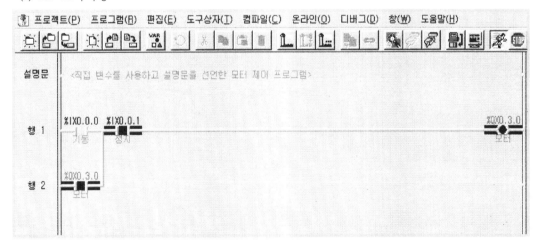

(2) 변수 모니터링

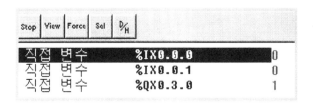

6.10.3.4 연습 1 프로젝트

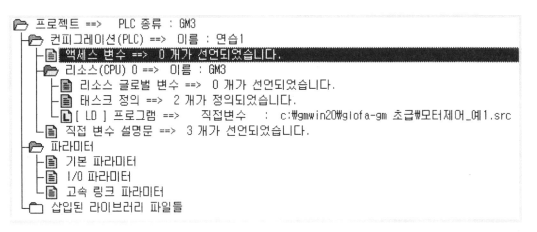

6.10.4 모터 제어 프로그램 예 2(네임드 변수 사용)

6.10.4.1 프로그램 편집

네임드 변수를 사용하여 모터 제어 프로그램을 편집한 예입니다.

(1) 네임드 변수로 변수 선언을 한 경우

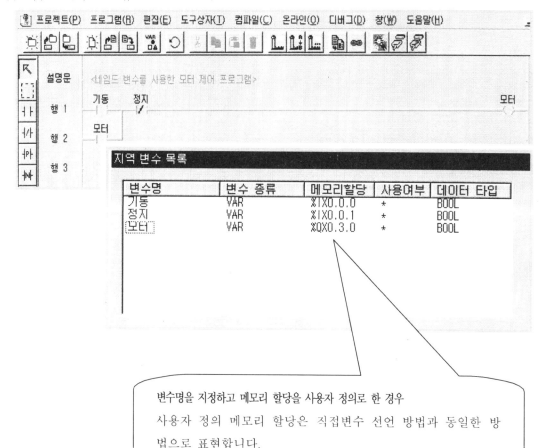

(2) 네임드 변수로 변수 선언을 하고 설명문을 단 경우

네임드 변수로 변수 선언을 하고 추가로 설명문(코멘트)을 달 수 있습니다.

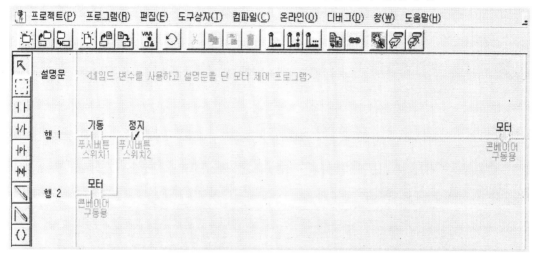

6.10.4.2 메이크(컴파일 & 링크)

편집한 프로그램을 메이크(Compile & Link)하여 실행 파일을 만듭니다. 컴파일 결과 오류가 발생하면 프로그램을 재편집하여 다시 메이크합니다.

6.10.4.3 모니터링

실행 파일을 PLC로 전송(Down Load)한 후 운전중 프로그램을 모니터링합니다.

(1) LD 모니터링

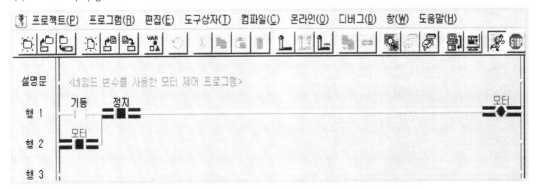

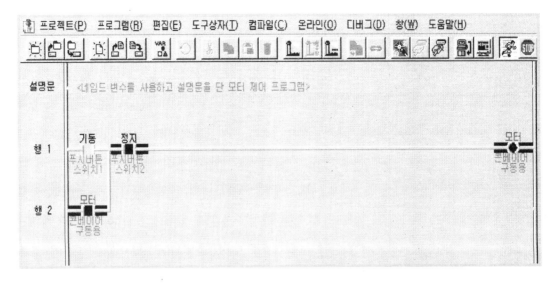

(2) 변수 모니터링

6.10.4.4 연습 2 프로젝트

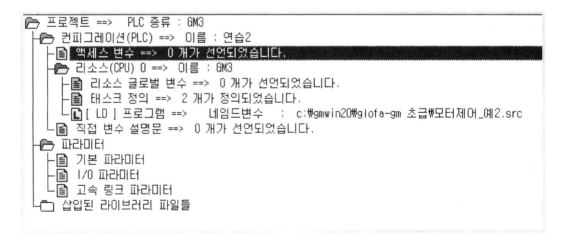

6.10.5 복수의 프로그램 블록 작성 예(글로벌 변수 사용)

GLOFA-GM은 하나의 리소스(CPU)에 대하여 복수 개(최대 180개)의 프로그램 블록을 등록하여 사용할 수 있습니다.

6.10.5.1 지역 변수와 글로벌 변수

오직 하나의 프로그램 블록(등록된 임의의 프로그램 이름)에서만 사용할 수 있는 변수를 지역 변수(Local Variable)라고 하고, 하나의 리소스(CPU)에 등록된 여러 프로그램 블록에서 사용할 수 있는 변수를 리소스 글로벌 변수(Resource Globas Variable)라고 합니다.

※ 프로그램에서 글로벌 변수를 사용하려면 변수의 종류를 VAR_EXTERNAL로 선언하여야 합니다.

6.10.5.2 프로젝트 생성

(1) 첫 번째 프로그램 생성

새 프로젝트(글로벌_테스트.prj)를 생성하면 첫 번째 프로그램은 자동으로 생성됩니다. 인스턴스명은 "모터제어1"로 하고 파일명은 "글로벌_테스트1.src"로 합니다.

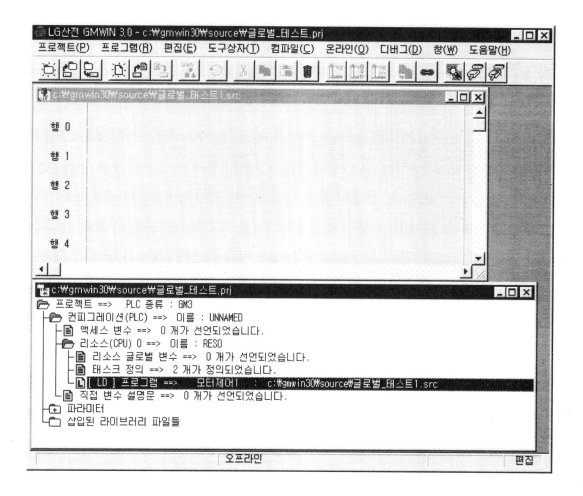

(2) 두 번째 프로그램 블록의 추가

메뉴 프로그램-새 프로그램을 선택합니다.

프로그램을 프로젝트에 삽입 여부를 묻는 대화상자가 나오면 "예"를 선택하고, 인스턴스 명은 "모터제어 2"로 하고 파일명은 "글로벌_테스트2.src"로 합니다.

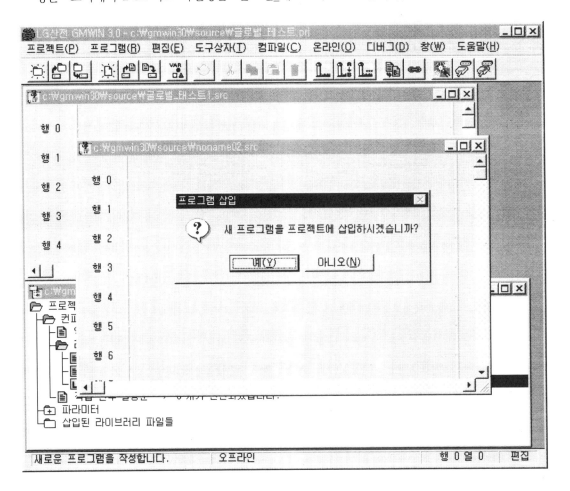

(3) 각각의 프로그램을 작성하여 메이크한 후 전송하여 프로그램을 실행합니다.

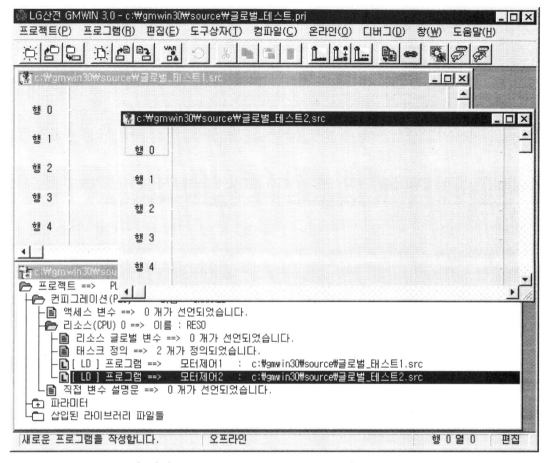

6.10.4.3 프로그램 편집

(1) 프로그램 블록 1 편집

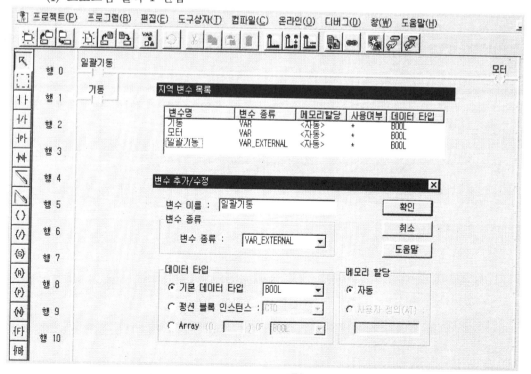

(2) 프로그램 블록 2 편집

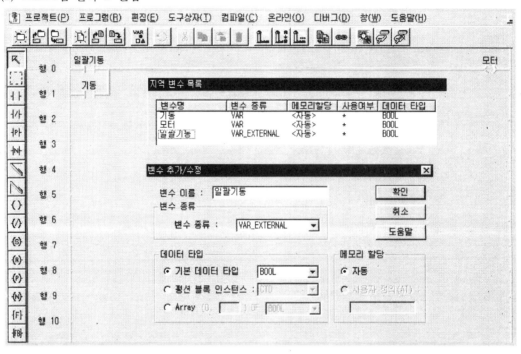

(3) 글로벌 변수 편집

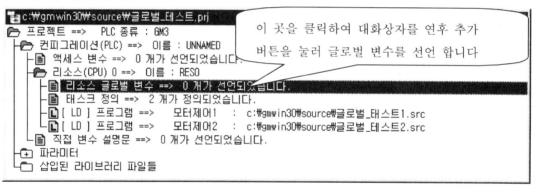

※ 프로그램 작성 중 변수선언에서 변수 종류를 VAL_EXTERNAL로 하면 자동으로 글로벌 변수가 추가됩니다.

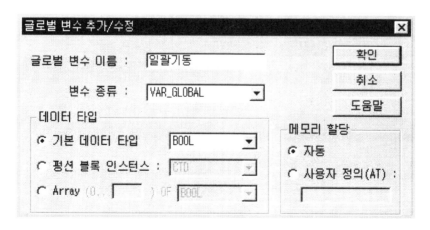

6.10.5.4 컴파일 & 링크

편집한 프로그램을 메이크(Compile & Link)하여 실행 파일을 만듭니다.

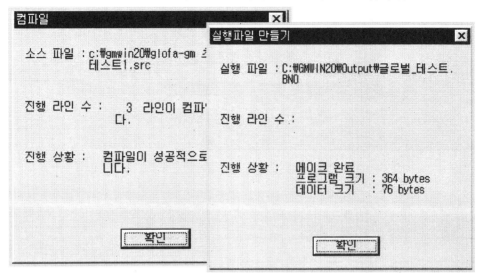

6.10.5.5 LD 및 변수 모니터링

실행 파일을 PLC로 전송(Down Load)한 후, 운전중 프로그램을 모니터링합니다.

(1) 프로그램 블록 〈모터제어1〉에서 지역 변수 '기동' 강제 ON

프로그램 블록 〈모터제어1〉 및 〈모터제어2〉에서 같은 이름의 지역 변수(기동)를 선언하였을 경우, 프로그램 블록 〈모터제어1〉의 변수 '기동'을 강제로 ON하면 '기동'이 지역 변수이므로 프로그램 블록 〈모터제어1〉만이 동작합니다.

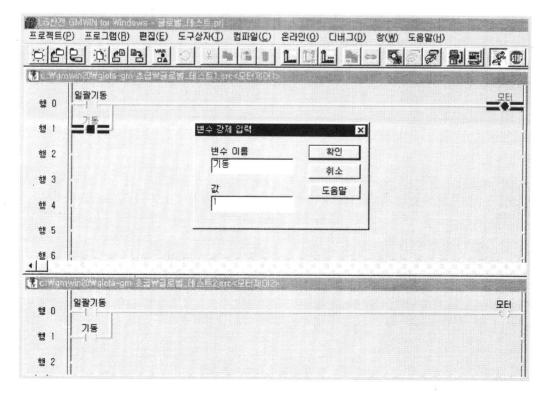

VAR	**BOOL**	기동	1
VAR	**BOOL**	모터	1
VAR_EXTERNAL BOOL		일괄기동	0

프로그램 <GM3.모터제어1> 변수 모니터

VAR	**BOOL**	기동	0
VAR	**BOOL**	모터	0
VAR_EXTERNAL BOOL		일괄기동	0

프로그램 <GM3.모터제어2> 변수 모니터

(2) 프로그램 블록 〈모터제어1〉에서 글로벌 변수 '일괄기동' 강제 ON

프로그램 블록 〈모터제어1〉에서 글로벌 변수 '일괄기동'을 강제로 ON하면 '일괄기동'이 글로벌 변수이므로 프로그램 블록 〈모터제어1〉과 프로그램 블록 〈모터제어2〉가 동시에 동작합니다.

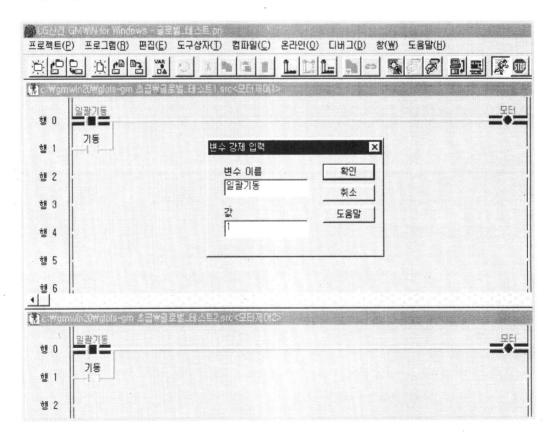

프로그램 <GM3,모터제어1> 변수 모니터			
VAR	BOOL	기동	0
VAR	BOOL	모터	1
VAR_EXTERNAL	BOOL	일괄기동	1

프로그램 <GM3,모터제어2> 변수 모니터			
VAR	BOOL	기동	0
VAR	BOOL	모터	1
VAR_EXTERNAL	BOOL	일괄기동	1

참 고 문 헌

- PLC를 중심으로 한 종합 시퀀스 제어(성안당, 1997)
- 도해 시퀀서 백과(성안당, 1992)
- プログラマブルコントロラ應用プログラム例集(近代圖書, 1992)
- MK 명령어집(LG산전(주), 1998)
- masterk 초급(LG산전(주), 1998)
- glofa 초급(LG산전(주), 1998)
- 자동화 설계를 위한 공압 시스템 기술(성안당, 2000)
- 체계적 공압기술 습득을 위한 공압기술 이론과 실습(성안당, 2001)

체계적 PLC 기술 습득을 위한

PLC 제어기술 이론과 실습

2002. 5. 20. 초 판 1쇄 발행
2022. 3. 2. 초 판 17쇄 발행

지은이 | 김원회, 공인배, 이시호
펴낸이 | 이종춘
펴낸곳 | **BM** ㈜도서출판 **성안당**

주소 | 04032 서울시 마포구 양화로 127 첨단빌딩 3층(출판기획 R&D 센터)
10881 경기도 파주시 문발로 112 파주 출판 문화도시(제작 및 물류)

전화 | 02) 3142-0036
031) 950-6300
팩스 | 031) 955-0510
등록 | 1973. 2. 1. 제406-2005-000046호
출판사 홈페이지 | **www.cyber.co.kr**
ISBN | 978-89-315-2658-5 (13560)
정가 | 27,000원

이 책을 만든 사람들
기획 | 최옥현
진행 | 박경희
교정·교열 | 김혜린
전산편집 | 이지연
표지 디자인 | 박원석
홍보 | 김계향, 이보람, 유미나, 서세원
국제부 | 이선민, 조혜란, 권수경
마케팅 | 구본철, 차정욱, 나진호, 이동후, 강호묵
마케팅 지원 | 장상범, 박지연
제작 | 김유석